安徽省『十三五』重点图书
普通高等教育省级规划教材

古建筑测绘方法与实例

季文媚 著

合肥工业大学出版社

图书在版编目(CIP)数据

古建筑测绘方法与实例/季文媚著.—合肥:合肥工业大学出版社,2017.8
ISBN 978-7-5650-3625-5

Ⅰ.①古…　Ⅱ.①季…　Ⅲ.①古建筑—建筑测量　Ⅳ.①TU198

中国版本图书馆CIP数据核字(2017)第280137号

古建筑测绘方法与实例

季文媚　著　　　　责任编辑　王　磊

出　版	合肥工业大学出版社	版　次	2017年8月第1版
地　址	合肥市屯溪路193号	印　次	2017年8月第1次印刷
邮　编	230009	开　本	889毫米×1194毫米　1/16
电　话	艺术编辑部:0551-62903120	印　张	11.75
	市场营销部:0551-62903198	字　数	315千字
网　址	www.hfutpress.com.cn	印　刷	安徽联众印刷有限公司
E-mail	hfutpress@163.com	发　行	全国新华书店

ISBN 978-7-5650-3625-5　　　　定价:45.00元

如果有影响阅读的印装质量问题,请与出版社市场营销部联系调换。

前言

人类文明的进步形成了人类的发展史，而特定时段的建筑则集中反映了时代的鲜明特征。拥有五千年文明的中华民族创造了诸多世界奇迹，以木结构为主的中国古建筑自成体系，在世界范围内产生了深远影响。学习中国建筑史既是对传统文化技艺的传承，也是当代建筑设计创新的一个重要渠道。

全书共分为五章，通过对中国古典建筑结构构件的分析及融合徽州古建筑特色总结出中国古典建筑的一般设计方法，梳理中国古典建筑的发展脉络。第一章从中国古建筑结构骨架、单体平面、立面生成、组群布局等方面概括中国古建筑的特征；第二章详细分析不同类型的古建筑做法，比较在唐宋与明清时期做法的差异，总结出中国古建筑的发展趋势；第三章着眼于徽派建筑，通过测绘调研总结出徽州古建筑鲜明的地域性特色；第四章介绍古建筑的一般测绘方法；第五章展示徽州古建筑的测绘及保护实例。

全书资料翔实，图文并茂，深入浅出，概括了中国古建筑的特点，并通过对徽州古建筑的多次测绘实践，总结出古建筑测绘及保护的一系列方法。本书参照了全国高等学校建筑学建筑史论课教学模式编写而成，供各大专院校建筑、规划、景观、环艺等专业学生使用，是建筑学科等相关专业学生的必备书籍，也是从事建筑工作和建筑爱好者的重要参考书籍。

笔者从事中国建筑史教学及徽州古建筑测绘工作已有多年，在实际工作中逐步摸索和总结出一些经验及看法，运用于本书的编写中。本书通过对中国传统建筑各主要构件演变过程的分析，总结出在特定时代的做法，归纳出中国古典建筑的发展趋势，通过对徽州建筑的实地调研总结出地域性建筑的保护方法。笔者一直希望能为学生及广大读者朋友编写一本简明实用、逻辑性强的教学参考书，今终尽绵力而偿夙愿。然学识有限，不足之处还望指正。

本书在编写过程中得到陈宇明、程世毓、徐朋辉、汪晟昱和李逍的大力帮助，在此深表谢意。

本书由安徽建筑大学资助出版

目　录

第一章　中国古代建筑概述

中国是一个地域辽阔、资源丰富的以汉族为主体的多民族国家。各民族在经济文化交流中既相互融汇又保持鲜明的民族特色。在建筑方面，汉族建筑分布最为广泛，数量最多，同时各民族保持各自特色，中国古建筑呈现丰富多彩的面貌。如：南方气候炎热而潮湿的山区，有架空的竹木建筑——“干阑”；北方游牧民族有便于迁徙的轻木骨架覆以毛毡的毡包式居室；新疆维吾尔族居住的干旱少雨地区有土墙平顶或土坯拱顶的房屋；黄河中上游地区有窑洞式建筑；东北与西南大森林中有利用原木垒成墙体的“井干”式建筑；而以木构架作为承重体系的木构建筑则是中国古代建筑的主流。中国古代建筑在以下几个方面形成了自己的特点。

一、结构

中国古代建筑以木构架结构为主要的结构方式，创造了与这种结构相适应的各种平面和外观，从原始社会末期起，一脉相承，形成了一种独特的风格。中国古代木构架有抬梁、穿斗、井干三种不同的结构方式，抬梁式使用范围较广，在三者中居于首位。

抬梁式构架最迟在春秋时代已基本完善，后来经过不断提高，产生了一套完整的做法。这种木构架是沿着房屋的进深方向在石础上立柱，柱上架梁，再在梁上重叠数层瓜柱和梁，最上层梁上立脊瓜柱，构成一组木构架（图 1－1）。在平行的两组木构架之间，用横向的枋联络柱的上端，构成一个整体的框架，并在各层梁头和脊瓜柱上安置若干与构架成直角的檩。这些檩除承载椽子外，本身还具有联系构架的作用。这种由两组木构架形成的空间称为“间”。这些“间”沿着面阔方向排列形成长方形平面。这种木构架还具有普遍适应性，可以建造三角、正方、五角、六角、八角、圆形、扇面、万字、田字及其他特殊平面的建筑和多层的楼阁与塔等。典型的如建于辽清宁二年（1056）的山西应县佛宫寺释迦塔。

中国封建社会的建筑，由于等级制度，使上述抬梁式木构架的组合和用料产生很多差别，其中最显著的就是只有宫殿、寺庙及其他高级建筑才允许在柱上和内外檐的枋上安装斗栱。所谓斗栱是指在方形坐斗上用若干方形小斗与若干弓形的栱层叠装配而成（图 1－2）。斗拱最初用以承托梁头、枋头，还用于外檐支承出檐的重量，至明清时期由于构架整体结构简化，斗拱更多展现出装饰作用，所以在中国古代建筑中斗拱具有结构和装饰的双重作用。统治阶级也以斗拱层数的多少来表示建筑物的重要性，作为制定建筑等级的标准之一。斗拱最迟在周朝初期已有在柱上安置坐斗、承载横枋的方法。到汉朝，成组斗拱已大量地用于重要建筑中。经过两晋南北朝到唐朝，斗拱式样逐渐

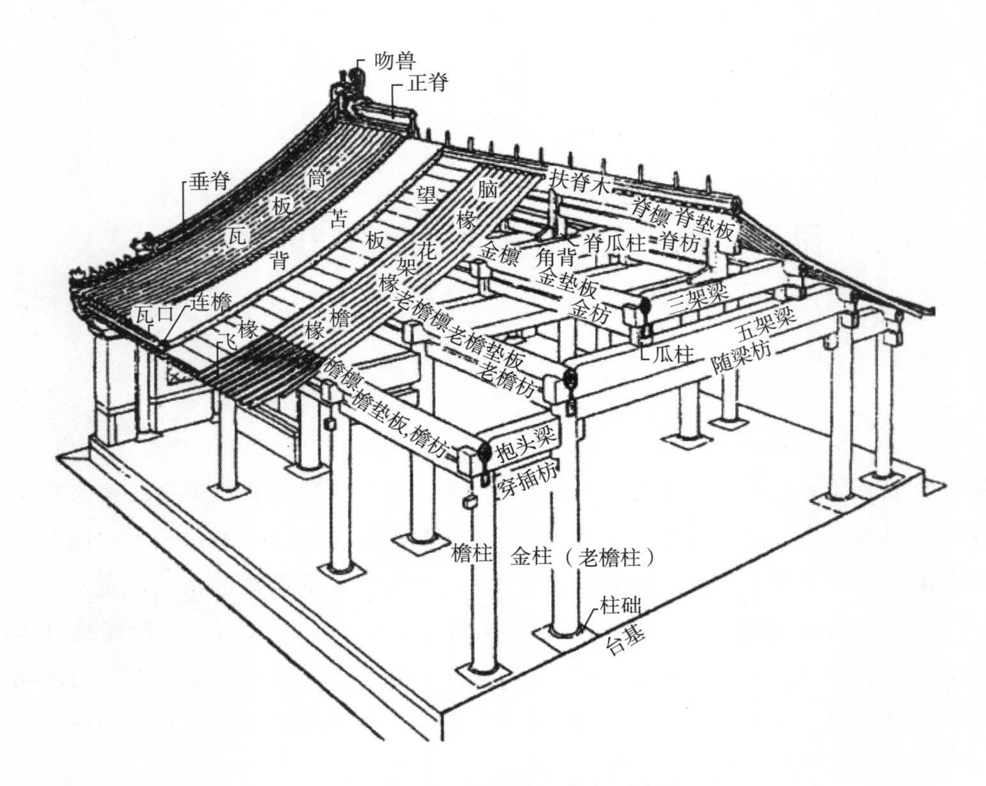

图 1－1　清式抬梁式木构架示意图

趋于统一，并用栱的高度作为梁枋比例的基本尺度。至宋朝匠师们将这种基本尺度逐步发展为周密的模数制，即为宋代将作监李诫著作《营造法式》中所称的“材”。“材”分八等，而“材”又分为十五分，以十分为其宽。按屋宇的大小、主次量屋用“材”，构件的大小、长短和屋顶的举折都以“材”为标准来决定；这种古典的模式制既简化了建筑设计程序，又便于估算工料和在场地进行预制加工，提高了施工建造速度，可满足大规模建造的需要，此项举措被视为现代建筑工业化发展的鼻祖。这种做法由唐宋流传千年至明清，清代以“斗口”为标准确定大式构件的尺寸。宋朝木结构开间加大，柱身加高，房屋空间随之扩大，木构架节点上所用的斗拱逐步减少，这种趋向到明清二代更为显著。这就是高级抬梁式木构架结构及其艺术形象，由简单到复杂，再由复杂趋于简练的辩证发展过程。明清两代柱梁整体性增强，斗拱排列紧密，几乎完全成为建筑的装饰构件。

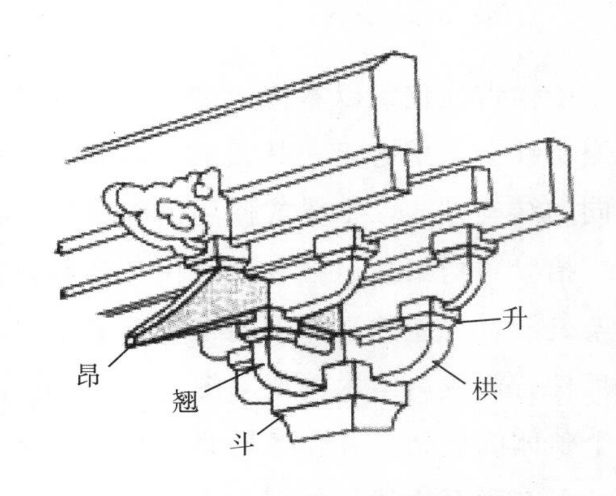

图 1－2　斗栱的组成

穿斗式木构架为沿房屋进深方向立柱，用穿枋把柱子串联起来，形成一榀榀的屋架；檩条直接搁置在柱头上；在沿檩条方向，再用斗枋把柱子串联起来。这种木构架至迟在汉朝已经相当成熟，流传到现在，为中国南方诸省所普遍采用。也有在房屋两端的山面用穿斗式，而中央诸间用抬梁式的混合结构法。

井干式木构架是用天然原木或方形、矩形、六角形断面的木料，层层累叠，构成房屋的壁体。

这种做法现在除了少数森林地区外已很少使用。

古代木构架结构在当时社会条件下，有如下一些优点：

第一，承重与围护结构分工明确。中国的抬梁式木构架结构如同现代的框架结构一样，由柱、梁、檩、枋等构件形成框架来承受屋面、楼面的竖向荷载以及风力地震力等水平荷载。房屋内部可较自由地分隔空间，可在柱与柱之间，按需要砌墙体、装门窗。由于墙壁不承担屋顶和楼面的重量，这就大大提高了建筑物的灵活性。据汉明器和唐长安遗址发掘以及清朝某些地区的住宅所示，有在房屋内部用梁柱而周围用承重墙的方法。抬梁式木构架结构经过长期的实践，成为中国古代建筑最为普遍采用的结构方法。这种结构做法多用于北方地区宫殿、庙宇等规模较大的建筑物。

第二，取材方便。在古代，我国辽阔的土地上存在着大量的森林，包括黄河流域，也曾是气候温润的地区；另外木料比砖石材料更易取材加工，可以较少的人力迅速解决材料供应与加工问题，因此，木结构建筑成为我国古代建筑的主流。

第三，有减少地震危害的可能性。木构架结构由于木材具有柔性及自重轻，而构架的节点所用的斗拱和榫卯有一定程度的可活动性，因而在一定程度内可减少由地震对这种构架所引起的危害。正是由于中国古代木构架结构的榫卯“弹性”连接，因此有了“墙倒屋不塌”的说法。

第四，施工速度快。木材加工远比石料快，加上唐宋以后使用了类似现代建筑模数制的方法(宋代用“材”，清代用“斗口”)，各种木构件的式样已定型化，因此可对各种木构件同时加工，制成后再组合拼装。

第五，便于适应不同的气候条件。无论抬梁式或穿斗式木构架的房屋，只要改变围护构件的材料和厚度，就能广泛地适应各地区寒暖不同的气候。

木构架结构以外，周朝初期已产生了瓦。接着战国时代出现了花纹砖和大块的空心砖，而且未经过红砖红瓦的阶段，一开始就生产质量较高的青砖、青瓦，以后也一贯保持着优良传统。汉代除了已有预制拼装的空心砖墓和砖券墓、砖穹隆墓以外，墓内还使用印有人物和各种花纹的贴面砖。自此以后，木构架建筑的墙壁逐步以砖代替原来的夯土和土砖。至于砖拱结构之用于地面建筑，早期的仅见于塔的局部；从元朝起开始用砖拱建造地面上的房屋；明朝又出现了完全用拱券结构的碉楼和结构用砖拱而外形仿木建筑的无梁殿，并进而以砖拱与木构架结构相结合的方法建造很多形体高大的城楼、鼓楼和陵墓的方城明楼等。

公元6世纪上半期，北魏宫殿已使用琉璃瓦。随着制作技术的提高，北宋用琉璃砖建造高达54.66米的开封祐国寺塔。明清两代的琉璃瓦、琉璃门和琉璃牌坊，材料质地更为坚致，颜色也多样化。如南京报恩寺塔标志当时琉璃技术的成就。

自汉以来，建造了不少形制美丽和雕刻精湛的墓、阙、塔和桥梁等石建筑。其中公元7世纪初隋朝建造的世界第一个敞肩式拱桥——赵县安济桥，反映了中国古代高超的石结构建造水平。

二、组群布局

中国古代建筑在平面布局上以“间”为单位构成单座建筑，再以单座建筑围合成庭院，最后以庭院为单位组成组群。受儒家“中和”思想的影响，中国传统建筑强调群组的和谐、统一，建筑不强调个体的高大而追求平易，甚至贴近地面，这就是所谓的“中庸”。因此，中国古代建筑以群体组合见长，若干建筑单体三向或四向围合形成“庭院”或“天井”，正是群体组合中的灵魂，庭院是房屋采光、通风、排泄雨水的必需，也是室外活动和种植花木以美化生活的理想解决方案；是中国传统建筑意匠中“阴阳有序”的产物。

庭院是由屋宇、围墙、走廊围合而成的内向性封闭空间。由于气候和地形条件的不同，庭院的大小、形式也有所区别。北方住宅常形成开阔的前院，使得冬天获得足够的日照；南方建筑为减少夏天烈日曝晒之苦及内部空间获得一定的采光，庭院通常做得较小，称之为“天井”。

一座建筑的间数，大多采用奇数。单座建筑的平面布置，在很大程度上取决于使用者的政治地位、经济状况和功能方面的要求，从而殿阁、殿堂、厅堂、亭榭与一般房屋的柱网有很大的区别。宋《营造法式》所载，有分心斗底槽、金箱斗底槽、单槽、双槽等不同的柱网布置。五代、宋、辽、金、元遗物中有内部采用彻上露明造，梁架略如厅堂而又外檐使用二跳以上斗栱的。其中小型的内部无柱，或仅有二后金柱，柱上以四椽栿与乳栿承载上部梁架重量。一些规模较大的殿堂，因内部需要较大的空间，内部采用减柱和移柱法，如建于元代的山西洪洞广胜下寺（详见第二章第二节）。广胜下寺正殿是元朝重要佛教建筑遗迹，正殿柱列布置采用减柱法。

中国古代建筑的庭院与组群的布局，大都采用均衡对称的方式，沿着纵轴线（前后轴线）与横轴线进行设计（图 1－3）。其中多数以纵轴线为主，横轴线为辅，但也有纵横二轴线都是主要以及只是一部分有轴线或完全没有轴线的例子（图 1－4）。

庭院布局大体可分为三种。一种在纵轴线上先安置主要建筑，再在院子的左右两侧，依着横轴线以两座体形较小的次要建筑相对峙，构成三合院；或在主要建筑的对面，再建一座次要建筑（在北京四合院中称为倒座），构成四合院（图 1－5）。这种建筑布局与中国传统儒家文化与礼法制度相适应，主次尊卑有序。同时庭院的引入改善了建筑的内环境，使得室内室外有机交融。所以，在长期的奴隶社会和封建社会中，在地理条件相差悬殊的区域间，这种布局方式都有良好的普遍适应性。

另一种庭院布局是廊院，在纵轴线上建主要建筑及其对面的次要建筑，再在院子左右两侧用回

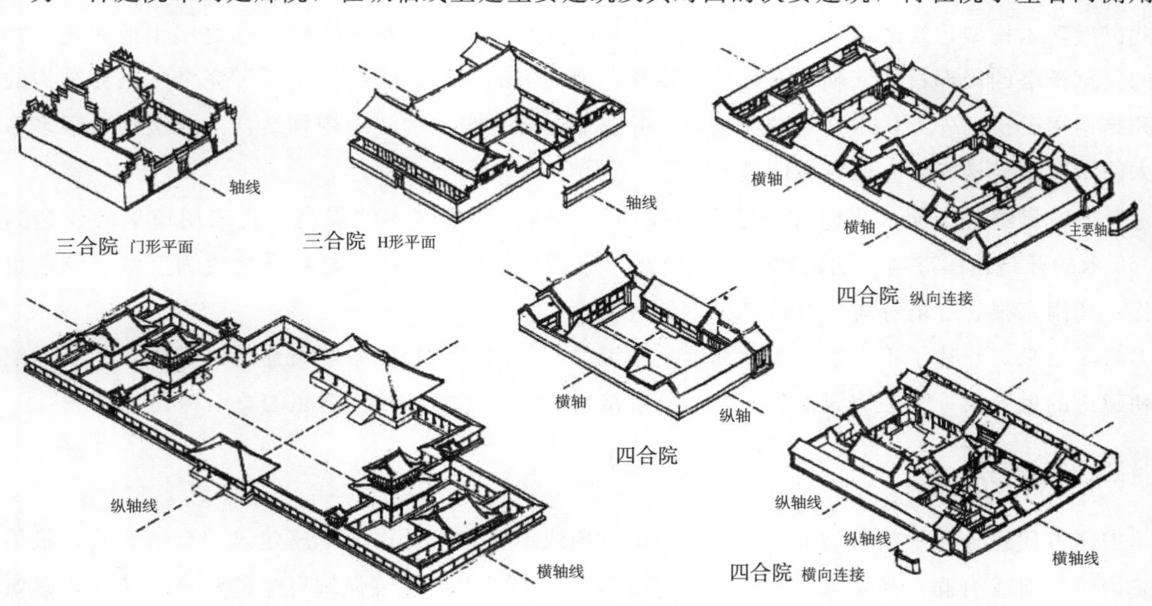

图 1－3 中国建筑庭院组合

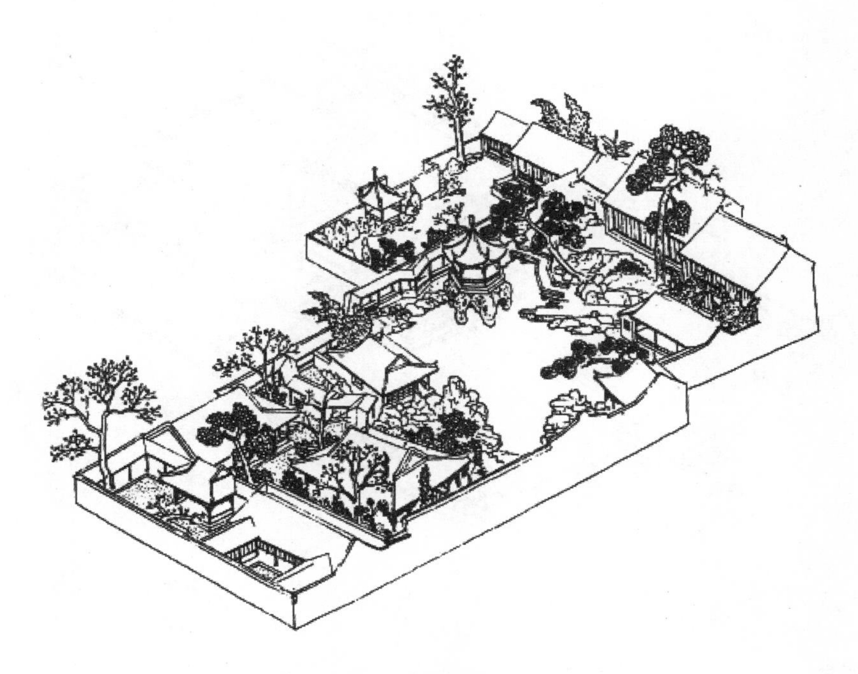

图 1-4　没有轴线的园林庭院

廊将前后两座建筑连接为一，故得名“廊院”。这种布局处理手法使虚实相结合、明暗相对比。还有一种布局是主房与院门之间用墙围合，这种布局方式广泛运用于民居住宅中。

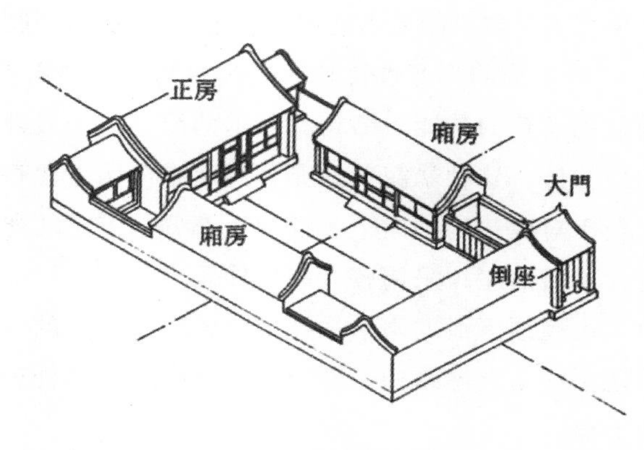

图 1-5　四合院示意图

当一个庭院建筑不能满足需要时，往往采取纵向扩展、横向扩展或纵横双向都扩展的方式，构成建筑组群。第一种纵向扩展的组群，可追溯至商朝的宫室遗址中，它的特点是沿着纵轴线，在主要庭院的前后，布置若干不同平面的庭院，构成深度很大而又富于变化的空间。第二种横向扩展的组群，在中央主要庭院的左右，再建纵向庭院各一组或两组。第三种纵横双向扩展的组群以北京明清故宫为典型，从大清门经天安门、端门、午门至外朝三殿和内廷三殿，采取院落重叠的纵向拓展，与内庭左右的横向扩展部分相配合，形成规模巨大的组群（图 1-6）。

上述各种布局方法以外，汉以来还有很多在纵横二轴线上都采取对称方式的组群。它和四合院建筑相反，以体形巨大的建筑为中心，周围以庭院环绕，再外用矮小的附属建筑、走廊或围墙构成方形或圆形外廓，如汉礼制建筑、历代坛庙以及宋金明池水殿等。但也有在其前部再加纵深组群，如汉宋间陵墓和清承德普乐寺等。此外，对于不位于同一轴线上的群组，往往以弯曲的道路、走廊、桥梁作为联系。至于中国古典园林为追求“道法于自然而高于自然”的造园宗旨，多为不对称的平面布局，但帝王的苑囿，为凸显皇家建筑的气派与尊严，仍建造一部分具有轴线的组群。

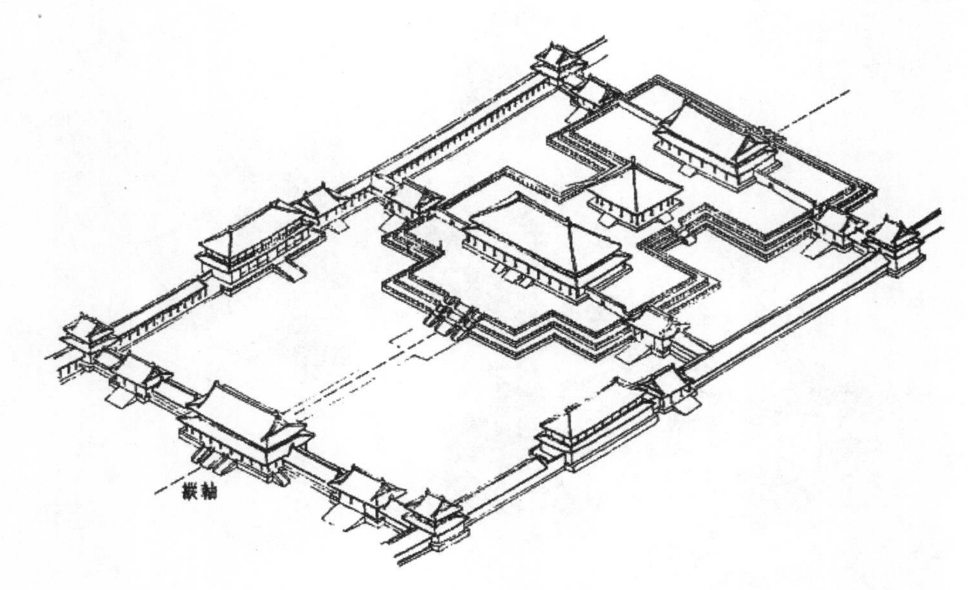

图 1-6 北京故宫的庭院

三、艺术形象

中国古代建筑的艺术处理，经过长期发展，创造了特色鲜明的艺术形象，主要有以下几个特点。

1. 对结构的真实性反映，展现木构架的结构美。利用木构架的组合及对各构件人为的艺术加工从而达到建筑的功能、结构和艺术的统一。一般性建筑都是无保留地暴露梁架、斗拱、柱子等全部木构架构件，这种暴露正好充分展示了中国古代建筑的结构美。

至于对建筑构件的艺术处理大部分以满足功能为主要前提，如为了保护柱网外围的版筑墙，中国古代建筑的屋顶采用较大的出檐。但一味地增加出挑的距离必定会阻碍室内的采光，而且夏季暴雨时，由屋顶下泄的雨水往往会冲毁台基附近的地面，汉代出现了微微向上反曲的屋檐，而后，晋代出现了屋角反翘结构，并产生了举折，这种处理手法使建筑物上部体形庞大的屋顶呈现着轻巧活泼的形象。

屋顶既是中国古代建筑艺术形象的重要表现载体，又是建筑等级的象征。屋顶式样在新石器时代后期有正脊长于屋檐的梯形屋顶。到汉代已有庑殿、歇山、悬山、囤顶、攒尖五种基本形体和重檐屋顶（图 1-7），从明器和画像砖等资料可知，当时是以悬山顶和庑殿顶为最普遍。

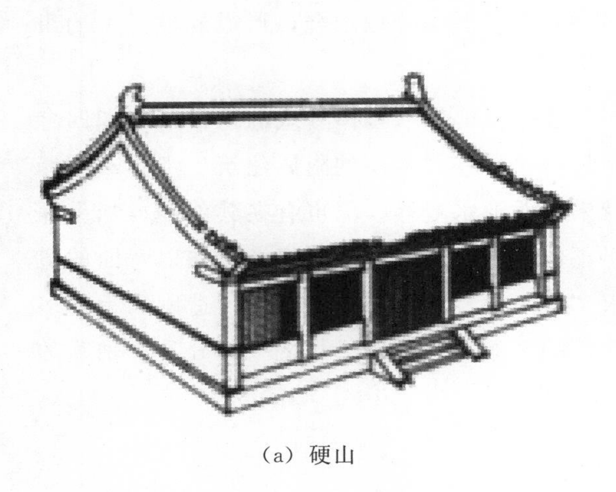

（a）硬山

正脊
垂脊
山花
戗脊

（b）歇山

（c）卷棚

（d）悬山

图 1－7

2. 组群建筑的艺术处理，随着组群的性质与规模大小，产生各种不同方式。其中宫殿、坛庙建筑，多以各种附属建筑来衬托主体建筑。附属建筑，春秋时代已有建于宫殿正门前的阙，到汉代除宫殿与陵寝之外，祠庙和大、中型坟墓前也都使用。

在组群建筑本身，宫殿正门一般采用巨大的形体，正门以内沿着纵轴线布置若干庭院，组成纵向变化的空间。由于每个庭院的形状、大小和围绕着庭院的门、殿、廊屋及其组合形状各不相同，再加地坪标高逐步提高，建筑物的形体逐步加大，使人们的观感在不断变化中走向高潮。主要的庭院面积更大，周围以次要的殿、阁、廊庑和四角的崇楼等衬托高大的主体建筑——正殿。正殿之后，通常还建若干庭院，最后用高大的殿阁作为整个组群的结束。如北京故宫以天安门为序幕，外朝三殿为高潮，景山作为尾声，是中国宫殿建筑的一个重要范例（图 1－8）。

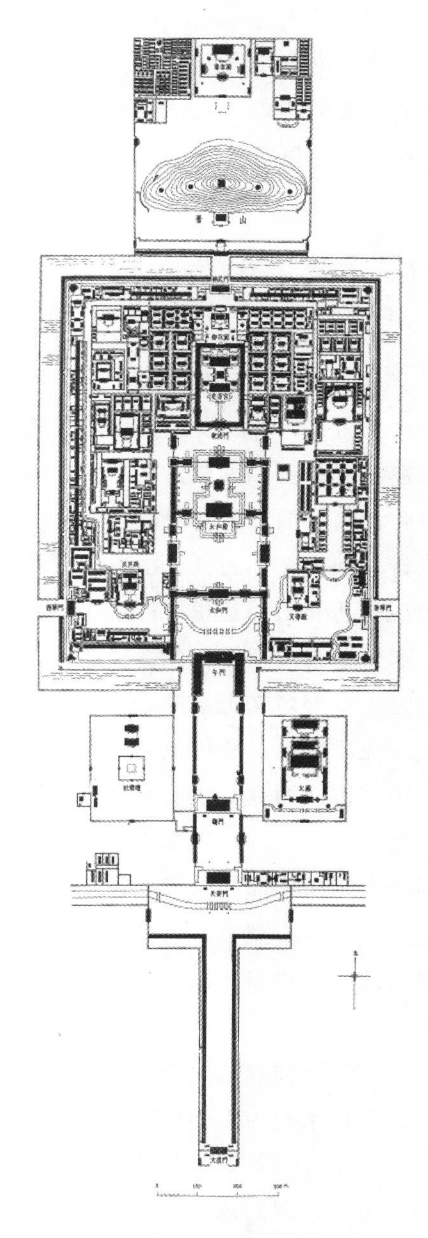

图 1－8　北京紫禁城总平面

3. 中国古代建筑的室内装饰是随着起居习惯和装修、家具的演变而逐步发生变化的。自商、周至三国间，由于跪坐是主要的起居方式，因而席与床（又称榻）是当时室内主要的陈设。汉朝的门、窗通常施帘与帷幕，地位较高的人得在床上加帐，但几、案比较低矮，屏风多用于床上。自此以后，垂足坐的习惯逐渐增加，南北朝已有高形坐具，唐代出现了高形桌、椅和高屏风。这些新家具经五代到宋而定型化，并以屏风为背景布置厅堂的家具；同时房屋的空间加大，窗可启闭，增加室内采光和内外空间的流通，从宋代起，室内布局及其艺术形象发生了重要变化。自明到清初，统治阶级的家具虽然有些造型简洁优美，并将房屋结构、装修、家具和字画陈设等作为一个整体来处理，但是家具和装修往往使用大量奢侈的美术工艺如玉、螺钿、珐琅、雕漆等花纹繁密堆砌，违反了原来功能上、艺术上的目的。宫殿的起居部分与其他高级住宅的内部，除固定的隔断和隔扇以外，还使用可移动的屏风和半开敞的罩、博古架等与家具相结合，对于组织室内空间起着增加层次和深度的作用。宫殿与许多重要建筑还使用天花和藻井。与此相反，一般民居的室内处理与家居布置比较朴素、自由，符合实用和经济的原则。

4. 中国古代建筑的色彩，从春秋时期起，不断发展，大致到明代总结出一套完整的手法，不过随着民族和地区的不同，又有若干差别。春秋时代宫殿建筑已开始使用强烈的原色，经过长期的发展，在鲜明色彩的对比与调和方面积累了不少经验。南北朝、隋、唐间的宫殿、庙宇多用白墙、红柱，或在柱、枋、斗拱上绘有各种彩画，屋顶覆以灰瓦、黑瓦及少数琉璃瓦，而脊与瓦采取不同颜色。宋、金宫殿逐步使用白石台阶，红色的墙、柱、门、窗及黄绿各色的琉璃屋顶，而在檐下用金、青、绿等色的彩画，加强阴影部分的对比，这种方法在元代基本形成，到明代更为制度化。在气候温润的南方，房屋色彩一方面为建筑等级制度所局限，另一方面为了与自然环境融为一体，多用白墙、灰瓦和栗、黑、墨绿等色的梁架、柱，形成秀丽雅淡的格调。明清时期，建筑的装饰色彩依等级划分，以黄色为尊，其下依次为：赤、绿、青、蓝、黑、灰。宫殿则用金、黄、赤色调，而民居只能用黑、灰、白。

四、园林

中国古代园林是在统治阶级居住与游览的双重目的下发展起来的。这种园林的主要特点是因地制宜，掘池造山，布置房屋花木，并利用环境、组织借景，构成富于自然风趣的园林。

中国古代园林的发展过程，在汉代除帝王的离宫、苑囿以外，仅少数贵族、富商营建园林，而苑囿还畜养禽兽，供狩猎之用。到两晋南北朝时期，私家园林逐渐增加，晋室南迁，中原士大夫大量逃亡江南，他们于乱世颠簸之余，在江南山清水秀的环境里过着安逸的生活，留下了千古流传的山水诗。如王羲之的《兰亭集序》、陶渊明的田园诗和《桃花源记》、谢灵运的山水诗和《山居赋》。可以说东晋和南朝是我国自然式山水风景园林的奠基时期，也是由物质认知转向美学认知的关键时期。唐宋至明清则是在此基础上的进一步继承与发展，“诗情画意”的发展推动造园风格趋于精美，特别是一批著名文士如柳宗元、白居易等人的诗文，对提高全社会的自然审美水平有着重要作用。明代帝苑不发达，清代苑囿发展进入极盛，皇家帝苑与私家园林均得到极大发展。

中国古代园林的布局具有游览观赏与居住的双重功能，因而在山池花木之间建造很多亭台楼阁，连以走廊，其结果是房屋数量过多，与创造自然风趣的目的发生矛盾。这种现象在明清时期更为显著。其中苑囿因处理政务，建造具有轴线的大批宫殿和庭院，房屋比重之大尤为突出。园林的游览路线，在小型私家园林里大都采用以山池为中心的环形方式，但中型园林和苑囿的路线则比较复杂，除了主要路线以外，还有若干辅助路线，或穿林越涧，或临池俯瞰，使风景产生步移景异的效果。

中国古代园林从汉朝在池中建岛以后，到魏晋南北朝又沿着池岸布置假山花木及各种建筑。自此以后，以水池为中心处理园景成为一贯的传统方法。山、石方面，从南北朝起，开始欣赏奇石，而假山也从这时开始。此外无论苑囿或私家园林，除了主要山池之外，都力图在有限的面积内构成更多的风景，因而在布局上划分若干景区，各景区的面积大小和配合方式，力求疏密相间，主次分明，幽趣与开朗相结合。因此，园林中有些部分以封闭为主，另外一部分用封闭和空间流通相结合的手法，增加各景区的联系交流。

五、城市

城市是国家发展的产物，其根本目的是其防御功能，即“筑城以卫君，造郭以守民”。它集中反映了古代经济、文化、科技等多方面的成就，具有一定的阶级属性。中国历史上产生过诸多名城，它们的布局多以宫室为主体。

中国古代城市由三个基本要素构成，统治机构（宫廷、官署）、手工业和商业区、居民区。各时期的城市形态也随着这三者的发展而不断变化，其间大致可以分为四个阶段：

第一阶段是城市初生期，相当于原始社会晚期和夏、商、周三代。在考古学方面，夏、商和西周的都城目前尚在探索阶段，文献和遗迹证明春秋战国间的都城已以宫室为主体，并且布局整齐。目前我国境内已发现的原始社会城址已有30余座，这些城都用夯土筑成，技术比较原始。

第二阶段是里坊制确立期，相当于春秋至汉。铁器时代的到来，封建制度的确立，生产力的发展促成了中国历史上第一个城市发展高潮。城市规模的扩大、手工业商业的繁荣、人口的迅速增长以及日趋复杂的城市生活催生了新的城市管理制度：把全城分割为若干封闭的“里”作为居住区，商业与手工业则限制在一些定时开闭的“市”中，统治者们的宫殿、衙署占有全城最有利的地位，并用城墙保护起来。“里”和“市”都环以高墙，设里门与市门，由吏卒和市令管理，全城实行宵禁。到汉代，列侯封邑达到万户才允许单独向大街开门，不受里门的约束。战国时成书的《考工记》记载的“匠人营国，方九里，旁三门，国中九经九纬，经涂九轨，左祖右社，面朝后市，市朝一夫”，被认为是当时诸侯国都城规划的记录，也是中国最早的一种城市规划学说。这种王城制度虽尚待证实，可是近年来考古发掘发现侯马晋城与邯郸赵王城都有巨大的夯土台位于纵轴线上，若干战国小城市也都具有规划严整的街道，而汉长安城遗址发掘也已证明街道宽度沿用《考工记》所述以车“轨”为标准的方法；同时汉长安城以闾里为单位的居住区也见于战国人补充整理的《管子》和《墨子》二书中。

第三阶段是里坊制极盛期，相当于三国至唐。三国时的曹魏都城——邺，开创了一种布局规划严整、功能分区明确的里坊制城市格局：平面呈长方形，宫殿位于城北居中，全城作棋盘式分割，居民与市场纳入这些棋盘格中组成“里”（“里”在北魏以后又称“坊”）。而这一城市发展时期最为典型的代表当属唐长安城。唐首都长安城原是隋代规划兴建的，但唐继承后又加以扩充，使之成为当时世界最宏大繁荣的城市。长安城的规划是我国古代都城中最为严整的。

第四阶段是开放式街市期，即宋代以后的城市模式。从北宋起，由于手工业和商业的发展，取消封闭性坊墙，坊制名存实亡，并取消集中市场，代以住宅和商业混合的街道形式，是中国都城规划的一个重要改革，可是都城布局仍力求方整和对称，并以建筑物的体量和色彩来强调宫室为主体的城市中轴线的作用。

六、工官制度

中国古代的工官制度主要是掌管统治阶级的城市和建筑设计、征工、征料与施工组织管理，同时对于总结经验、统一做法实行建筑“标准化”，也发挥一定的推进作用。如《营造法式》的编著就是工官制度的产物，它是中国古代建筑的特点之一。

历史上曾出现过不少有作为的“工官”，较为突出的如：

隋代宇文恺：隋代东西两大都城的规划与营造，宫室、宗庙的兴建，几乎都出自他手里。大兴城的规划是古代城市建设史上最有代表性的成功范例之一。

宋代李诫：他的突出贡献在于编修了《营造法式》一书，详细记录了当时的官式建筑做法共3272条，都是可以操作的实际经验的总结，并附有大量精致的图样，使后人得以全面了解宋代官式建筑的技术与艺术状况。

中国古代建筑实际上存在两种发展模式：一种是在工官掌管下建造的官式建筑，另一种是各地自主建造的民间建筑。前者的设计、预算、施工都由将作、内府或工部统一掌握，不论建筑物造于何地，都有图纸、法式和条例加以约束，集中了大量人力、财力和技术，这些建筑能反映当时全国的最高技术和艺术水平；后者则由各地工匠参与设计并承担施工，因地制宜，建筑式样变化多端，地方特色鲜明。两种模式共同发展，成就了我国古代建筑丰富多彩的面貌。

第二章　中国古建筑特点

第一节　中国木结构建筑特征概况

中国传统木结构建筑是由柱、梁、檩、枋、斗拱等大木构件形成框架结构承受来自屋面、楼面的荷载以及风力、地震力。至迟在公元前2世纪的汉代就形成了以抬梁式和穿斗式为代表的两种主要形式的木结构体系。这种木结构体系的关键技术是榫卯结构，即木质构件间的连接不需要其他材料制成的辅助连接构件，主要是依靠两个木质构件之间的插接。这种构件间的连接方式使木结构具有柔性的结构特征，抗震性强，并具有可以预制加工、现场装配、营造周期短的明显优势。而榫卯结构早在距今约七千年的河姆渡文化遗址建筑中就已见端倪。

一、发展历史

早至仰韶文化半坡村，就已经有了简单的木构体系，在中心部位设置木柱，以支持外斜伞状的屋面，屋面由紧密排列的木椽上加茅草或者涂上相当厚的茅草构成。这种结构同时具有面状结构和骨架结构的特性，这种带有承重墙和框架式特点的混合体系在经历一段时间的发展后变为较纯粹的框架结构体系。从发掘的半坡遗址可推测，采伐木材和施工的技术已经有一定水平。从原始型的房屋构造方式来看，中国建筑一开始就存在着框架结构和承重墙结构两种设计意念，就是说摆在面前的有两条不同的发展道路。

河姆渡的干阑式建筑应算作最早的较为纯粹的木结构建筑，其上架设大、小梁承托地板，构成架空的基座，于其上立柱架梁，是原始巢居的继承和发展。建筑构件用榫卯连接。河姆渡的干阑木结构已初具木构架建筑的雏形，体现了木构之初的技术水平。

进入奴隶制社会，初步出现了社会分工，商代的夯土技术已较为成熟，统治者开始建设有一定规模的王宫和陵墓。及至西周，逐步建成以宫室为中心的城市，高台建筑开始盛行，木构架成为主要的建筑结构。到战国时期，城市规模扩大，由夯土和木构结合构成的高台建筑开始大量兴盛，值得注意的是，这一时期，木骨架承重墙体系逐步发展演变为“穿斗式”柱架结构，有时柱架结构不能满足室内空间扩大、延伸的需求，为了减少支柱，增加柱距，产生了梁架结构，演变为抬梁式。

秦朝至汉时期，由于国家统一，统治权力集中，生产力发展，修建了规模空前的宫殿、城池、陵墓等。在这种大兴土木的时代，木构技术有了长足的发展。我们可从杜牧《阿房宫赋》中窥见当

时的结构技术已经有很高的水平，抬梁、穿斗结构已发展成熟，宫殿规模恢宏巨大。魏晋南北朝时期，佛教建筑兴盛，结构技术显著发展。夯土高台建筑已经被淘汰，迅速兴起的是木构架多层建筑。从出土的东汉时期的明器——陶楼可见三四层高的建筑形式已比较普遍。结构技术的进步使佛塔的发展成为可能，从高达九层的永宁寺塔可知南北朝时期的佛塔建造技术已经有了相当的水平。东汉时斗拱等结构方式已经被较多使用，南北朝时期在形式加工上也有显著的变化。

隋唐时期，我们才开始有木构建筑的实物文物。我国现存最早的木结构建筑，建于唐代的五台山南禅寺和佛光寺部分建筑。这一时期是我国古建木构体系的成熟阶段。唐代是我国封建社会经济、文化发展的高峰。我国木结构建筑使用斗拱的结构方法，在初、盛唐时取得飞跃的发展。由于斗拱的大范围使用，一种全新的总体构架形式产生了，在《营造法式》中被称为“殿堂”。唐长安城在隋大兴城的基础上继续营建，是当时世界上最大的城市，遗存的建筑物及城市宫殿遗址，布局和造型均具有较高的艺术和技术水平。

宋代相对于唐，手工业和商业更加发达，将作监李诫的《营造法式》规范了北宋官方建筑的设计、结构、用料，使宋代的建筑构件标准化和模数化在唐代的基础上有较大的发展。由于南宋都城南迁至杭州，所以南宋建筑的木结构造型更加秀丽、精细，并在《营造法式》的基础上创造了新的“减柱”“移柱”做法，出现了“叉手”“斜撑”的应用。

从元朝到清末，传统文化发展较为缓慢，建筑技术的发展也受到限制。但在明清两朝的兴盛时期，由于大兴土木，木构技术还是有一次大的飞跃，如北京故宫、昌平的长陵等。在清雍正十二年(1734)，公布编定了《工程做法》，记录了这一时期的建筑成就及其规范。然而16世纪以后木结构建筑无论是在建筑形式上或者结构技术上基本是保持着原来的状况，很少有新的变化，成为停滞的状态，这也是长期封建社会没落的反映。

总的来说在结构特征上：

——保持构架制原则。承重与围护结构分工明确，以立柱和纵横梁枋组合成各种形式的梁架，使建筑物上部荷载均经由梁架、立柱递至基础。墙壁只起围护、分隔的作用，不承受荷载，所以门窗等的配置，不受墙壁承重能力的限制，有“墙倒屋不塌”之妙。

——创造独特的斗拱结构形式。用纵横相叠的短木和斗形方木相叠而成的向外挑悬的斗拱，本是立柱和横梁间的过渡构件，逐渐发展成为上下层柱网之间或柱网和屋顶梁架之间的整体构造层，这是中国古代木结构与构造的巧妙形式。自唐代以后，斗拱的尺寸日渐减小，但它的构件组合方式和比例基本没有改变。因此，建筑学界常用它作为判断建筑物年代的一项标志。

——实行单体建筑标准化、模数化。宫殿、寺庙、住宅等，往往是由若干单体建筑结合配置成组群。单体建筑有着周密的模数制，即《营造法式》中所称的“材”。根据建筑类型先定“材”的等级，然后构件的大小、长短和屋顶的举折都以“材”为标准来决定。

——运用色彩装饰手段。木结构建筑的梁柱框架，需要在木材表面施加油漆等防腐措施，由此发展成中国特有的建筑油饰、彩画。至迟在西周已开始应用彩色来装饰建筑物，后世发展用青、绿、朱等矿物颜料绘成色彩绚丽的图案，增加建筑物的美感。以木材构成的装修构件加上一点着色的浮雕装饰的平基贴花和用木条拼镶成各种菱花格子，便是实用兼装饰的杰作。

二、抬梁式木结构特点

我国木构建筑的结构体系主要是抬梁式与穿斗式两种，除此之外还有一些变体的做法。抬梁式木结构至迟在春秋时代就已经初步完善了，经过历代不断地提高，产生了一套完整的比例和做法。其特点是在柱头上插接梁头，梁头上安装檩条，梁上再插接矮柱用以支起较短的梁，如此层叠而上，每榀屋架梁的总数可达5根。自下而上，逐层缩短，逐层加高，至最上层梁上立脊瓜柱，构成一组木构架，形成坡屋顶的斜面。当柱上采用斗拱时，则梁头插接于斗拱上。在平行的两组木构架之间，用横向的枋联系柱的上端，并在各层梁头和脊瓜柱上安置若干与梁构成直角的檩。两组木构架所形成的空间就叫“间”。这样，由于檩上排列椽子承载屋顶重量，整个屋顶连接成为整体之后，屋顶重量就由椽子到檩到脊瓜柱和梁，再由柱传递到基座上（图2－1）。因此，木构架可以建造三角、正方、五角、六角、八角、圆形、扇面、万字、田字以及其他特殊平面的建筑，可以建造多层的楼阁与塔等。

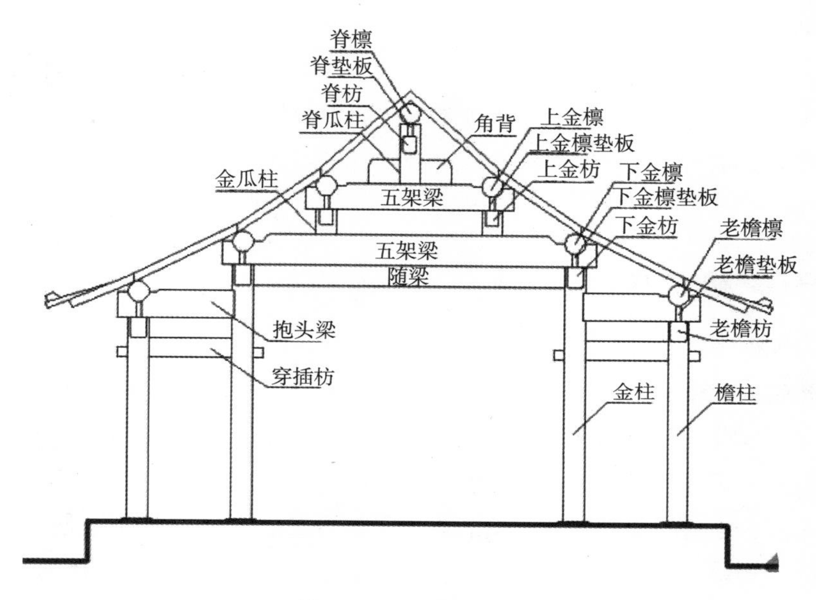

图2－1 抬梁式结构

这种形式的木结构建筑的特点是室内分割空间比较容易，但用料较大。广泛用于华北、东北等北方地区的民居以及国内大部分地区的古代宫殿、庙宇等规模较大的建筑中。

三、穿斗式木结构特点

穿斗式木结构的特点是用穿枋把柱子纵向串联起来，形成一榀榀的屋架，檩条直接插接在每一根柱头上；沿檩条方向，再用斗枋把柱子串联起来，由此形成一个整体框架（图2－2）。这种形式的木结构建筑的特点是室内分割空间受到限制，但用料较小，结构也较稳固。广泛应用于安徽、江浙、湖北、湖南、江西、四川等地区的民居类建筑中。

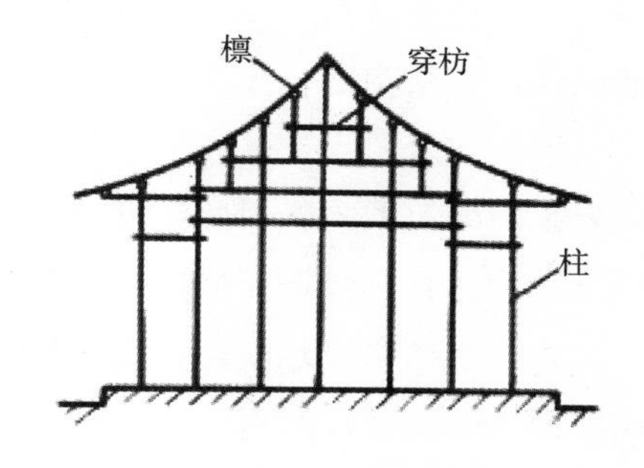

图2－2 穿斗式结构

穿斗式木构架至迟在汉代已经相当成熟，流传到现代，为中国南方诸多地区所普遍采用。穿斗式木结构就是沿着房屋的进深方向立柱，柱径不大，柱距较密，柱直接承受檩的重量，不设架空抬梁，由数层“穿”贯通各柱，组成一组组的构架。因而，由较小的柱与数根木拼合的穿，造成纵向整堵墙的构架。建造时，先在地面上拼装整榀屋架，然后竖立起来。该结构用料经济、施工简易、维修方便，同时密排的立柱也便于安装壁板和砌筑夹泥墙，多用于古代建筑中的传统民居和较小建筑物。

四、混合式结构特点

还有一种抬梁式与穿斗式相结合的混合式结构，多用于上述南方地区部分较大的厅堂类或寺庙类建筑中。汉朝时期，重要建筑出檐的进深都较大，最大的可达 4 米，所使用的是以斗拱作为悬臂梁承托出檐部分重量的结构技术。在随后斗拱的应用中，又以梁柱与“铺作（斗拱）层”相结合的技术，支撑大开间大进深的殿堂类建筑的屋顶。除了单层建筑外，东汉时期出现的纯粹木构架结构的多层楼阁和多层木塔，也是使用相同的结构技术。这说明这种木结构技术具有很大的适用性。

北方多用抬梁式，南方多用穿斗式，皖南、江浙、江西一带用抬梁式加穿斗式结合。这些地区的民居类建筑中往往为了节约用材，在厅堂等重要空间中使用抬梁式结构；在厢房、杂屋等次要或附属空间中使用穿斗式结构。这样，混合式结构既实现了主人讲究气派的心理要求，又节约了建筑成本，一举两得。

五、中国木结构建筑的优点

1. 便于适应不同的气候条件

由于木构架建筑的承重和维护结构分工明确，柱、梁、檩、枋等形成的框架体系承受荷载；而墙体并不承重，只起围蔽、分隔和稳定柱子的作用，房屋内部可以自由分隔空间，门窗也可以任意开设。因此，建筑具有很强的灵活性、可伸缩性和适应性。只要在房屋高度、墙壁与屋面的材料厚度、门窗位置大小等方面适当加以变化，就能在中国较为广泛的地域范围内适应寒暖湿燥不同的气候条件。所以，除一些特殊地域外，木构架成为我国南方、北方广大地区通用的建筑结构方式。

2. 就地取材，施工经济便捷

中国自古以来就是农业大国，气候温润，植被丰富，盛产木材。古代中原地区森林资源丰富而石材缺少；而且木材比石材更容易加工，可以迅速和经济地完成建筑工程，能够灵活适用于不同地势和气候环境的特点，对于需要为自己建造房屋的农民、手工业者的经济条件而言，有着比较广泛的适应性。木结构建筑技术就是在农民和手工业者中长期积累发展起来的；而统治阶级的宫殿、坛庙以及佛寺建筑，不过是在集中已有的木结构技术的基础上的再发展，进而营造出体量庞大、结构更加复杂的建筑形式。因此，可以这样说，木结构建筑是在一定的自然环境条件下，与我国封建社会自给自足的自然经济相适应的一种建筑形式。

另外，木结构建筑就是在满足使用要求的前提下，最大限度上节省了人力、物力，这也是中国古代选择木结构而放弃石结构的原因之一，这是在以快速经济为原则的技术标准的内在建筑思想和政策下的选择。

3. 具有良好的抗震性能

由于中国古代木结构建筑采用了榫卯结构，建筑构件之间的结合不使用任何钉子之类的刚性连接；再加上木材本身具有的柔性，以及榫卯节点有一定程度的可活动性，因此整个构架可以有效消减地震力的破坏。

4. 便于自由组合，满足多种功能需求

中国古代建筑以群体组合见长，特别擅长运用院落的组合手法来达到各类建筑的不同使用要求和精神目标。因此，木结构建筑便于扩建，能够进行多空间组合。

5. 更接近中国人的传统性格特征

中国是农业大国，气候温和，盛产木材。木材更容易与自然环境相协调，显现了中国人“天人合一，物我一体”的宇宙观与环境观。同时，细腻、温软的木材体现了中国人讲究细节、感性认识的性格与视觉审美语言。木材善于展现线条美，也符合中国人的审美情趣。

第二节　大木作

一、概说

大木作是指木构架建筑中的主要承重部分，如柱、梁、枋、檩、斗栱等，同时又是木建筑比例尺度和形体外观的重要决定因素。清式大木做法常分为大木大式和大木小式两类。

大木大式建筑又称为殿式建筑，一般用于宫殿、官署、庙宇、府邸中的主要殿堂。建筑可使用围廊、单檐或重檐的庑殿、歇山屋顶、筒瓦或琉璃瓦屋面、兽吻和斗栱。建筑尺度以斗口作为衡量的标准。

大木小式建筑用于上述建筑的次要房屋和一般民居。建筑尺度依明间面阔及檐柱径为标准。

面阔：我国木构建筑正面相邻两檐柱间的水平距离称为“面阔”，又称开间，各开间宽度的总和称为“通面阔”（图 2－3）。建筑中各开间的名称又因位置不同而异，正中一件称为明间（宋称当心间），其左、右侧的称次间，再外的称梢间，最外的称尽间；九开间及以上的建筑则增加次间数。

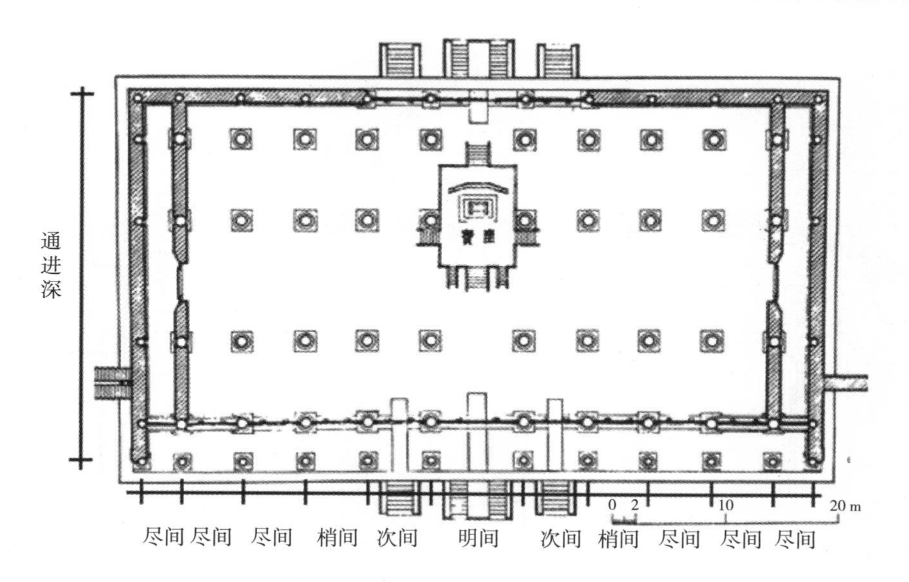

图 2－3　开间、进深示意

步：屋架上的檩（宋称槫）与檩中心线的水平距离，清代称为“步”或“步架”。各步距离的总和或侧面各开间宽度的总和称为“通进深”，若有斗栱，则按照前后挑檐檩中心线间水平距离计算。宋则以屋架槫数计算通进深，若进深四槫，则称四架槫屋。清代各步距离相等，宋代有相等的、递增或递减以及不规则排列的。

二、屋架

1. 结构形式

《营造法式》图样明确显示出两种结构形式——殿堂型构架和厅堂型构架（图 2－10）。

（1）殿堂型、殿阁型构架

殿堂型构架是一种层叠构架，多用于大型的殿层，其主要特点是：

① 全部构架按水平方向分为柱网层、铺作层、屋架层，自下而上，逐层叠垒而成（图 2－5）；

② 柱网层由外檐柱和屋内柱组成，外檐柱与屋内柱同高，各柱柱头之间以阑额连接，柱脚之间以地栿连接；

③ 铺作层由搁置在外檐柱和屋内柱柱网之上的铺作组成，铺作之间由柱头方、明乳栿等连接，形成强固的水平网架，起到保持构架整体稳定和均匀传递荷载的作用，斗栱的结构机能在这里发挥得最为充分；

④ 屋架层由层层草栿、矮柱、蜀柱架立，各个槫缝与柱网层的柱缝，可以对准，也允许错位；

⑤ 殿堂型构架的平面均为整齐的长方形，定型为四种分槽形式：分心槽、单槽、双槽、金箱斗底槽（图 2－6）；

⑥ 殿堂型构架只需叠加柱网层和铺作层，即成为殿阁型构架。

唐佛光寺大殿是现存最早此类实例（图 2－4），辽独乐寺观音阁和应县木塔则为典型的殿阁型构架，表明殿堂型、殿阁型构架在唐、辽已是成熟的做法，北京故宫太和殿则是晚期的代表。这种构架有良好的稳定性，但做法复杂，宋元以后趋于淘汰。

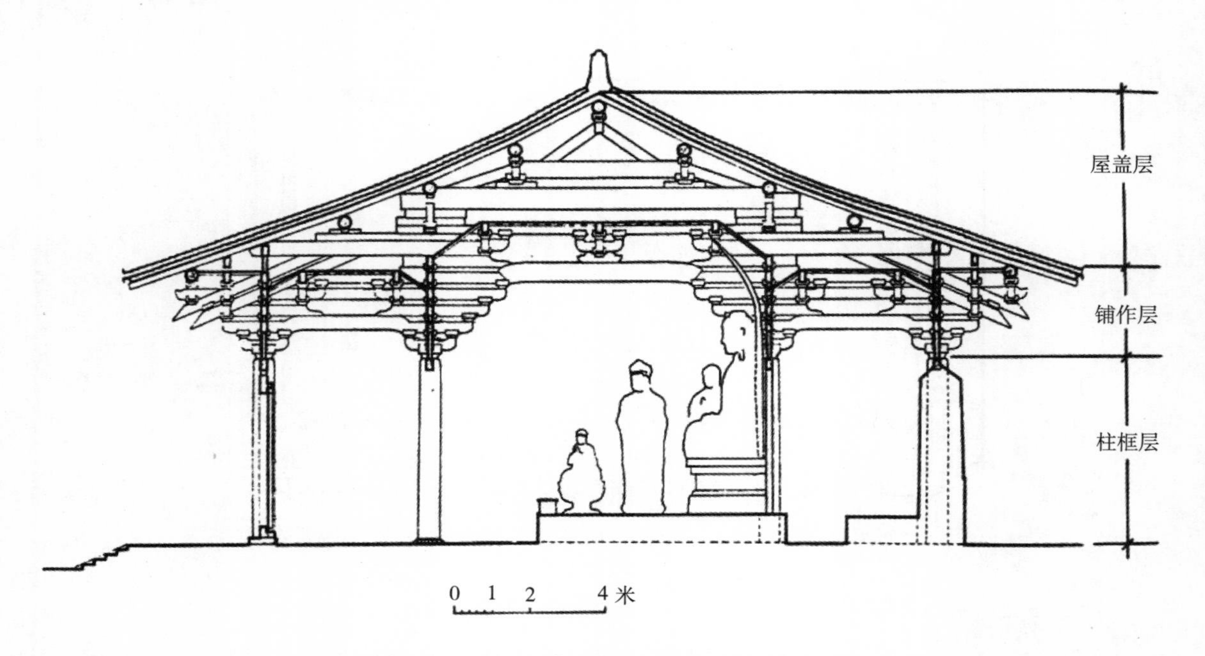

图 2－4　山西五台山佛光寺大殿木构架侧样

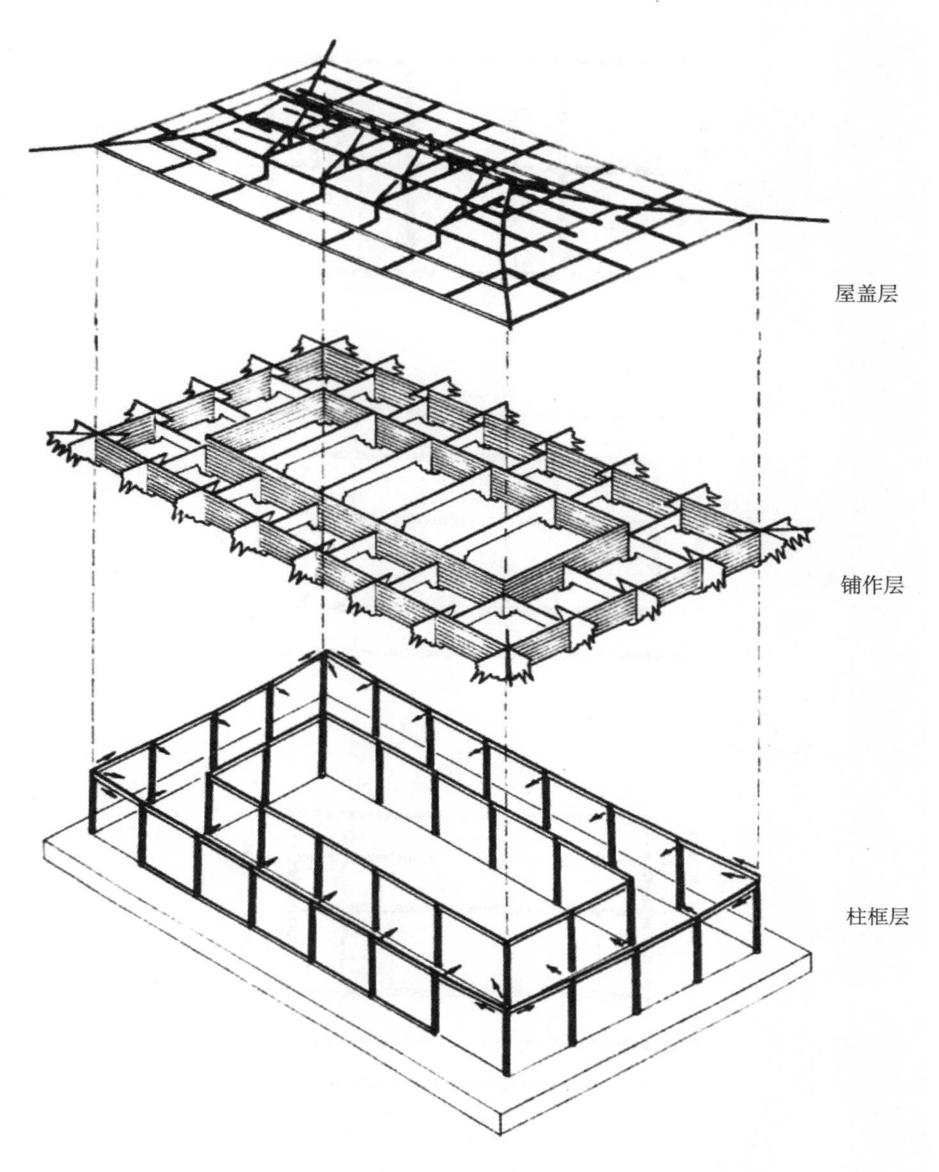

图 2－5　山西五台山佛光寺大殿木构架分层示意图

(2) 厅堂型、堂阁型构架

厅堂型构架完全不同于殿堂型构架，其主要区别是：

① 殿堂型是水平分层做法，而厅堂型是梁架分缝做法。它由长短不等的梁柱组成梁架，相邻两缝梁架用榑、襻间连接成“间”，每座房屋的开间数不受限制，只要相应地增加梁架的缝数即可(图 2－7)。

② 殿堂型的内外柱同高，而厅堂型的内柱上升。在每一缝梁架中，外柱（檐柱）比内柱短，内柱随梁架举势而增高。

③ 殿堂型规定为四种规则的分槽平面，而厅堂型不必规定定型的平面。各缝梁架只要椽长、椽数、步架相等，内柱的位置、数量和梁栿的长短可以不同，可适应减柱、移柱等灵活的柱网布置。

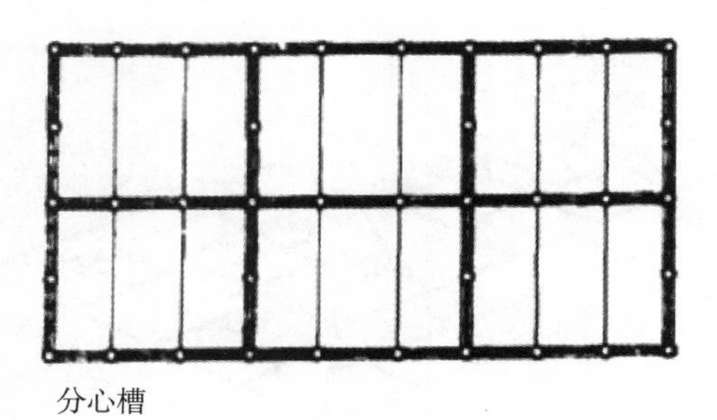
分心槽

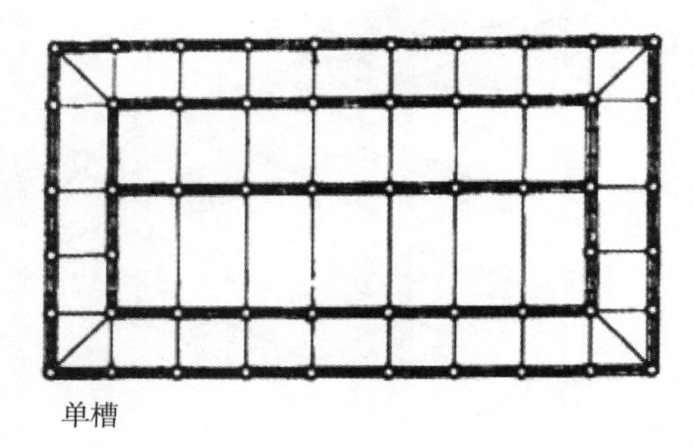
单槽

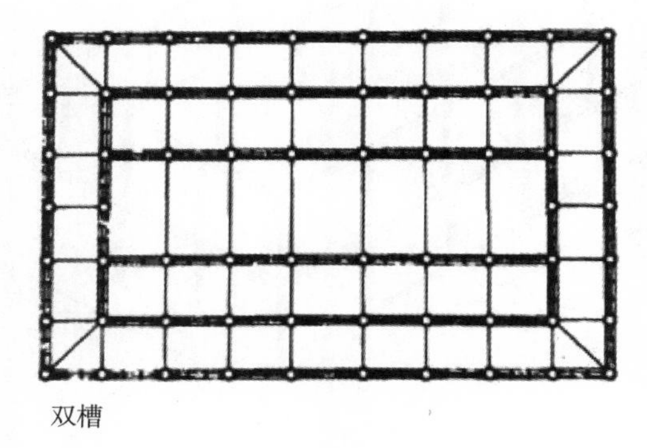
双槽

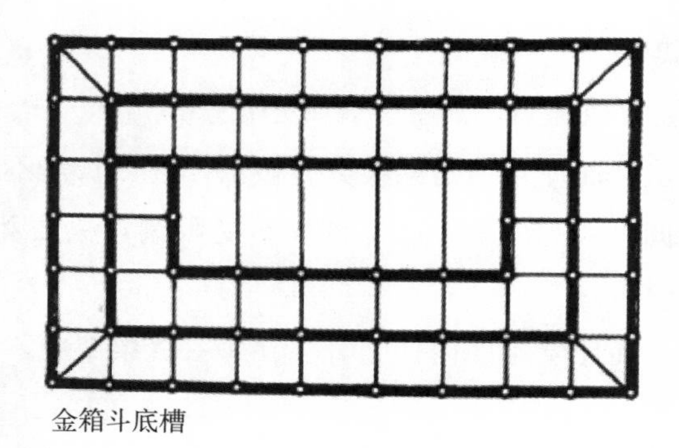
金箱斗底槽

图 2-6　殿堂地盘分槽图

④ 殿堂型的斗栱形成整体铺作层，充分发挥斗栱的结构机能；而厅堂型的斗栱则分散于外檐和

柱梁的节点，斗栱机能趋于衰退。

⑤ 殿堂型构架做法复杂，而厅堂型构架做法大为简化，显现出蓬勃的生命力。终于由于厅堂型取代殿堂型而导致殿堂型的淘汰。明清的抬梁式构架就是在厅堂型的基础上进一步简化而发展的。

厅堂型构架以柱梁作的结构体系为基础，吸收殿阁式的加工和装饰手法，兼有主梁作结构整体性和殿阁式某些建筑艺术效果，因此成为官式建筑中最常用的木架类型。现存唐、宋、辽、金木构建筑，如南禅寺大殿、镇国寺大殿、佛光寺文殊殿、善化寺三圣殿、华林寺大殿（图 2－8）等，都属于厅堂型构架。

厅堂型构架用于楼房，就是堂阁型构架，如善化寺普贤阁（图 2－9）。它不同于殿阁型构架由柱网层和铺作层重复叠垒而成，也避免出现殿阁型所带来的暗层。堂阁型的外檐柱用叉柱造或缠柱造，屋内柱可与上层同联用长柱，或是立于下屋大梁之上。

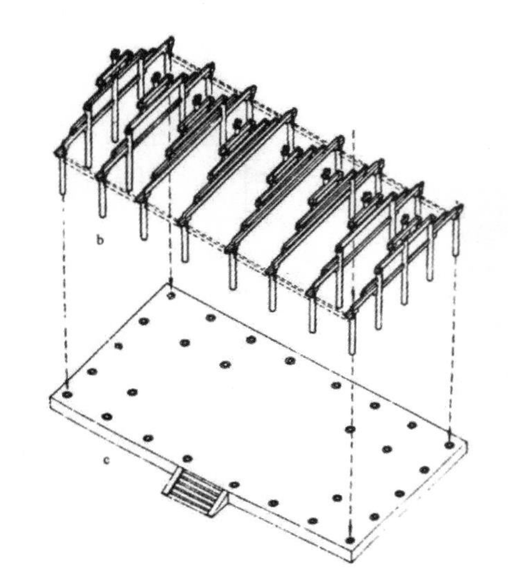

图 2－7　厅堂型构架示意

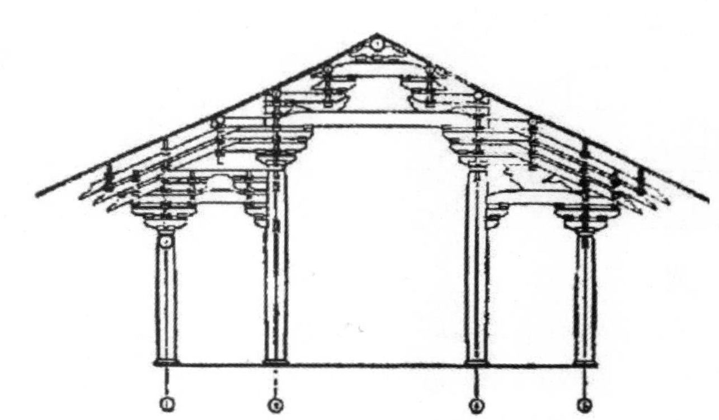

图 2－8　华林寺大殿构架

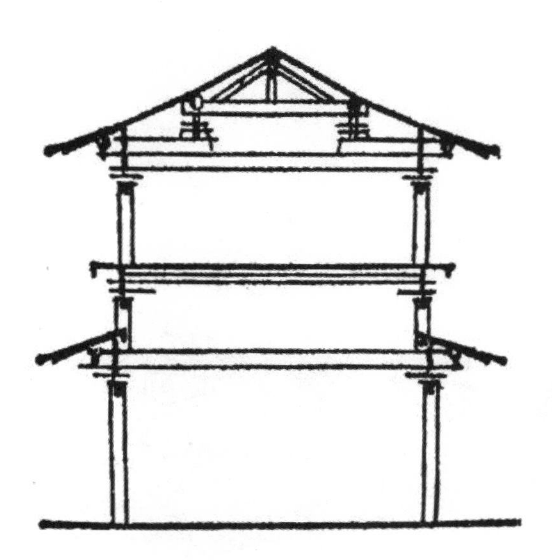

图 2－9　善化寺普贤阁构架

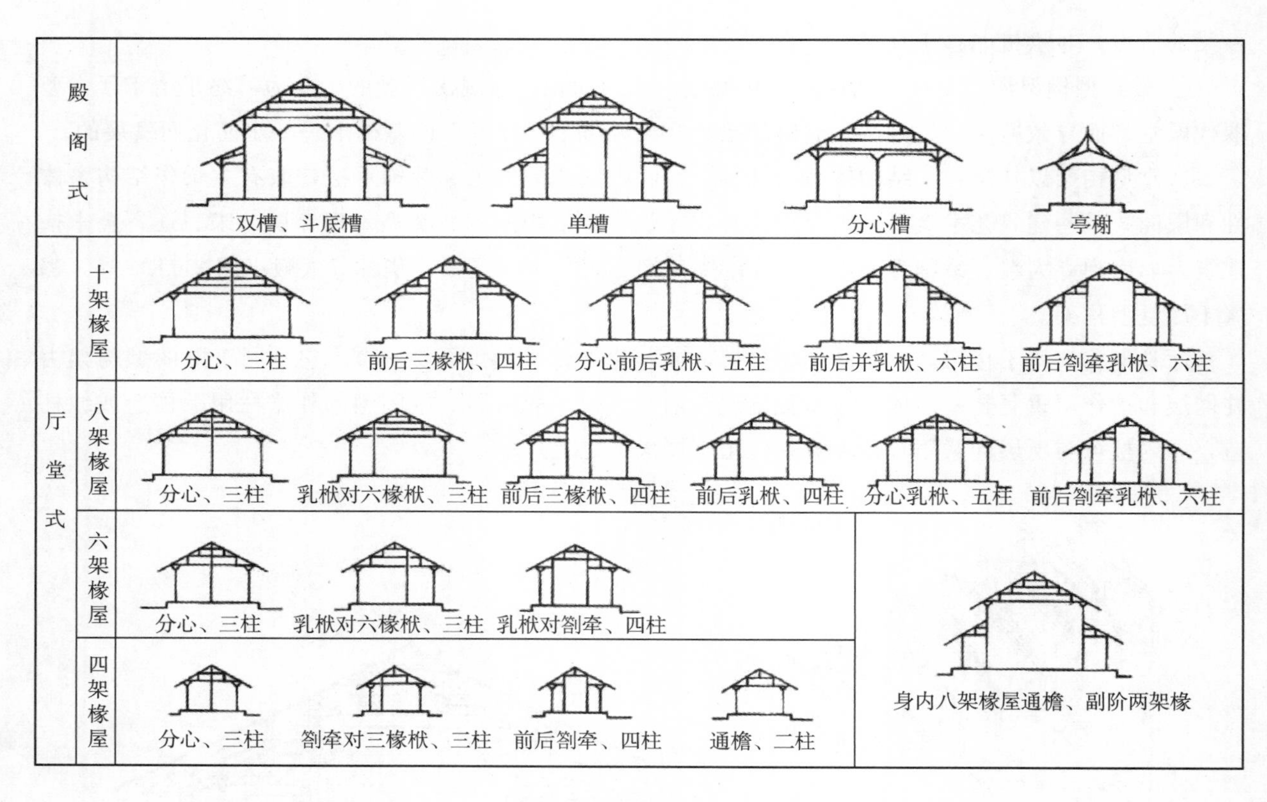

图 2-10 《营造法式》所录木构架类型一览表

2. 屋面形式

中国古建筑有着特殊的曲面屋顶，其特点与用途可归纳为："反宇向阳"。曲面屋顶可获得更久的日照时间，令空气更加流通；可将落在屋顶上的雨水宣泄得更远一些，是谓"吐水急而流远焉"；曲面的形式更使建筑体型更为优美，也成为封建等级的象征。

(1) 槫/檩、椽

① 槫/檩（图 2-11、图 2-12）

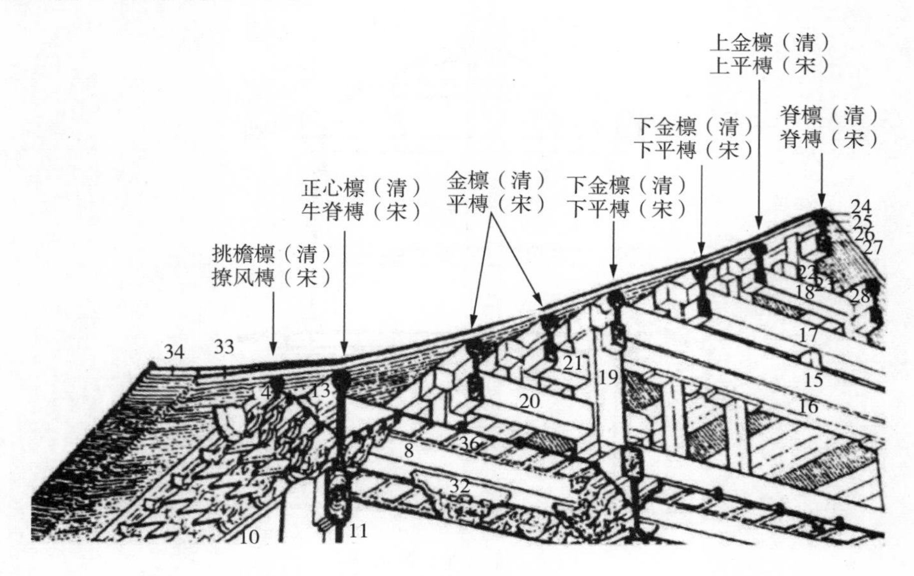

图 2-11 槫/檩命名示意

槫是承载椽子并连接横向梁架的纵向构件，槫有栋、桁、桴、檩等多种称谓。槫根据建筑类型的不同有殿阁槫、厅堂槫、余屋槫之别；根据所用部位不同，又有脊槫、平槫、檐槫等称谓，其截面皆呈圆形。

撩檐枋为令栱上承出檐椽的枋木，如呈圆木，则称之为撩风槫，即清式的挑檐檩。从实物看，北方地区现存的唐、辽、宋、金各代建筑大多采用《营造法式》小注中所提到的“用撩风槫及替木”的形式。江南宋代建筑则用撩檐枋，这一点反映了《营造法式》对南北两地做法的倾向性。牛脊槫为安于草栿之上，以承檐椽之槫。

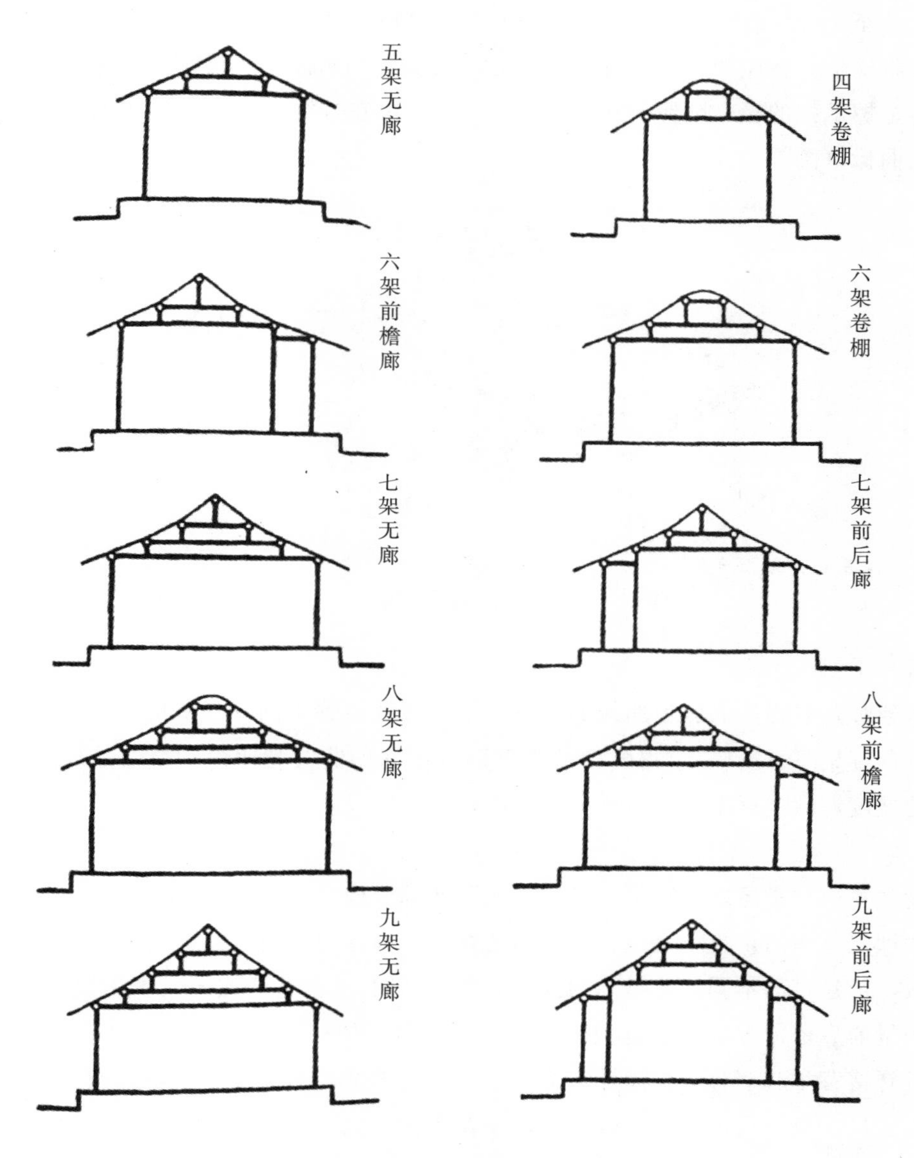

图 2 - 12　檩数分布图

② 椽

椽为构成屋盖层的重要构件，《营造法式》在“椽”节中对椽架、椽径、布椽等作了较为详细的规定。

椽架是指在两椽之间的水平投影长度。《营造法式·大木作制度二》规定："椽架每平不过六尺。若殿阁，或加五寸至一尺五寸。"

在《营造法式》中，椽的长度对于梁栿长度和房屋的进深的确定起着重要作用。除了大型殿阁椽架可达7.5尺以外，《营造法式》把大部分的建筑的椽架控制在6尺以下，这间接规定了梁栿长度和房屋的进深。椽架越长，不仅椽本身的断面必须相应加大，而且使诸如四椽栿、六椽栿的跨度增大，从而影响到梁栿用材，所耗材料亦随之增加。

椽径的大小既受椽架的长度制约，也与建筑类型相关。《营造法式·大木作制度二》规定："若殿阁，椽径九分至十分；若厅堂，椽径七分至八分；余屋，径六分至七分。"

清式作法将椽依其在屋架上的位置不同分为：飞檐椽；檐椽——压在飞檐椽下方的椽；花架椽——两端都由金檩承担的椽；脑椽——最上一层椽，一端在扶脊木上，一端在上金檩上；顶椽——卷棚顶最上之曲椽（图2-13）。

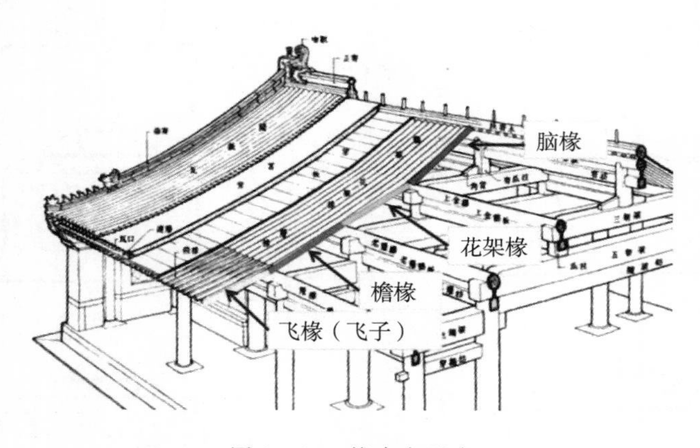

图2-13　椽命名示意

(2) 举折与举架

举折与举架都是取得屋面斜坡曲线的做法。不过二者步骤不同——举折是先定"举"，即高度，然后从上而下，逐架下"折"，求得各槫的高度形成屋面的曲线与曲面；举架是从最下一架起，先用比较缓和的坡度，向上逐架增加坡度的陡峻度，从而形成屋盖的曲线与曲面。

① 举折

举折制度主要由"举屋之法"和"折屋之法"两部分构成（图2-14）。

举屋之法即定总举高，也就是屋顶从撩檐枋背至脊槫背的总高度以前后撩檐枋心或前后檐柱心的距离为基数，依建筑的不同，总举高的计算方法也不同。《营造法式·大木作制度二》规定："如殿阁楼台，先量前后橑檐方心相去远近，分为三分，若余屋柱梁作或不出跳者，则用前后檐柱心，从橑檐方背至脊槫背举起一分，如屋深三丈即举起一丈之类。如筒瓦厅堂，即四分中举起一分。又通以四分所得丈尺，每一尺加八分。若筒瓦廊屋及瓪瓦厅堂，每一尺加五分；或瓪瓦廊屋之类，每一尺加三分。若两椽屋，不加；其副阶或缠腰，并二分中举一分。"

如设前后撩檐枋心或前后檐柱心的距离为X，那么举高H为：

殿阁：$H=X/3$

筒瓦厅堂：$H=X/4+X/4\times 8\%$

筒瓦廊屋：$H=X/4+X/4\times 5\%$

板瓦厅堂：$H=X/4+X/4\times5\%$

板瓦廊屋：$H=X/4+X/4\times3\%$

副阶或缠腰：$H=X/2$

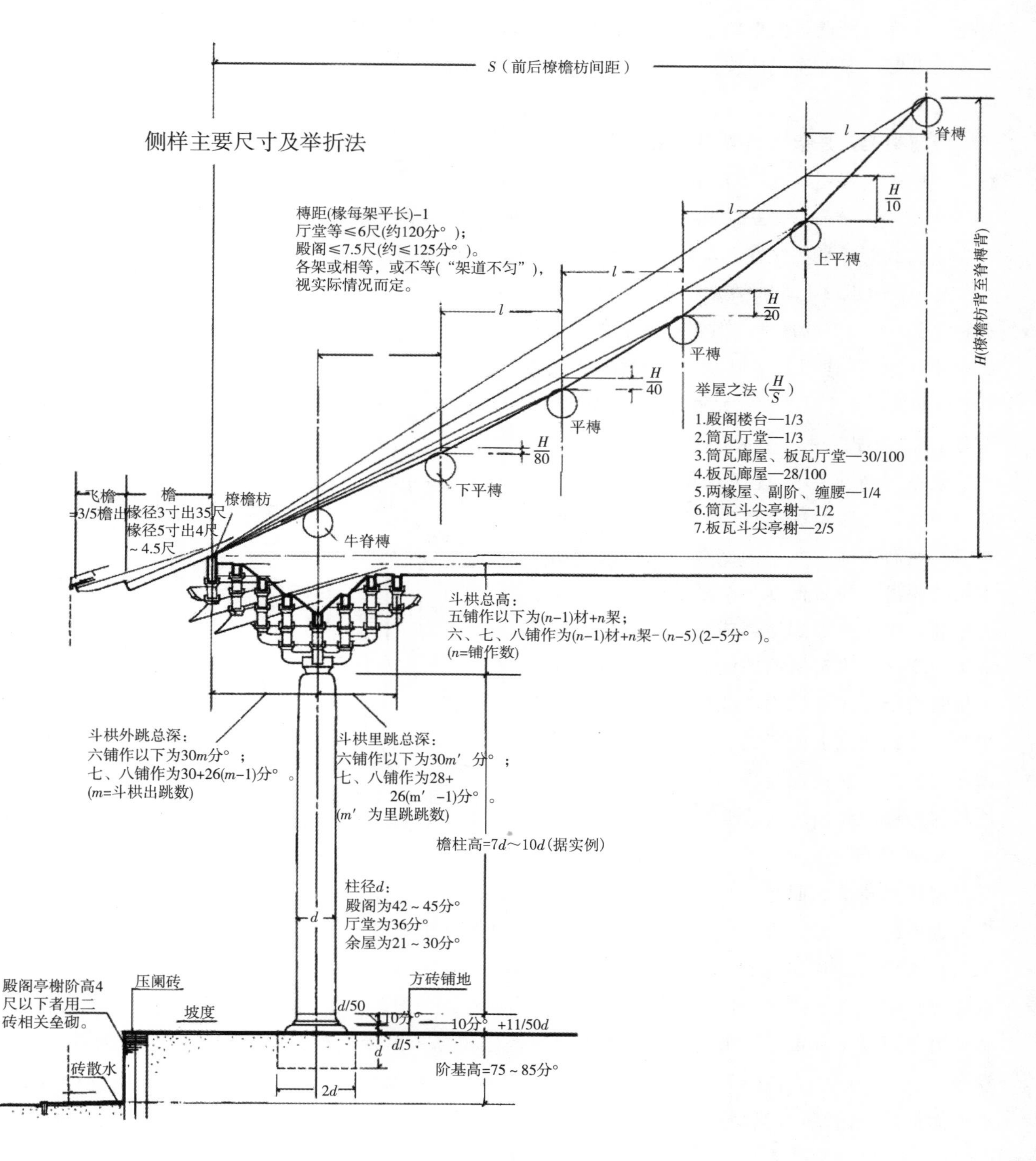

图2-14 举折计算方法示意

折屋之法，是指屋顶在每缝平槫位置所发生的转折。《营造法式·大木作制度二》规定："以举高尺丈，每尺折一寸，每架自上递减半为法。如举高二丈，即先从脊槫背上取平，下至橑檐方背，其上第一缝折二尺；又从上第一缝槫背取平，下至橑檐方背，于第二缝折一尺；若椽数多，即逐缝取平，皆下至橑檐方背，每缝并减上缝之半。如第一缝二尺，第二缝一尺，第三缝五寸，第四缝二寸五分之类。如取平，皆从槫心抨绳令紧为则。如架道不匀，即约度远近，随意加减。以脊槫及橑檐方为准。”第一折在上平槫缝，从脊槫与撩檐枋之间的连线交点上下落 $H\times10\%$，第二折在中平槫处，从第一折点至撩檐枋之间的连线下落 $H\times20\%$，依次类推为 $H\times40\%$，$H\times80\%$等。将所有折点求出后，即可连成曲线。

② 举架

所谓举架，是指木构架相邻两檩中线到中线的垂直距离（举高）除以对应步架长度所得的系数。清代建筑常用举架有五举、六五举、七五举、九举等，表示举高与步架之比为 0.5、0.65、0.75、0.9 等。清式做法的檐步（或廊步），一般定为五举，称为“五举拿头”，飞椽则为三五举。大式建筑最上一举往往在九举之上，还加平水，但一般不超过十举（图 2－15)。

平水：脊瓜柱上端除举架外另加的高度。平水的高度虽有一定的尺寸，但要点还是要设计人员临时酌定。其通用的规则，即各桁檩下垫板的高度；如果是有斗拱的大式大木，平水为四斗口，没有斗拱的小式大木，平水为柱直径减一寸。

根据《清工部工程做法则例》所记“举架”规则，具体做法应首先确定房屋的等级和规模，然后再确定大木的檩数，从而确定出每步架的距离，最后根据举架系数确定出每步架的举高，将房脊推到适当或需要的高度。屋面举架的变化，决定屋面曲线的优劣，所以应用举架时应十分注意屋面曲线的效果，使其自然缓和，达到视觉上的舒适。计量举高也有较为固定的方法，在桁檩直径相同的情况下，一般按相邻两檩的底面之间的垂直距离来计算。

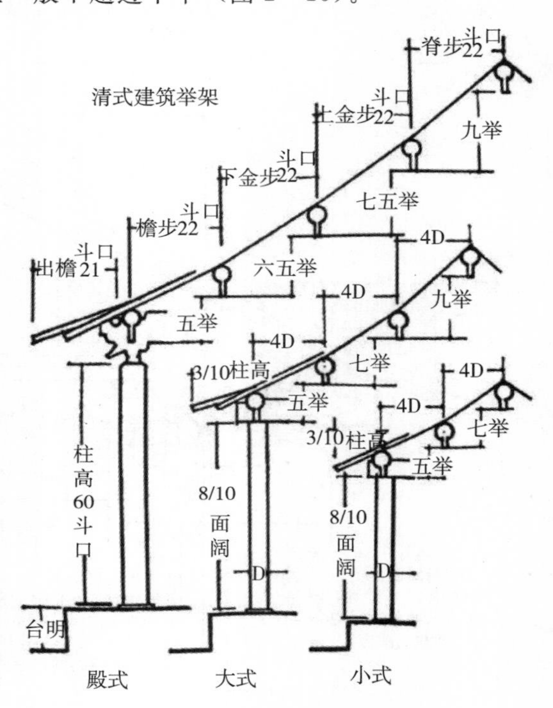

图 2－15　清式建筑举架示意

3. 屋顶形式

屋顶对建筑立面起着特别重要的作用。它那远远伸出的屋檐，富有弹性的檐口曲线，由举架形成的稍有反曲的屋面、微微翘起的屋角（仰视屋角，角椽展开犹如鸟翅，故称“翼角”）以及硬山、悬山、歇山、庑殿、攒尖、十字脊、盝顶、重檐等众多屋顶形式的变化，加上灿烂夺目的琉璃瓦，使建筑物产生独特而强烈的视觉效果和艺术感染力。屋顶又有重檐、单檐之分，重檐等级高于单檐；单檐依据等级高低依次为：庑殿、歇山、卷棚、悬山、硬山、攒尖等。通过对屋顶进行种种组合，又使建筑物的体形和轮廓线变得愈加丰富。而从高空俯视，屋顶的效果就更好，也就是说中国建筑的“第五立面”是最具魅力的。

(1) 庑殿（宋称四阿顶，图 2－16、图 2－17)

庑殿为屋顶形式等级最高者，一般用于皇宫、庙宇中最重要的大殿，可用单檐，特别隆重的用重檐。单檐有正中的正脊和四角的垂脊，共五脊，故又称五脊殿。重檐另有下檐围绕殿身的四条博脊和位于角部的四条角脊。

图 2-16　重檐庑殿

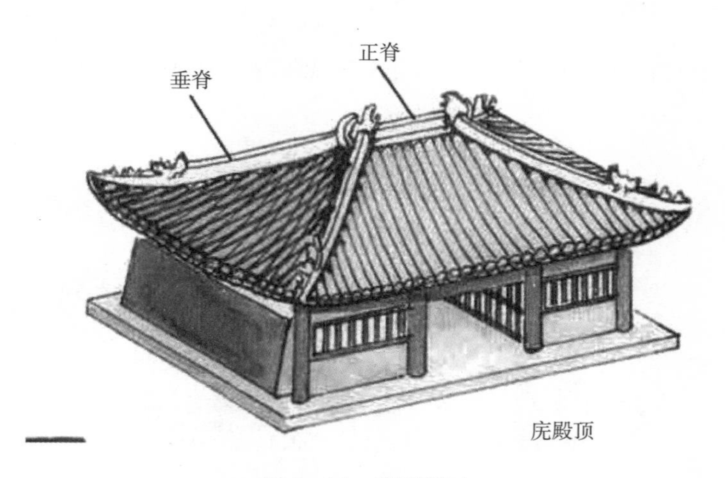

图 2-17　庑殿图示

（2）歇山（图 2-18、图 2-19）

歇山的等级仅次于庑殿，它由正脊、四条垂脊、四条戗脊组成，故称九脊殿。常用于宫殿、寺庙中稍次一级的殿阁。有单檐、重檐的形式。歇山的山墙有博风板、悬鱼等，是装饰的重点。

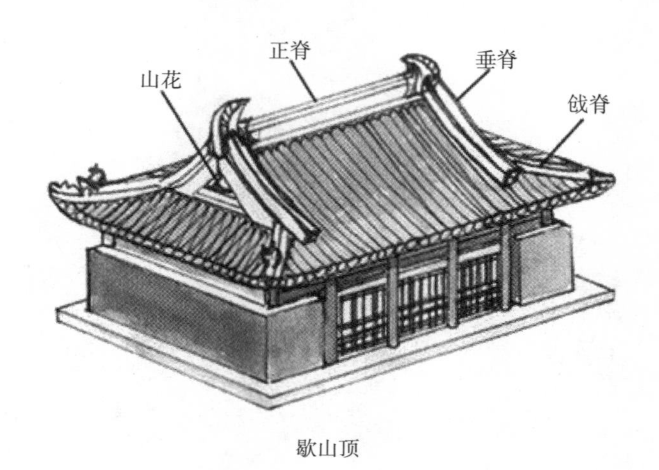

图 2-18　歇山图示

图 2-19　重檐歇山

抱厦：两建筑作丁字相交时，其插入部分称为抱厦，通常此部分的长度及体积均较小（图 2-20）。

十字脊：两建筑作十字相交称十字脊，始见于五代绘画，盛于宋、金，如清故宫角楼就是典型的十字脊做法（图 2-21）。

图 2-20　宋河北正定隆兴寺摩尼殿“抱厦”

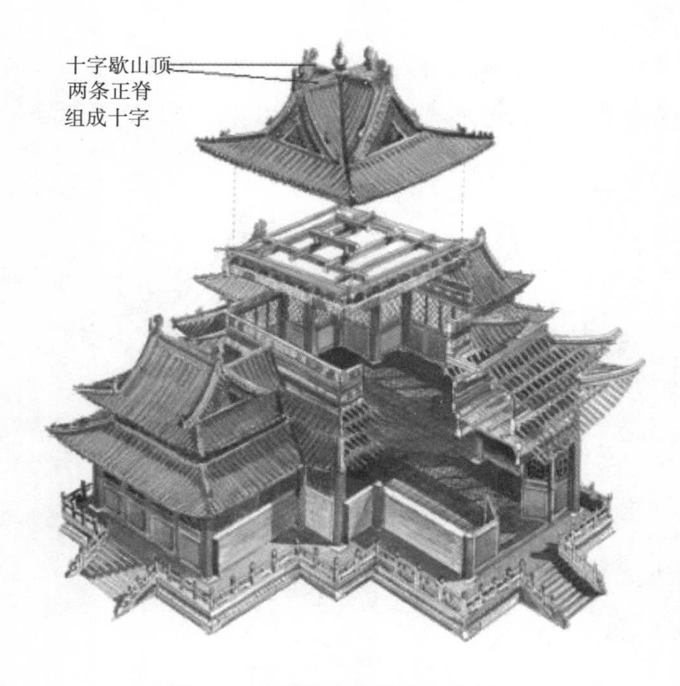

图 2-21　清故宫角楼十字脊做法

（3）悬山（图 2－22、图 2－23）

悬山是两坡顶的一种，也是我国一般建筑中最常见的形式。特点是屋檐两端悬伸在山墙以外，有利于保护两侧山墙不受雨淋，常见于江南民居（又称为挑山或出山）。

图 2－22　悬山图示

图 2－23　山西平遥双林寺天王殿的悬山形式

（4）硬山（图 2－24、图 2－25）

与硬山相似，也是两坡顶的一种，但屋面不悬出山墙之外，山墙自下而上直至屋脊，常见于北方民居。山墙大多用砖石墙，并将檩木梁全部封砌在山墙内，墙头作出各种曲线、折线或直线形式，或在山面做出博风板、墀头等。

图 2－24　硬山图示

图 2-25　墀头雕饰

墀头：硬山建筑的组件，位置在山墙与房檐瓦交接的地方，用以支撑前后出檐。常有雕饰，北京四合院较常见。

（5）攒尖（宋称尖斗，图 2-26）

多用于面积不大的建筑屋顶，如亭、塔、阁等。特点是屋面较陡，无正脊，而以数条垂脊交于顶部，其上再覆以宝顶。平面有圆形、方形、三角、五角、六角、八角等，多为单檐，也有重檐，甚至多重檐。

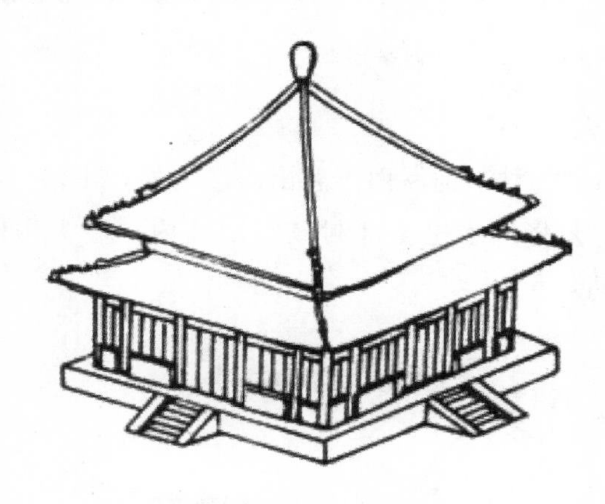

图 2-26　重檐四角攒尖

（6）推山与收山

推山是庑殿（宋称四阿）建筑处理屋顶的一种特殊手法。由于立面上的需要将正脊向两端推出，从而四条垂脊由 45°斜直线变为柔和曲线，并使屋顶正面和山面的坡度与步架距离都不一致

（图 2－27）。

梁思成先生关于中国古代建筑研究中有关推山一词的施工方法，见于所著《中国建筑史》中——“在步架相等的条件下，檐步方角不推，下金步推出 1/10 步架，上金步将下一步已推之由戗中线延长，与上金桁中线相交，由此相交点再推出 1/10 步架。脊部与上金步同”。其次是在《清式营造则例》附录的《营造算例》中关于庑殿顶推山的方法：“除檐步方角不推外，自金步至脊步、按进深步架，每步递减一成”。

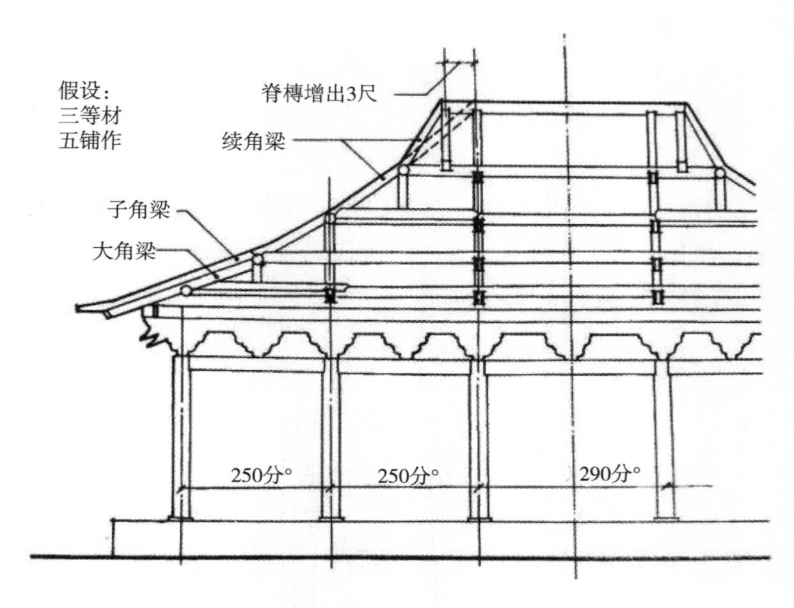

图 2－27　宋《营造法式》“四阿殿脊槫增出”图示

收山是歇山（宋称九脊殿）屋顶两侧山花自山面檐柱中线向内收进的做法（图 2－28）。其目的是使屋顶不过于庞大，但引起了结构上的某些变化（增加了顺梁或扒梁和采步金梁等）。

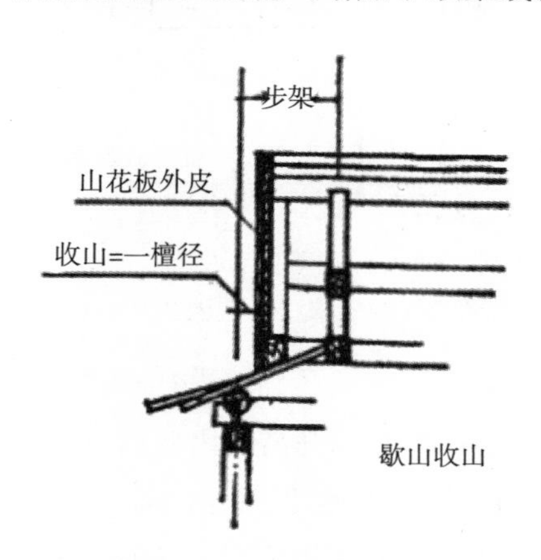

图 2－28　清式建筑收山图示

三、柱

柱是木构架中的主要承重构件之一。《营造法式》对柱子粗细、柱的造型乃至柱在构架中如何安置皆有详细规定。

1. 柱径与柱高

柱径：在“用柱之制”中，对殿、阁厅堂的柱径作了规定：“若殿阁，即径两材两栔至三材：若厅堂柱及径两材一栔，余屋即一材一栔至两材。”

柱高：在“用柱之制”中，对柱高没有明确的规定，只是说“若厅堂等内屋内柱，皆随举势定其短长，以下檐柱为则（原注：若副阶廊舍，下檐柱虽长，不越间之广）”。从实例看，檐柱之高确实不越心间之广，但两者未看出有何固定的比例关系。《营造法式》对柱高未作明确规定，说明这部分是可以由设计者灵活掌握的。

《营造法式》中已有梭柱做法（图 2－29），规定将柱身依高度等分为三，上段有收杀，中、下二段平直。元代以后重要建筑大多用直柱。明代南方某些建筑又复采用梭柱，实例见于皖南之民居及祠堂。

柱径与柱高间的比例也有一个变化过程，一般是从大到小。例如东汉崖墓中的石柱，直径与柱高比在 1/5－1/2 之间。唐佛光寺大殿木柱为 1/9；清代北方在 1/11－1/10 左右，而南方民居，由于屋面荷载较小，结构较轻，一般在 1/15 左右。

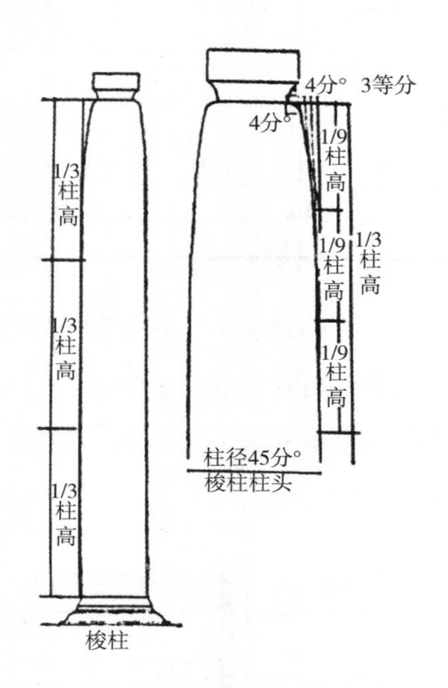

图 2－29　宋《营造法式》梭柱

2. 柱构造做法

生起：宋、辽建筑的檐柱由当心间向二端升高，因此檐口呈一缓和曲线，在《营造法式》中称“生起”。《营造法式》规定：“至角则随间数生起角柱。若十三间殿堂，则角柱比平柱生高一尺二寸，十一间生高一尺；九间生高八寸；七间生高六寸；五间生高四寸，三间生高二寸。”即柱子自当心间的平柱向角柱逐次增高，每间升高 2 寸。实例见于宋太原晋祠圣母殿（图 2－30）。

侧脚：宋《营造法式》规定：“凡立柱，并令柱首微收向内，柱脚微出向外，谓之侧脚。每屋正面，随柱之长，每一尺即侧脚一分。若侧面，每一尺则侧脚八厘。至角柱，其柱首相向各依本法。”侧脚作法意在增强建筑结构稳定性——外檐柱在前、后檐均向内倾斜柱高的 10/1000，在两山向内倾斜 8/1000，而角柱则两个方向都有倾斜（图 2－31）。

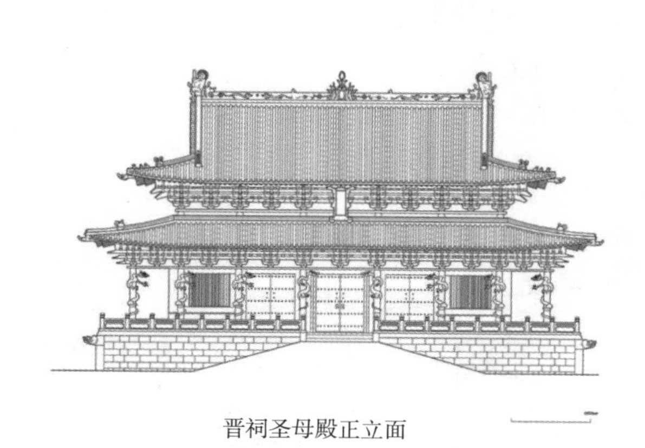

图 2－30　宋太原晋祠圣母殿角柱生起明显

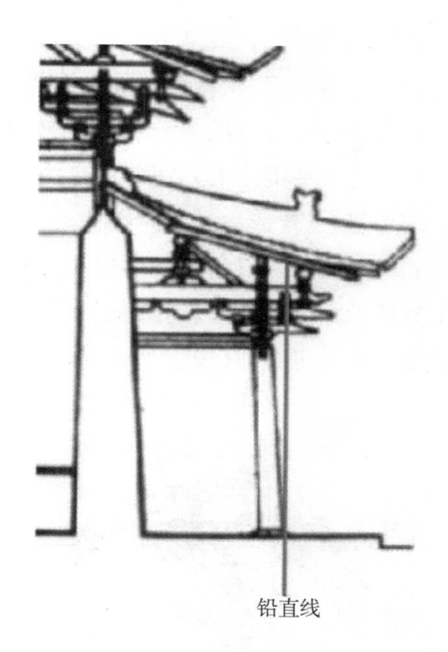

图 2－31　侧脚作法图示

柱在构架中安置时采用生起和侧脚的办法，用以加强构架的稳定性。生起、侧脚的共同作用，便产生了一种内聚力，可与上部屋盖下压而产生向外扩张的力量取得某种平衡；同时可矫正视觉误差，类似于古希腊雅典卫城的帕提农神庙。

叉柱造：记载见于《营造法式》，其做法是将上层檐柱底部十字开口，插在平座柱上斗栱内：而平座柱则叉立在下檐柱斗栱上，但向内退进半柱径。实例如隆兴寺转轮藏殿、独乐寺观音阁。

缠柱造：记载见于《营造法式》，其做法是将上层柱立在下层柱后的梁上，在结构、构造和外观上都较妥善。但在角部须施斜梁，另外各面还须加一组斗栱——附角斗。实例如独乐寺观音阁和佛宫寺释迦塔。

3．柱的分类

（1）建筑内柱

按其位置大致可分为：檐柱——位于建筑最外围，承担屋檐部分重量。金柱——位于檐柱以内的柱子（顺建筑物面阔方向中线上的柱除外），相邻檐柱的金柱称外围金柱（又叫“老檐柱”），在外围金柱以内的金柱称里围金柱。若一座建筑中没有用里围金柱，则外围金柱即简称金柱。金柱承受屋檐部分以上的屋面重量。在重檐建筑中，金柱上端向上延伸，直达上层屋檐，并承受上层屋檐重量，这样的金柱叫重檐金柱。中柱——位于顺着建筑物面阔方向中线上的柱，中柱直接支撑脊檩，将建筑物进深方向的梁架分为两段。中柱常用在门庑建筑中，而殿堂建筑一般不用，以扩大室内空间。山柱，位于建筑物两山的中柱，常用于硬山或悬山建筑的山面。角柱——位于建筑物的转角处，承托不同角度的梁枋的柱。角柱按其位置不同，又有角檐柱、角金柱、重檐角金柱、角童柱之分（图 2－32）。

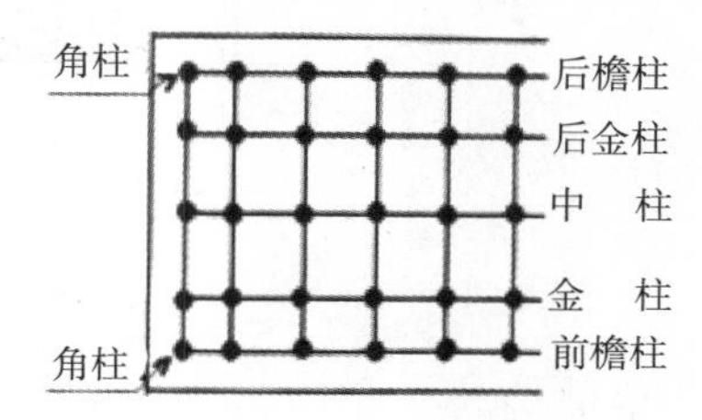

图 2－32　柱分类示意

（2）蜀柱与驼峰（图 2－33）

蜀柱有多种称谓，都是指安装于梁架上的不落地短柱，

即清式的童柱或瓜柱。最早用于脊槫下。《营造法式·大木作制度二》规定："造蜀柱之制：于平梁上，长随举势高下。"驼峰形如驼峰之背，一般在彻上明造梁架中配合斗栱承载梁栿。

（3）叉手与托脚（图 2-33）

叉手为安于平梁之上，顺着梁身的方向斜置的两条枋木，也称斜柱。其使用方式有二：一是斜置于蜀柱两侧，《营造法式》在"造蜀柱之制"中提到的"随举势斜安叉手"，便是此种方法；二是在平梁上不安蜀柱，仅用两条斜置的叉手，实例如唐佛光寺大殿。

托脚是指自梁端向里斜托向上以平槫的枋木，作用与蜀柱两边所加叉手类似。《营造法式·大木作制度二》规定："凡中下平槫缝，并于两首向里斜安托脚。"

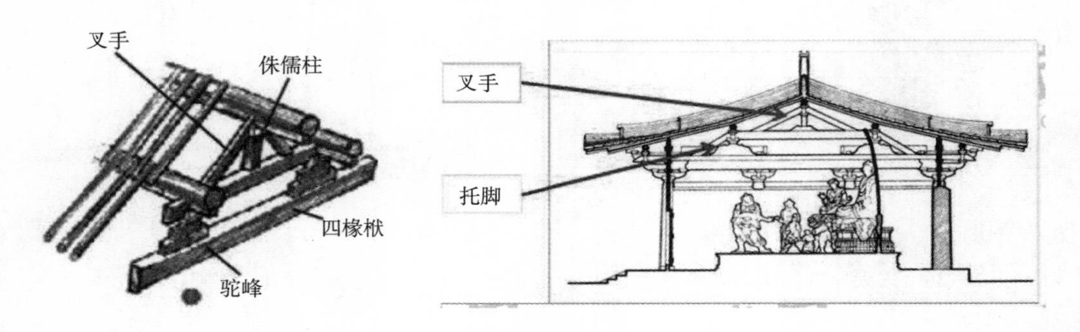

图 2-33　蜀柱、驼峰、叉手、托脚示意

（4）平面柱网——槽

前文所述，宋《营造法式》所提及的殿堂型构架平面均为整齐的长方形，定型为四种分槽形式：分心槽、单槽、双槽、金箱斗底槽，形成四种空间形式。其"槽"即指殿身内柱列及其上所置铺作。

① 金厢斗底槽

平面柱网用内外两圈柱构成，殿身内有一圈柱列于斗栱，将殿身空间划分为内外两部分，如唐五台山佛光寺大殿（图 2-34）。

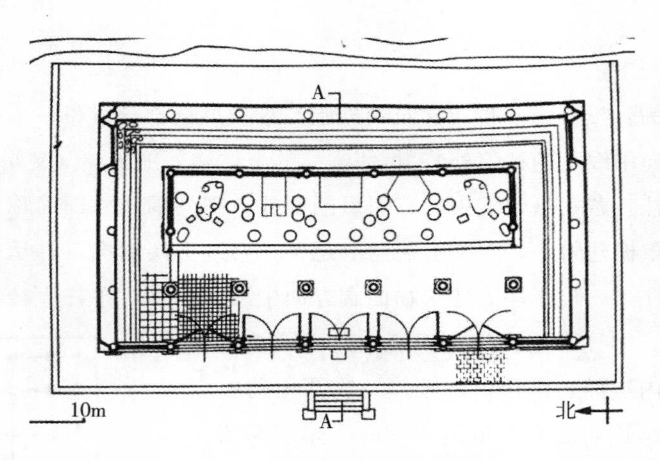

图 2-34　山西五台山佛光寺大殿平面

② 单槽

用内柱将平面划分为大小不同的两区，如宋晋祠圣母殿（另殿身柱网配置以廊柱和檐柱两周合成，即"副阶周匝"做法，后提及，见图 2-35 所示）。

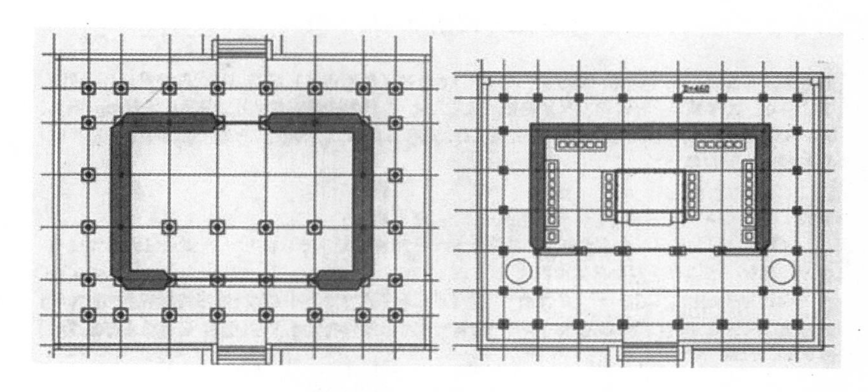

图 2－35　《营造法式》殿阁地盘殿身七间副阶周匝身内单槽图与圣母殿平面图

③ 双槽

用内柱将平面划分为大小不等的三区，如西安唐大明宫含元殿遗址、北京清故宫太和殿（图 2－36、图 2－37）。

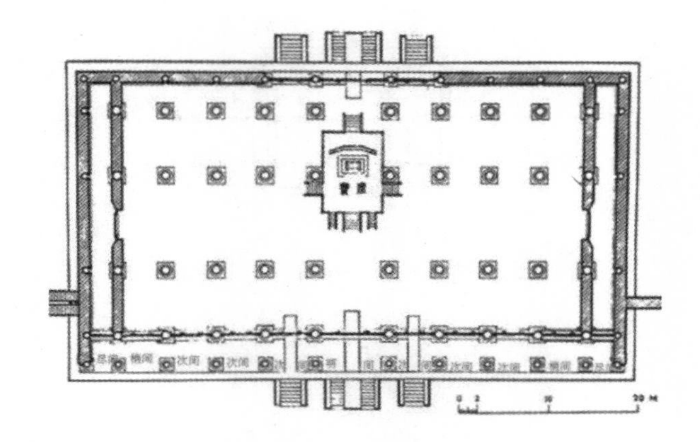

图 2－36　清太和殿平面

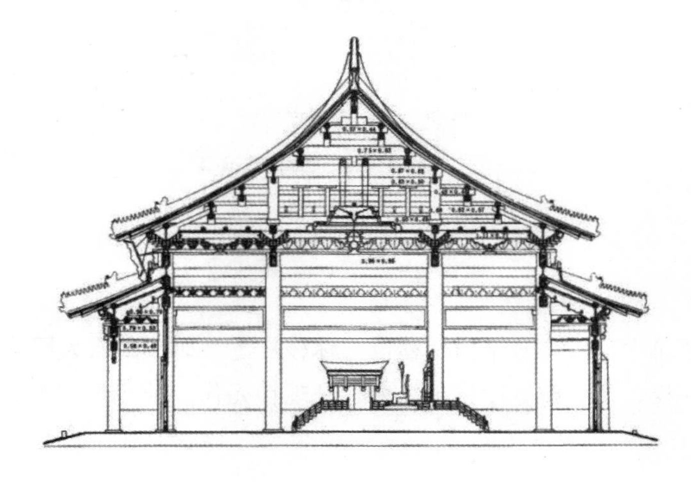

图 2－37　清太和殿剖面

④ 分心槽

用中柱一列将平面等分，如辽河北蓟县（现天津市蓟州区）独乐寺山门，两次间中柱间垒墙分前后间，心间中柱安双扇板门，空间紧凑得宜（图 2-38、图 2-39）。

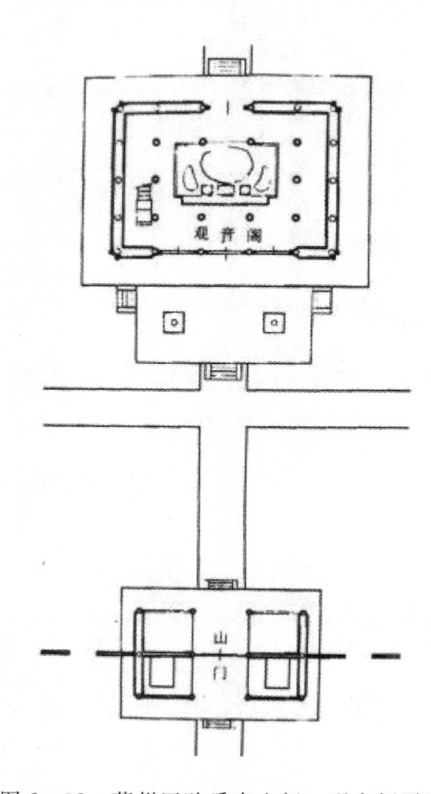

图 2-38 蓟州区独乐寺山门、观音阁平面

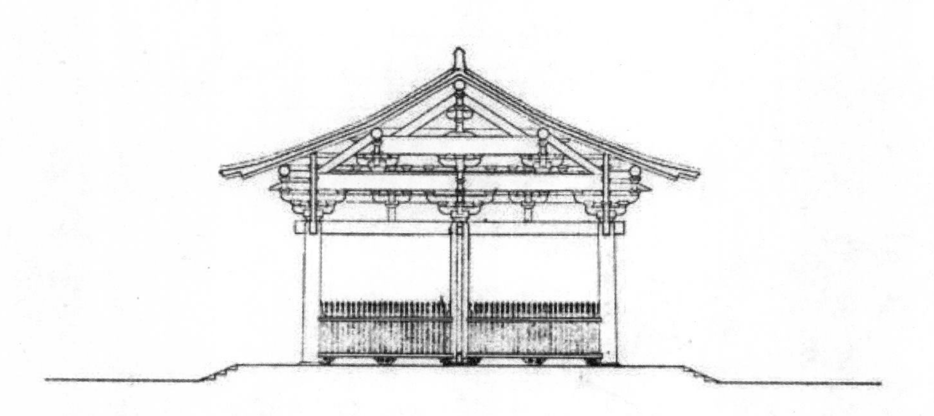

图 2-39 蓟州区独乐寺山门横剖面

（5）移柱造

宋、辽、金、元建筑中，常将若干内柱移位，称移柱造，如金山西大同华严寺大雄宝殿，殿内六缝前后金柱各退入一椽，使中跨宽度近十二米，是现存元代以前殿屋内最高大宽敞的一例（图 2-40）。

（6）减柱造

减少部分内柱的做法，如金代所建佛光寺文殊殿，面阔七间，进深四间八椽，厅堂型构架，前后两列内柱都只剩下两柱，而以粗大的内额承托减柱出的两栿。这种做法表明当时工匠已能把握构架的受力情况，敢于采取大胆的结构措施（图 2-41）。

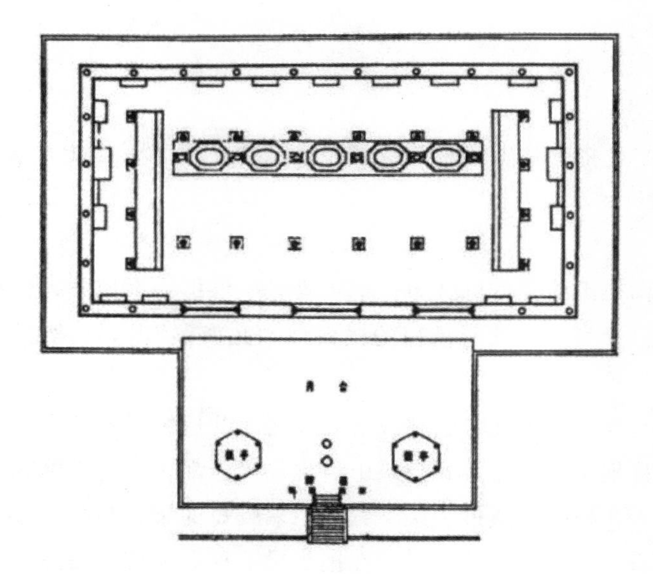

图 2-40　华严寺大雄宝殿平面

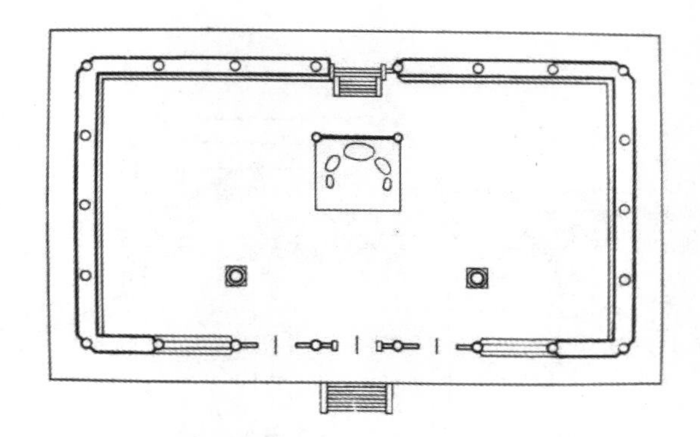

图 2-41　佛光寺文殊殿平面

（7）副阶周匝

副阶周匝是指塔身、殿身周围包绕一圈外廊的做法，如辽山西应县佛宫寺释迦塔。木塔为楼阁式塔，平面八角形，底层出一圈副阶周匝（图 2-42）。

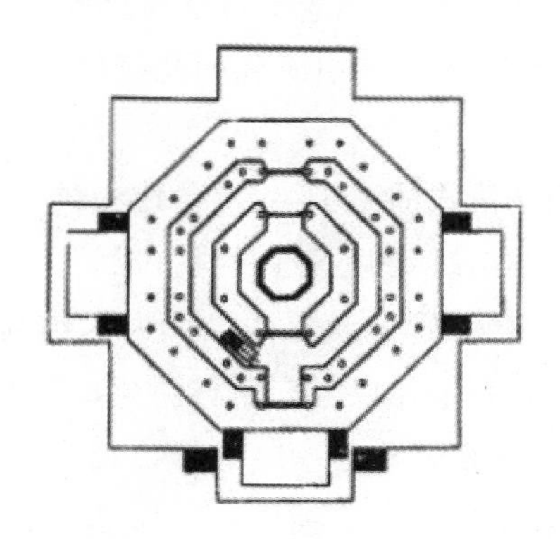

图 2-42　佛宫寺释迦塔底层平面

四、梁栿、阑额

1. 梁栿

凡横向（进深方向）叠搭于柱上者称为梁或栿。其作用是承受由上面桁檩转下的屋顶的重量，再由下转到柱上。

（1）清式作法

清式作法按照其在构架中的位置可分为：单步梁——承担一根檩条，包括抱头梁与挑尖梁；双步梁——承担两根檩条。梁可按照其所承担的檩数称“几架梁”，如三架梁——承担三根檩条，五架梁——承担五根檩条，等等。

抱头梁或挑尖梁：是指位于檐柱与金柱或老檐柱之间的短梁，一端在檐柱上，一端插入金柱或老檐柱。在小式建筑中称抱头梁，在大式建筑中称挑尖梁。都属于清式单步梁。

穿插枋或挑尖随梁：在抱头梁或挑尖梁下方的一端较短的梁，与抱头梁或挑尖梁平行，用于增加檐柱与金柱之间的联系，以补大梁的不足，在抱头梁下称穿插枋，在挑尖梁下则称挑尖随梁（图2－43）。

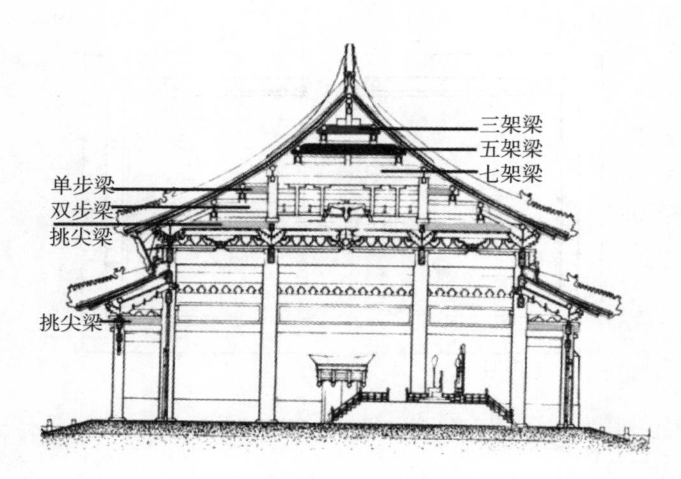

图2－43　清大木大式木构架梁命名示意

（2）宋代作法

① 宋《营造法式》对梁栿的种类、粗细、造型乃至加工皆有详细规定。在传统建筑中，常以椽的架数来称呼或度量梁的长度，《营造法式》中所称的几椽栿及清工部《工程做法则例》所称的几步架均由此而来。

劄牵：长一椽的联系梁，相当于清式的单步梁。《营造法式·大木作制度二》规定：“劄牵：若四铺作至八铺作出跳，广两材；如不出跳，并不过一材一栔。”

乳栿：长二椽的栿，即清式的双步梁。《营造法式·大木作制度二》规定：“乳栿：若四铺作、五铺作，广两材一栔；槽栿广两栔。六铺作以上广两材两栔；草栿同。”

平梁：实为一种二椽栿，是安于梁架最上一层的梁，相当于清式三架梁或太平梁。《营造法式·大木作制度》规定：“平梁：若四铺作、五铺作，广加材一倍。六铺作以上，广两材一栔”（图2－44）。

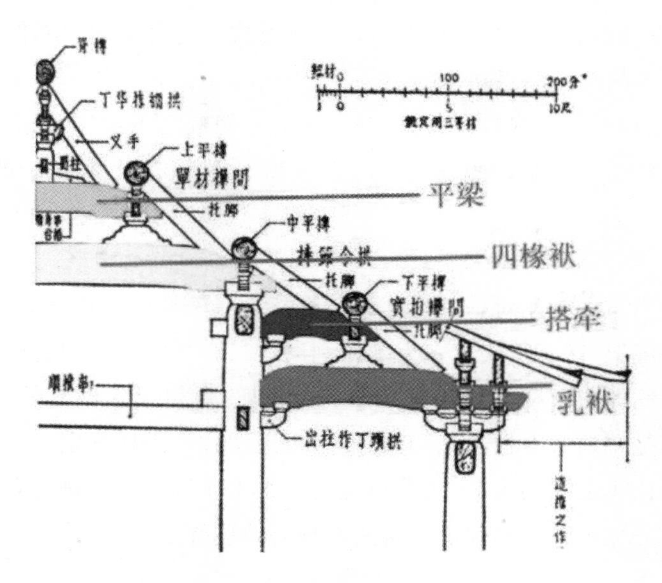

图 2－44　宋式木构架梁栿命名示意

② 草栿与明栿

在殿阁建筑中，由于安置了平棊、平暗、藻井等，平棊、平暗、藻井上下的梁栿在加工程度上呈现出草栿与明栿之别。

草栿：也称草架，是指安于平棊、平暗、藻井之上，未经细加工的，起到负荷屋盖重量的梁栿。从《营造法式》的“造梁之制”中可以看到，用于殿阁的建筑的檐栿、乳栿、劄牵、平梁等都有草栿形式。

明栿：是与草栿相对的概念，是指露在外面的梁栿。由于明栿为视线所及，所以往往经过细加工。用于殿阁建筑的檐栿、乳栿、劄牵、平梁等既有草栿形式，也有明栿做法。而厅堂梁栿由于不安平棊、平暗、藻井，所以通常为明栿做法。

③ 直梁和月梁

梁的外观可分为直梁与月梁。后者在汉代文献中又称虹梁，特征是梁肩作弧形，梁底略上凹，其侧面多作雕刻，外观秀美。月梁的做法可能广泛地运用于殿阁中的檐栿、乳栿、劄牵、平梁及厅堂梁栿。在有草栿的殿阁梁架中月梁通常不承重，只起到搁置天花和柱头、铺作间的联络作用。在露明造的梁架中，无论是殿阁梁架还是厅堂梁栿，明梁亦起负荷屋盖重量的作用。

④ 露明造

对建筑室内不施平棊、平暗、藻井等天花类构件的做法，称之为露明造或彻上明造。梁头相叠出须安驼峰，安替木处须作隐斗，两头造耍头或切几头，与令栱或襻间相交。

2. 阑额

凡纵向（主要是指面阔方向）搭于柱上者称为额，清称枋。额又有阑额、由额之别，又有檐额、内额之分。搭于柱脚者称为地栿。对此，《营造法式》在“阑额”节中作了记述。

（1）阑额与由额

阑额：柱列间柱头上的纵向联系梁（图 2－45）。

《营造法式·大木作制度二》规定：“造阑额之造：广加材一倍，厚减广三分之一，长随间广，两头至柱心。入柱卯减厚之半。两肩各以四瓣卷杀，每瓣长八分。如不用补间铺作，即厚取广之半”。从“两肩各以四瓣卷杀，每瓣长八分”看，阑额形式应与月梁同。实例见宁波保国寺大殿。

由额：用于阑额之下的又一联系枋木。

《营造法式·大木作制度二》规定：“凡由额，施之于阑额之下。广减阑额二分至三分。如有副阶，即与峻脚椽下安之。如无副阶，即随宜加减，令高下得中。”由额用于殿身阑额之下，在副阶阑额下通常不用由额。

（2）檐额与内额

檐额：从字面看似乎与内额相对，其实不然。檐额是一种特殊的阑额，是用于檐柱下柱间的大阑额，额上可直接支撑屋架。《营造法式·大木作制度之二》规定：“凡檐额，两头并出柱口；其广二材一栔至三材；如殿阁即三材一栔或加至三材三栔。”由此可见，檐额的高宽比阑额大得多，且“两头并出柱口”，而不是“两头至柱心”。其长度《营造法式》未作规定。

内额：即安于内柱柱头之间的阑额。《营造法式·大木作制度二》规定：“凡屋内额，广一材三分至一材一栔；厚取三分之一；长随间广，两头至柱心或驼峰心。”

（3）普拍枋与绰幕枋

普拍枋：即清式平板枋，用于阑额和柱头之上的枋木。

普拍枋在《营造法式·大木作制度一》“平坐”节中有提及：“凡平坐铺作下用普拍枋，厚随材广，或更加一栔；其广尽所用方木。”在《营造法式》的图样中均不涉及普拍枋，但现存遗构如太原晋祠圣母殿、应县佛宫寺木塔等已使用普拍枋。

绰幕枋：即位于檐额之下的枋子，伸出柱外部分做成楷头或三瓣头。《营造法式·大木作制度二》规定：“檐额下绰幕枋，广减檐额三分之一；出柱长至补间，相对作楷头或三瓣头。”就其位置和大小而言，类似清式的小额枋。但其“出柱”做成相对的楷头或三瓣头，又类似清式的雀替（图2-46）。

图2-45　阑额、普拍枋图示

图2-46　绰幕枋图示

（4）地栿

地栿为用于柱脚间的联系枋木，其作用与阑额同，所以《营造法式·大木作制度二》在“阑额”节中对地栿作了规定：“凡地栿，广加材二分至三分；厚取广三分之二；至角出柱一材。”

（5）门额与窗额

《营造法式》在小木作制度中还提到门额与窗额，均为施于阑额之下的枋木。在门上者也称为门额，用于安窗者可称为窗额。

五、斗栱

1. 斗栱概述

斗栱是中国木架建筑特有的结构部件，在受力上其作用是在柱子上伸出悬臂梁以承托出檐部分的重量。古代的殿堂出檐可达三米左右，如无斗栱支撑，屋檐将难以保持稳定。唐宋以前，斗栱的结构作用十分明显，布置疏朗，用料硕大；明清以后，斗栱的装饰作用加强，排列丛密，用料变小，远看檐下斗栱犹如密布一排雕饰品，但其结构作用（承托屋檐）仍未丧失。梁思成先生曾对斗栱有这样的解释："在梁檩与立柱之间，为减少剪应力故，遂有一种过渡部分之施用，以许多斗形木块，与肘形曲木，层层垫托，向外伸张，在梁下可以增加梁身在同一净跨下的荷载力，在檐下可以使出檐加远。"

斗栱在宋代也称"铺作"；在清代称"斗科"或"斗栱"，一般使用在高级的官式建筑中，大体可分为外檐斗栱和内檐斗栱二类。檐下斗栱因其位置不同，所起的作用也有差异：在柱头上的斗栱称为柱头铺作（清称柱头科），是承托屋檐重量的主体；在两柱之间置于阑额（清称额枋）上的斗栱，称为补间铺作（清称平身科），起辅助支撑作用；在角柱上的斗栱称为转角铺作（清称角科），起承托角梁及屋角的作用，也是主要结构部件。室内斗栱通常只支撑天花板的重量或作为梁头节点的联系构件，其结构作用显然不及檐下斗栱明显。

斗栱的最早形象见于周代铜器，汉代的画像砖石、壁画、建筑明器及记载中也有不少，而石阙石墓中的实物虽是仿木的作品，但在很大程度上还保存了原来的风貌，形制上虽未完全成熟，但其基本特点已形成。唐代是我国斗栱发展的重要阶段，根据山西五台山南禅寺和佛光寺大殿以及其他有关资料知道，当时的柱头铺作已相当完善并使用了下昂，总的形制和后代相差不远。宋代可认为是斗栱发展的成熟期，如转角铺作已经完善；补间铺作和柱头铺作的尺度和形式已经统一，在结构上的作用也发挥得较为充分；内檐斗栱出现了上昂构件；规定了材的等级，并把它和栔作为建筑尺度的计量标准等。辽、金继承了唐、宋的形制但又有若干变化，如在铺作中使用了45°和60°的斜栱、斜昂等。元代起斗栱尺度渐小，真昂不多。明、清时斗栱尺度更小，柱头科和平身科尺度已有差别，后者攒数由宋代的一至二朵增加到四至八攒，而且都用假昂。

斗拱部件的尺寸以"材"或"斗口"为准，房屋愈大，斗栱的用料愈大，体型也愈大——"倍斗而取长"。清完全以"斗口"作为标准的"模数"单位，立面的构图和尺寸设计关系以斗栱为中心展开，故斗栱与其他构件以至于整座建筑物恒成一定的比例关系，以达视觉上的协调。

2. 斗栱组成及各部分名称

宋《营造法式》对斗栱作了一次详细的总结，其由"斗""栱""昂""枋"四类部件组成。宋以后的斗栱大体依其所规定形制发展。

从外形看，斗栱构件繁多，十分复杂，实际上可以根据构件性能分为两大类：一类是起承重作用的主干部件，如华栱（清称翘头）、昂（清亦称昂）、栌斗（清称坐斗）等；另一类是主要起稳定作用的平衡构件，包括罗汉枋（清称拽枋）、柱头枋（清称正心枋）、瓜子栱（清称瓜栱）、慢栱（清称万栱）、令栱（清称厢栱）等一些与承重构件十字相交的构件。两者组成复合结构，坐落在柱头上，再以梁、栿、枋压之，形成了一个较为稳定的承重支撑体系（图2-47）。

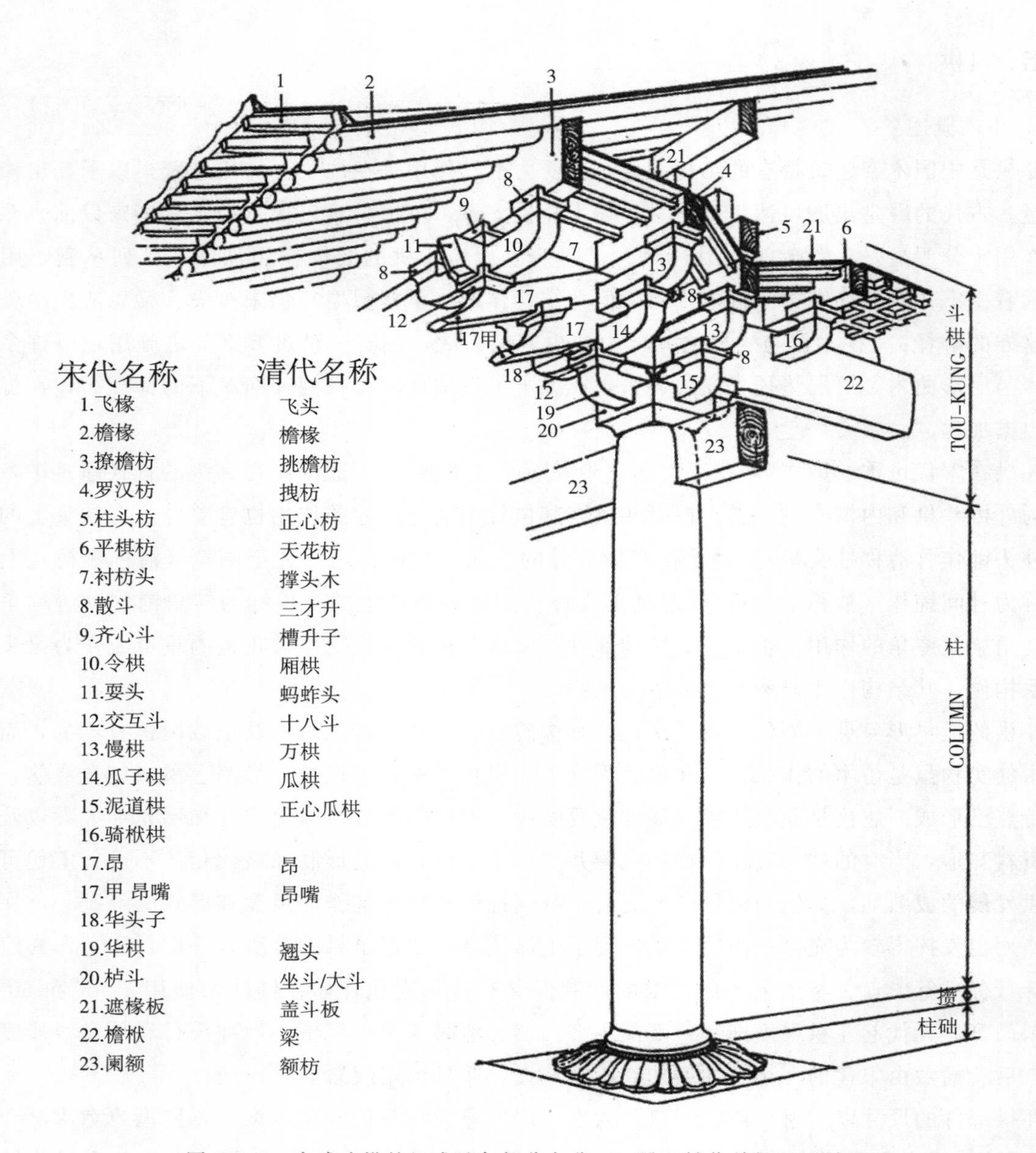

图 2－47 宋式斗栱的组成及各部分名称（三跳六铺作单抄双下昂）

（1）造栱之制

栱是构成铺作的主要构件之一，是架于斗上的弓形木块。处于不同层位的栱在形制、称呼等方面也不相同。从《营造法式·大木作制度一》提到的“造栱之制有五”中可获知，宋代斗栱有华栱、泥道栱、瓜子栱、慢栱、令栱五种基本类型（图 2－48）。

① 华栱

华栱用于出跳，也称杪栱、卷头、跳头等，即清式斗栱中的翘，处在垂直于建筑立面（进深方向）的位置，并层层出跳，每层谓之一“抄”，单层曰“单抄”，双层曰“双抄”，往外伸出一栱或一昂谓之一“跳”。如图 2－47 所示为三跳六铺作单抄双下昂，其中铺作数＝出跳数＋3，令加栌斗、耍头、衬方头各一层，共六层，称六铺作；清则称七踩斗栱，其中踩数＝出跳数×2＋1。

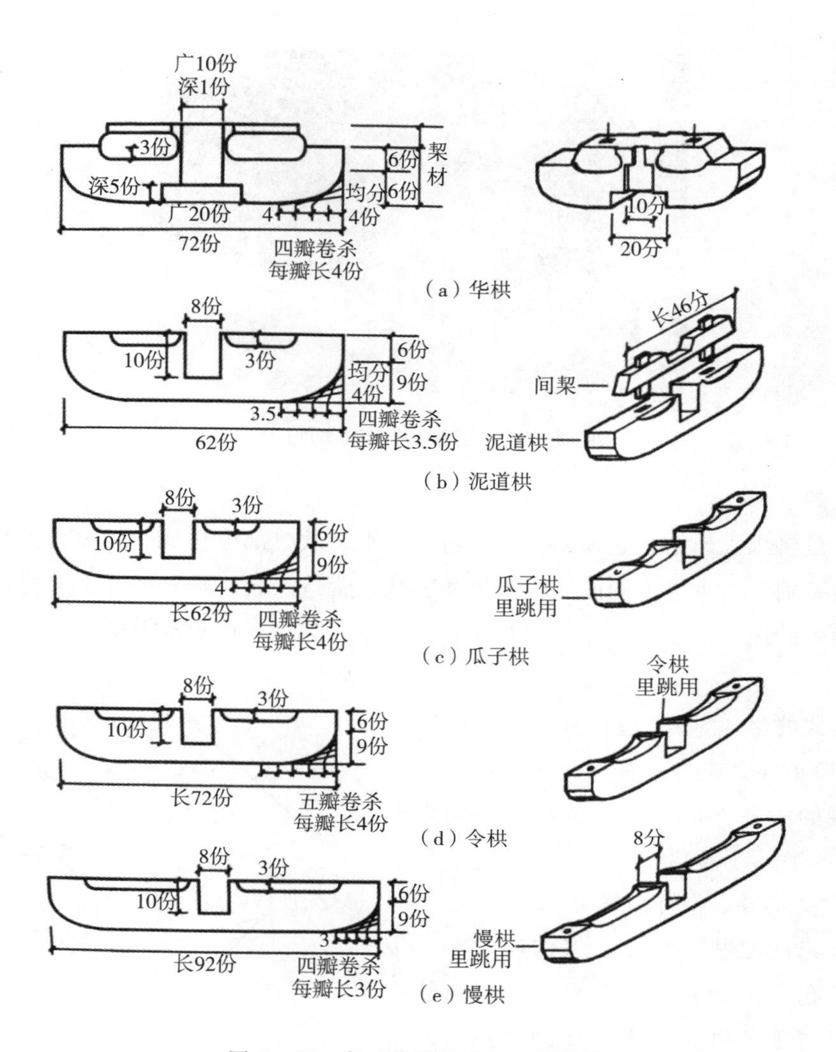

图 2－48　宋《营造法式》中各类栱

若在华栱或昂的出跳跳头上安放横栱，则称“计心造”，无横栱则称“偷心造”。华栱所处的位置及受力情况决定其一律用足材，若其前端承托着跳头上面的横栱，则须有较大的断面以承受悬挑之力，华栱之制见图 2－48（a）。

② 泥道栱、瓜子栱、慢栱、令栱（图 2－48）

泥道栱为架在栌斗上的横栱，即清式的正心瓜栱，见图 2－48（b）所示；瓜子栱为用于跳头的横栱，清称瓜栱，位于华栱或昂之上（最外跳除外），见图 2－48（c）所示；慢栱为叠加在泥道栱、瓜子栱的之上的横栱，是一个“栱上之栱”，清称万栱，在构图上就要拉长一些然后才能使上层部分不至重叠而产生挑出的效果，见图 2－48（e）所示；令栱是施于铺作里外最上一跳的跳头之上的横栱，清称厢栱，不再作上层的发展，且中间伸出一个“耍头”作为构图的结束，见图 2－48（d）所示。

各跳横栱之上均放置有一横枋，即“一跳一枋”，在柱头中线或泥道栱上的枋称“柱头枋”，内外跳中慢栱之上的称“罗汉枋”，内跳令栱之上称“平棋枋”，外跳令栱之上称“撩檐枋”。在第一层昂下往往将华栱前端减削，自交互斗间伸出“两卷瓣”来承托下昂，称“华头子”。(图 2－49)

图 2－49　四跳七铺作栱部件示意

（2）造斗之制

斗在铺作中是将栱、昂结合起来的节点，由耳、平、欹三部分构成。根据所处位置，所需容纳的栱、昂方向的差别，产生了不同的形式和尺寸。从《营造法式》提到的“造斗之制有四”中可以知晓，宋代斗栱中的用斗主要有栌斗、交互斗、齐心斗、散斗四种基本类型。

① 栌斗

栌斗，即清式的坐斗。《营造法式·大木作制度一》规定：“一曰栌斗。施之于柱头……”即栌斗是用于铺作最下层的大斗。栌斗常作方形，一般为十字开口的四耳斗（图 2－50）。

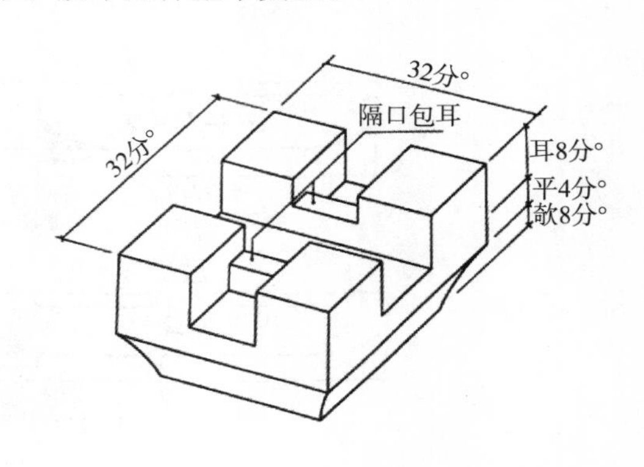

图 2－50　栌斗

② 交互斗、齐心斗、散斗（图 2－51）

交互斗用于出跳之栱、昂上，多作四耳斗，十字开口，长十八份，广十六份，上承十字相交的构件，是华栱、昂与瓜子栱或令栱相交的节点，即清式作法中的“十八斗”。如承替木，则做成顺身开口的两耳斗，见图 2－51（a）所示。

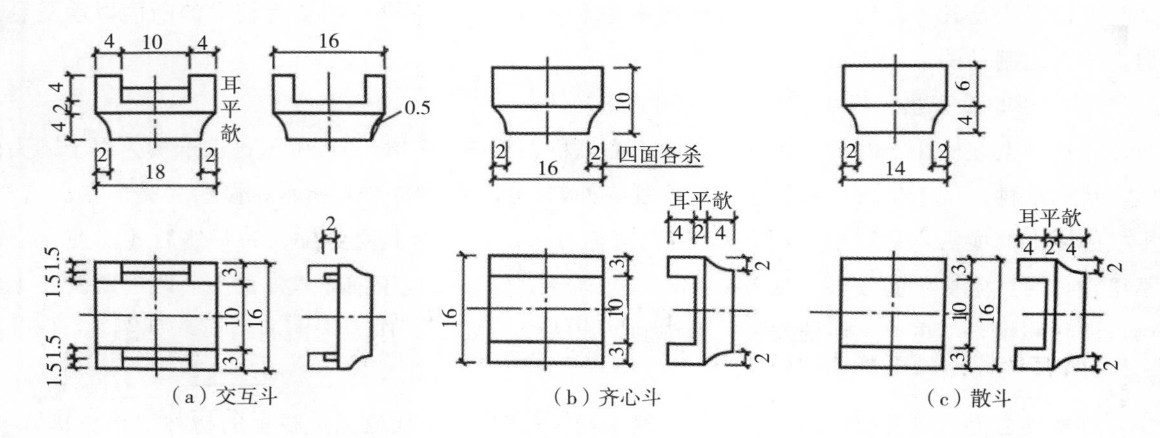

图 2－51　宋《营造法式》各类斗的构造

齐心斗施于铺作中横栱中心，为方形斗，长、广皆 16 份，高 10 份。据《营造法式》所记，齐心斗有四种不同形式——一为四耳，用于泥道栱、平座出头木等处；二为三耳，用于铺作外跳令栱之上，承橑枋与衬枋头；三为两耳，是齐心斗的主要形式，用于檐下一般横栱中心；四为无耳，即平盘斗，其高六份，用于转角内外出跳的跳头，见图 2－51（b）所示。

散斗施之于铺作横栱两端，在偷心造时也可用于华栱跳头。长 16 份，广 14 份，高 10 份，顺身开口，两耳。当在泥道栱上用时，须于一侧开榫口以容栱眼壁板，见图 2－51（c）所示。

（3）造昂之制（图 2－52）

昂是铺作中的斜置的构件，其位置、功能与华栱基本相同，但其所起的杠杆作用比华栱更为明显。早期的斗栱，本无昂，随着斗栱的发展才在一组铺作中加入了这种斜置的构件。昂的出现是为满足大挑檐的需要。为了使挑檐深远，而又不因斗栱层层出挑把檐口抬得过高，于是出现了用斜置的昂来支承檐口的结构形式。在此情形下，昂头部分悬挑屋顶的重量能用昂尾部屋面的重量来平衡。

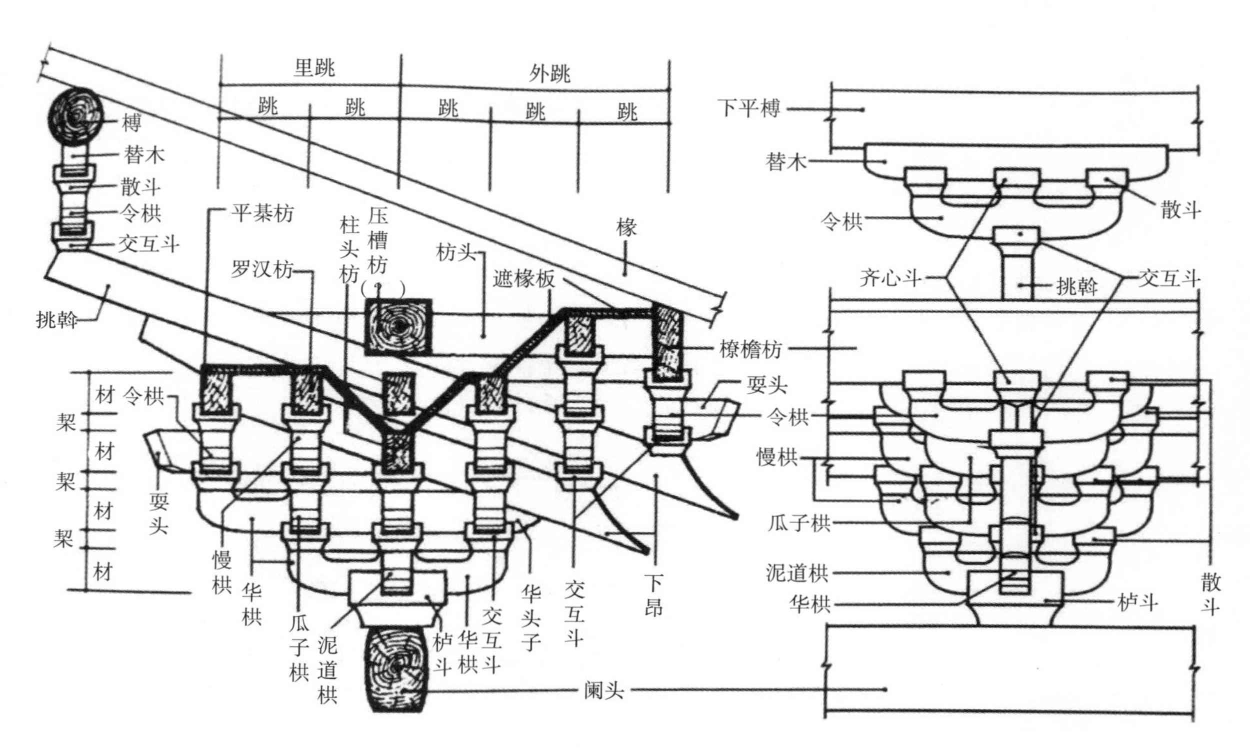

图 2－52　梁思成《营造法式》注释　斗栱部分名称图

《营造法式·大木作制度一》提到“造昂之制有二”，即把昂分为下昂与上昂两类。

① 下昂

下昂的形状为垂尖向下而昂身向上。下昂的斜度，《营造法式》未作规定，因其取决于屋檐的坡度，而屋檐坡度须依举折制度根据每幢建筑的进深求出，不是一个固定的数值，因此昂的斜度可依具体情况而定，即昂首“从斗底取直，其长二十三分”，“若昂身于屋内上出，皆至下平槫”。

对昂首的加工处理在《营造法式》中提到了三种形式：凹曲面、双曲面、平直面。自承托昂的交互斗“外斜杀向下，留厚二分”，为昂嘴，“昂面中凹二分，令凹势圆和”，就成了凹曲面昂嘴；在凹曲面昂嘴的基础上，于昂面“随凹加一分，讹杀至两棱”，昂嘴表面即成为双曲面，此种形式也被称为琴面昂；“自斗外斜杀至尖者，其昂面平直”，这种平直昂面的形式，“谓之批竹昂”。此外，实物还见一种在批竹昂昂面再起一弧面的昂首形式，可称之为琴面批竹昂（图 2－53）。

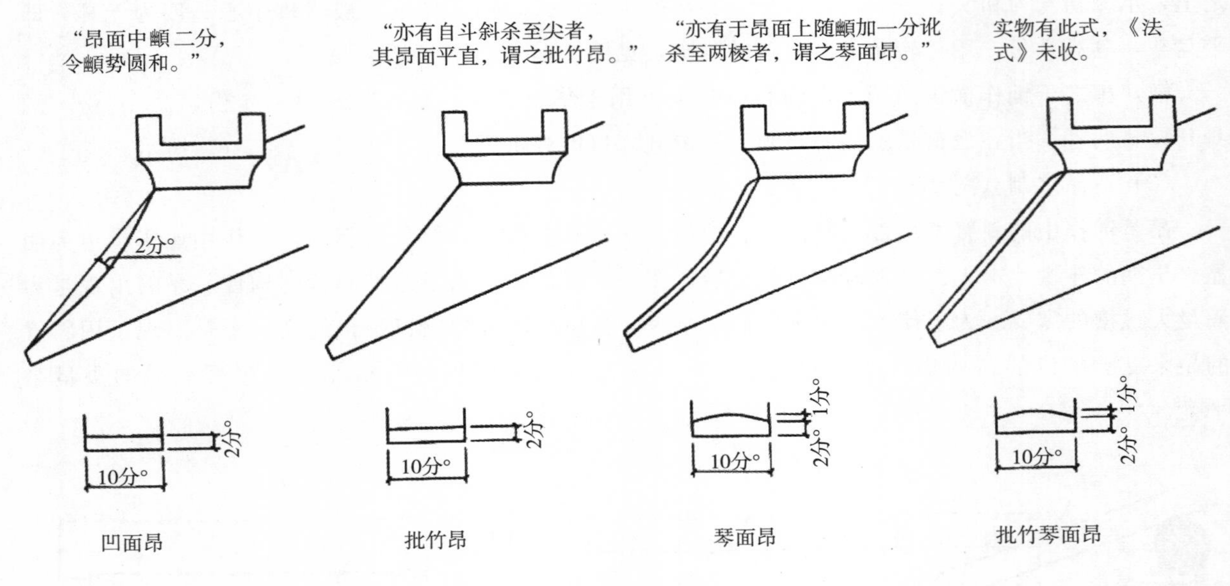

图 2－53　下昂尖卷杀四种

② 上昂（图 2－54）

上昂只用于铺作的里跳，作用与下昂相反。在铺作层数多而高，但挑出须尽量小的要求下，头低尾高的上昂可以在较短的出跳距离内取得更高的效果。但上昂做法在北方罕见踪迹，唯在江南可多处目睹。从所存实例看，上昂用于殿屋身槽内铺作、平座铺作及藻井之中。

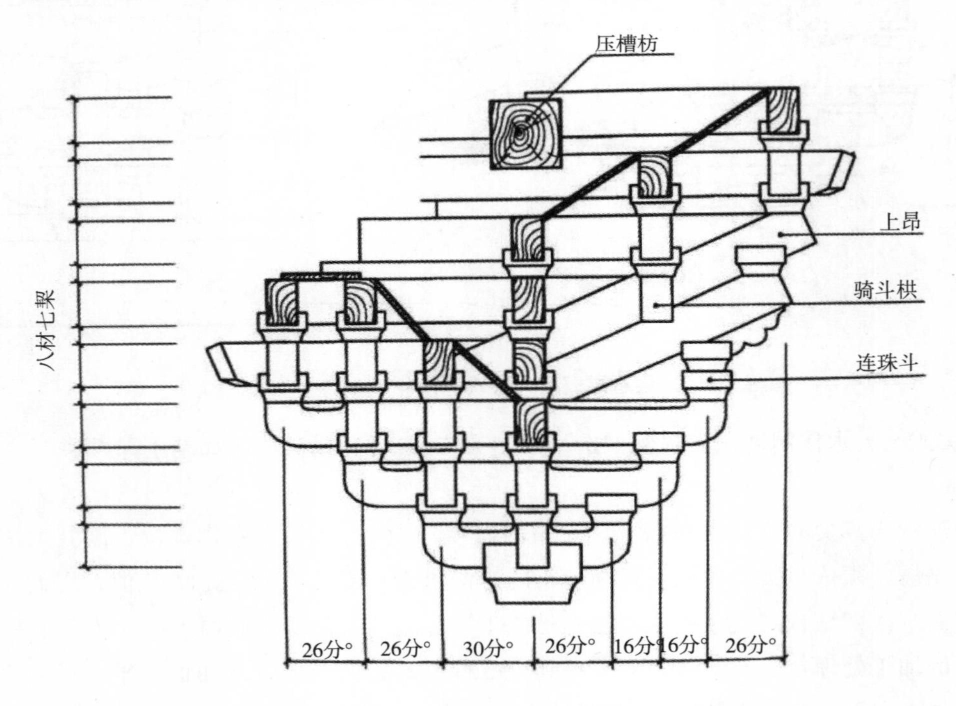

图 2－54　八铺作重栱出上昂，偷心跳内当中施骑斗栱

早期昂的结构作用十分突出，显得刚健、明确。后来由于木构架技术的演进，斗栱的结构作用

减退而装饰作用加强，昂的结构作用也随之逐渐消失。至清代，檐部出跳主要由硕大的挑尖梁头承担，斗栱也变得纤小、繁密，以至于昂也名存实亡，变成假昂，仅把外跳华栱（翘头）做成昂嘴形式而已，如山西平顺北社观音堂（图 2－55）。

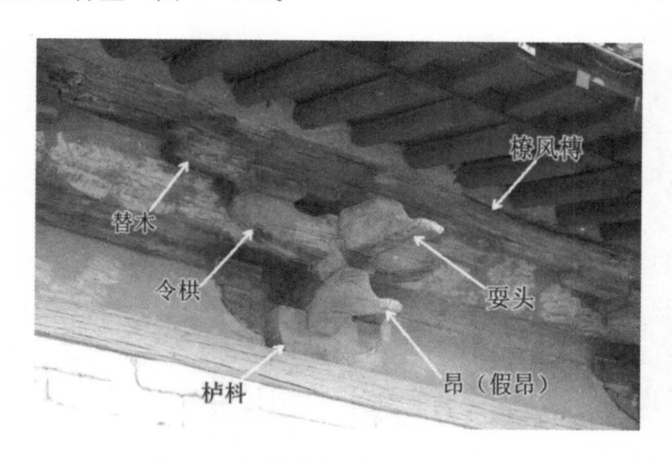

图 2－55　山西平顺北社观音堂假昂

（4）耍头与衬枋头

耍头与衬枋头并不是铺作的直接组成部分，但是如果少了耍头与衬枋头，那么铺作在出跳方向少了两个重要的联络与承重构件。

耍头又称爵头，是位于最上一层栱或昂之上，与令栱相交而向外伸出的构件。因耍头具有承重作用，因而用足材，其向外伸出部分通过复杂的斜杀进行处理，清称蚂蚱头。

衬枋头是铺作出跳方向之最上一层枋木，在梁背耍头之上，用以联系铺作前后各枋子。《营造法式·大木作制度二》规定："凡衬枋头，施之于梁背耍头之上，其厚广同材。前至橑枋，后至昂背或平棊枋。若骑槽，即前后各随跳，与枋、栱相交。开子荫以压斗上。"衬枋头用单材，主要起到橑枋、昂背及平棊枋之间的联络作用。

第三节　小木作

一、概说

小木作，是中国古代建筑中负责非承重木构件的制作和安装的工种。《营造法式》中所称的小木作在清代《工程做法则例》中改成为装修作，并把装修作的内容分为外檐装修和内檐装修两部分。前者在室外，如走廊的栏杆、檐下的挂落和对外的门窗等；后者装在室内，如各种隔断、罩、天花、藻井等。由此可见，建筑装修是小木作的主要内容。

宋代官式建筑融合中原与江南的特点而成，以风格绮丽、装饰繁复、手法细腻著称，不同于唐、辽官式建筑的饱满浑朴、简练雄放。就建筑装修而言，唐代及唐代以前的门窗样式较为简单，大致为板门与直棂窗；室内的分隔与围合似乎较少采用木质隔断，而主要是依靠帷幕、帐幔等织物来完成。宋代的建筑装修则是另外一种情形，大量可以开启、棂条组合的极为丰富的格子门、槅扇窗的使用，改变了室内的通风和采光。此时，截间板帐、截间格子、照壁屏风骨、隔截横钤立旌等众多的木质隔断，已取代了帷幕、帐幔等织物而成为室内装饰的主流。这种变化与唐、宋间建筑审美的变化相一致。

二、门窗类

1. 门类

门，是建筑中具有维护与沟通双重功能的装修构件。古时称双扇为门，单扇为户，后世统称为门。宋《营造法式》所列的门有板门、软门、乌头门、格子门等数种。

(1) 板门（图 2－56）

板门，是用竖向木板拼成的门，用作宫殿、庙宇的外门，有对外防范的要求，所以门板厚达 1.4—4.8 寸（视门高而定），极为坚固。其两侧两块加厚，作门轴和门关卯口，在背面嵌入水平楅条。宫殿上的板门，板钉在楅上，钉头加镏金铜帽称门钉，作为装饰。门环由兽首衔住，称铺首。一般住宅不用门钉，铺首做成钹形，称门钹。《营造法式》规定每扇板门的宽与高之比为 1∶2，最小不得少于 2∶5。

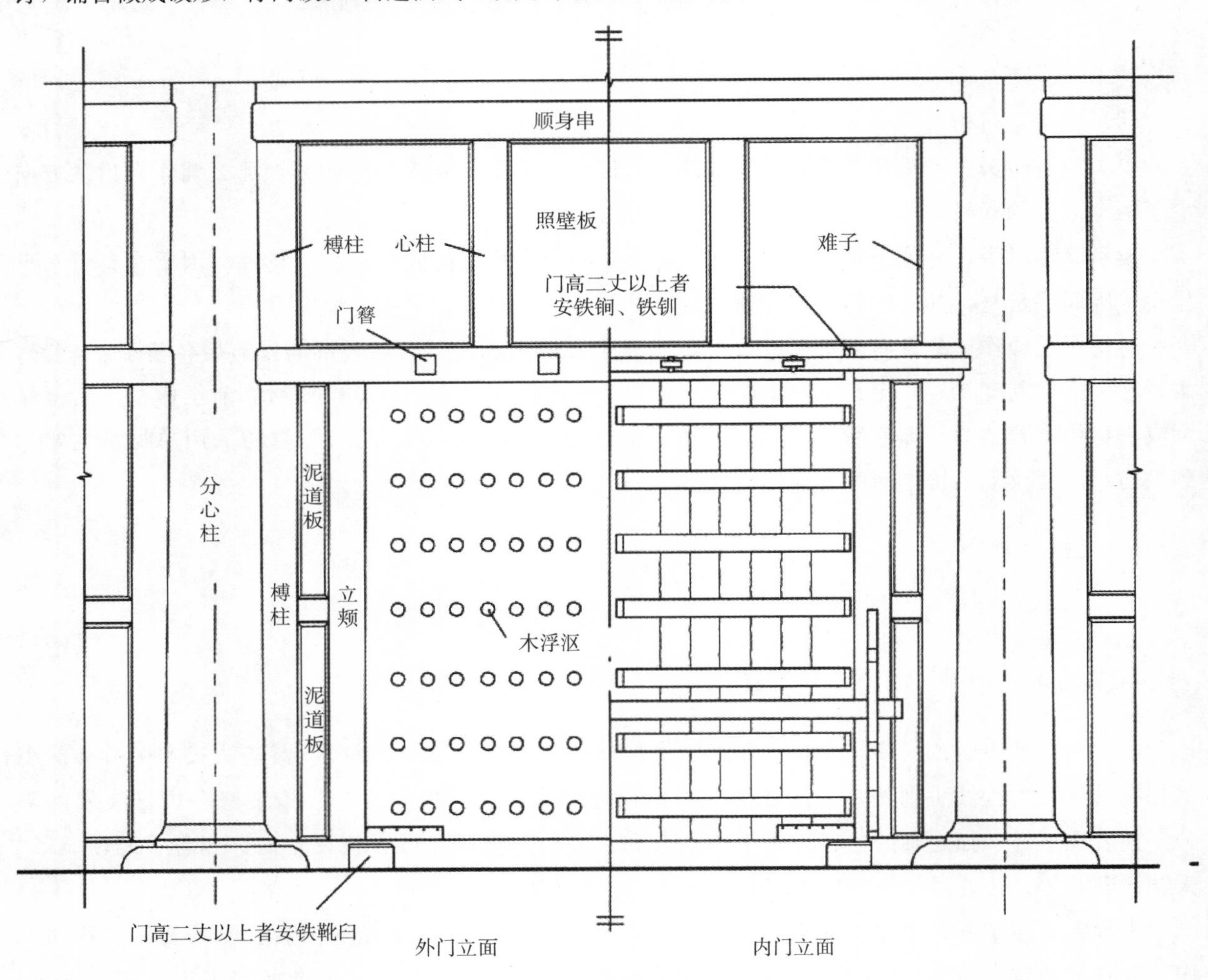

图 2－56　板门做法

(2) 乌头门（图 2－57）

乌头门，又称棂星门，出现于唐代或稍早，是一种礼仪性的门，作用类似牌楼，但形制不同。

其性质是地上栽两根木柱，柱间上架横额，形成门框，内装双扇门。宋代因柱头装黑色瓦筒，故称乌头门。门扇四周有框，上部装直棂，下部装门板，大的背面加剪刀撑。一般用作住宅、祠庙的外门。明、清时用在坛庙、陵墓中的立柱改用石制。

（3）格子门（图 2－58）

格子门，由唐代带直棂窗的板门发展而来，是一种较精致的门，在清代称槅扇。唐代已有，宋、辽、金均广泛使用，明、清更为普遍。一般作建筑物的外门或内部隔断，每间可用四、六、八扇，每扇宽与高之比在 1∶4 至 1∶3 左右。

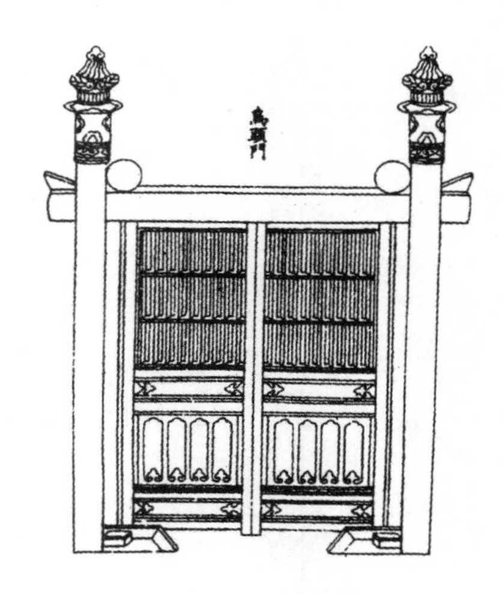
图 2－57　乌头门

槅扇门也由边挺、抹头等构件组成，宋式称边挺为桯，抹头为子桯、腰串。早期的抹头很少，如山西运城寿圣寺唐八角形单层塔之砖雕槅扇门仅三抹头。宋、金一般用四抹头，明、清则以五、六抹头最为常见。

槅扇大致可划分为花心与裙板两部分。唐代花心常用直棂或方格，宋代又增加了柳条框、毬纹等，明、清的纹式更多，已不胜枚举。框格间可糊纸或薄纱，或嵌以磨平的贝壳。裙板在唐时为素平，宋、金起多施花卉或人物雕刻，是槅扇的装饰重点所在。

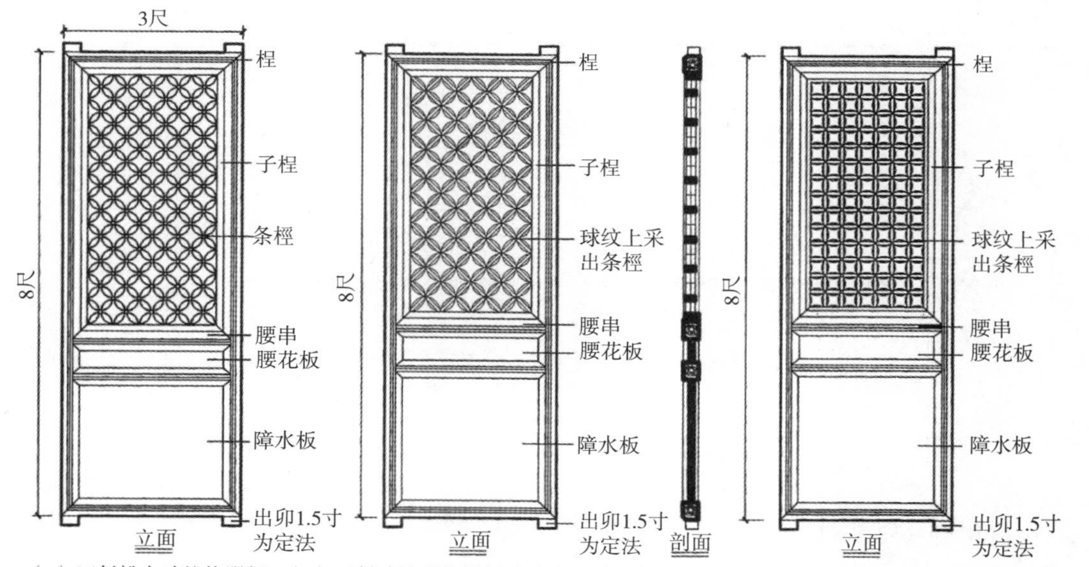

（a）四斜挑白球纹格眼门　（b）四斜球纹重格眼门（球纹上采出条桱）（c）四直球纹重格眼门（球纹上采出条桱）

图 2－58　格子门常见做法

2. 窗类

汉明器中窗格已有多种式样，如直棂、卧棂、斜格、套环等。唐以前仍以直棂窗为多，固定不能开启，因此使窗的功能和造型都受到一定限制。虽然汉陶楼明器中出现过支窗形式，但为数很少。宋起开关窗渐多，改变了上述情况，在类型和外观上都有很多发展。

（1）直棂窗（图 2－59）

直棂窗有两种：一种是“破子棂窗”，即将方木条以断面斜角一剖为二成两根三角木条做窗棂，三角形底边一平向内，可供糊纸；另一种是"板棂窗"，即用板条做成棂子，内外两侧均为平面。还有一种是将棂条做成曲线形或波浪形，称为"睒电窗"，施于殿堂后壁之上或佛殿壁山高处，也可以装在平常高度上作"看窗"。

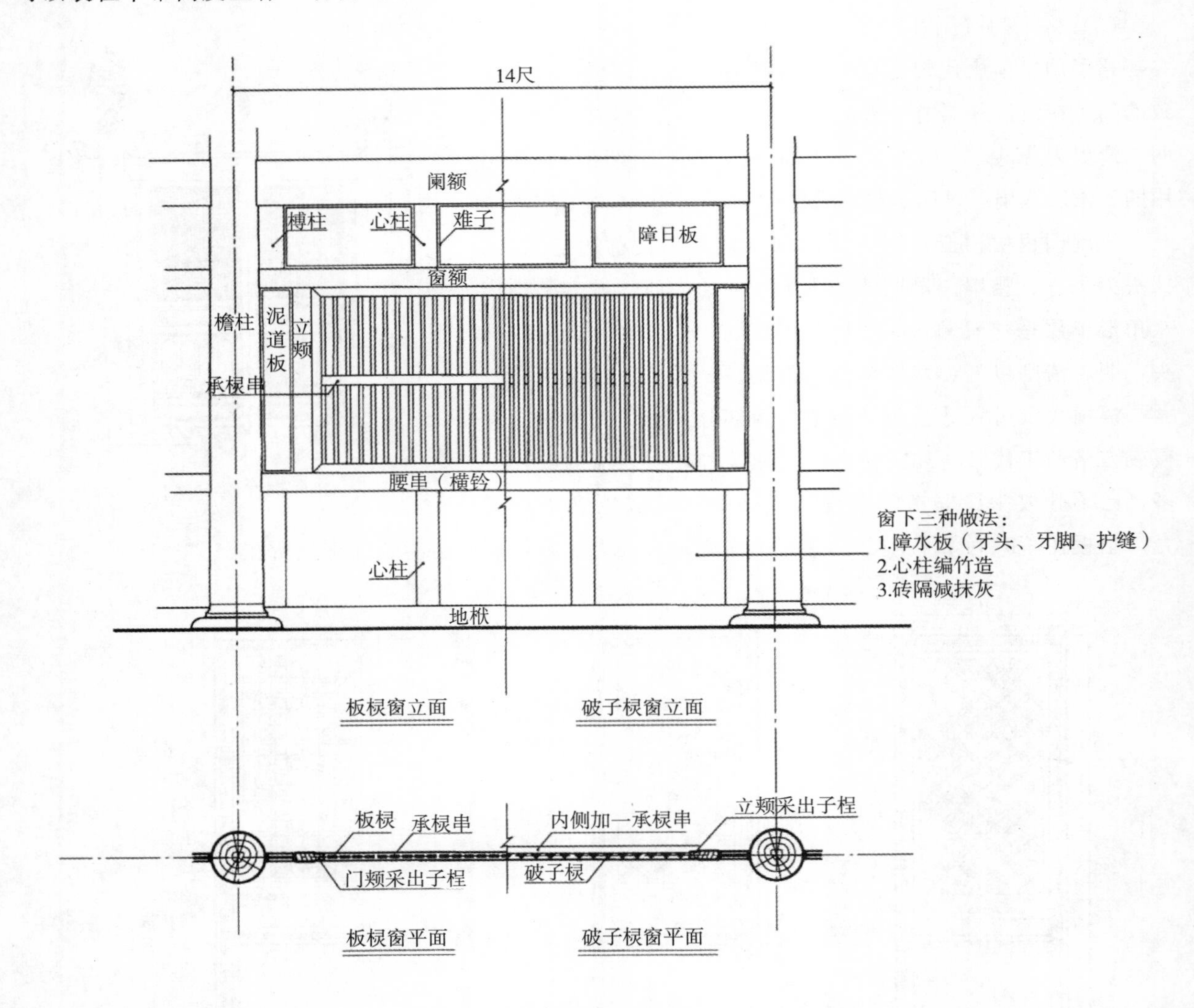

图 2－59　直棂窗、破子棂窗做法

(2) 阑槛钩窗（图 2－60）

阑槛钩窗，是一种通间安置的带阑的大窗，类似明清时期江南流行的长窗，窗的下部有一段低矮的窗下墙，上覆木板，称为槛面。宋代槛窗已施于殿堂门两侧各间的槛墙上，它是由格子门（槅扇门）演变而来的，所以形式也相仿，但只有格眼（清称花心）、腰花板（清称绦环板）而无障水板（清叫群板）。宋画中的槛窗格眼多用柳条框或方格。北方的槛墙用土坯或陶砖砌，南方除此以外尚有用木板或石板的。

阑槛钩窗作活扇，可推开，供人坐于槛面板上，凭栏远望。也可关闭，用通长的"卧阑"自室内锁住。宋画《雪霁江行图》所绘阑槛窗形式与《营造法式》稍有不同，在槛面下的障水板作有钩棂条，更有装饰性。

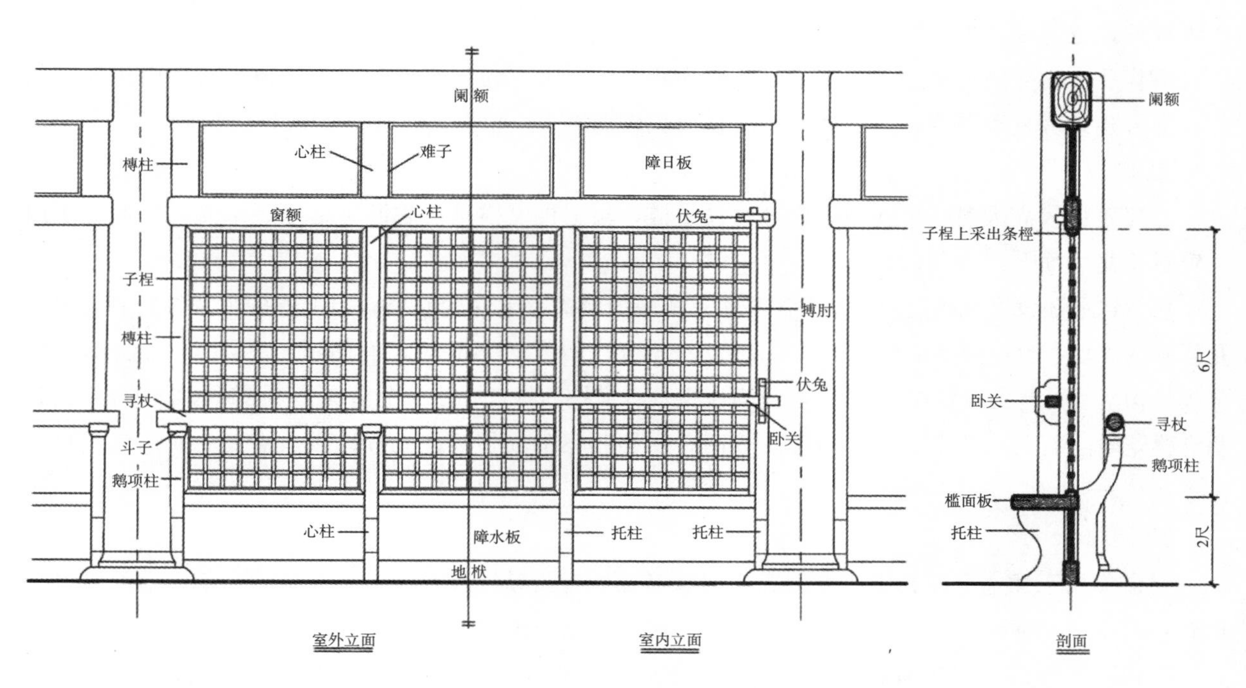

图 2－60　阑槛钩窗做法

① 支摘窗（图 2－61）

支窗是可以支撑的窗，拆窗是可取下的窗，后来合在一起使用，所以叫支摘窗。

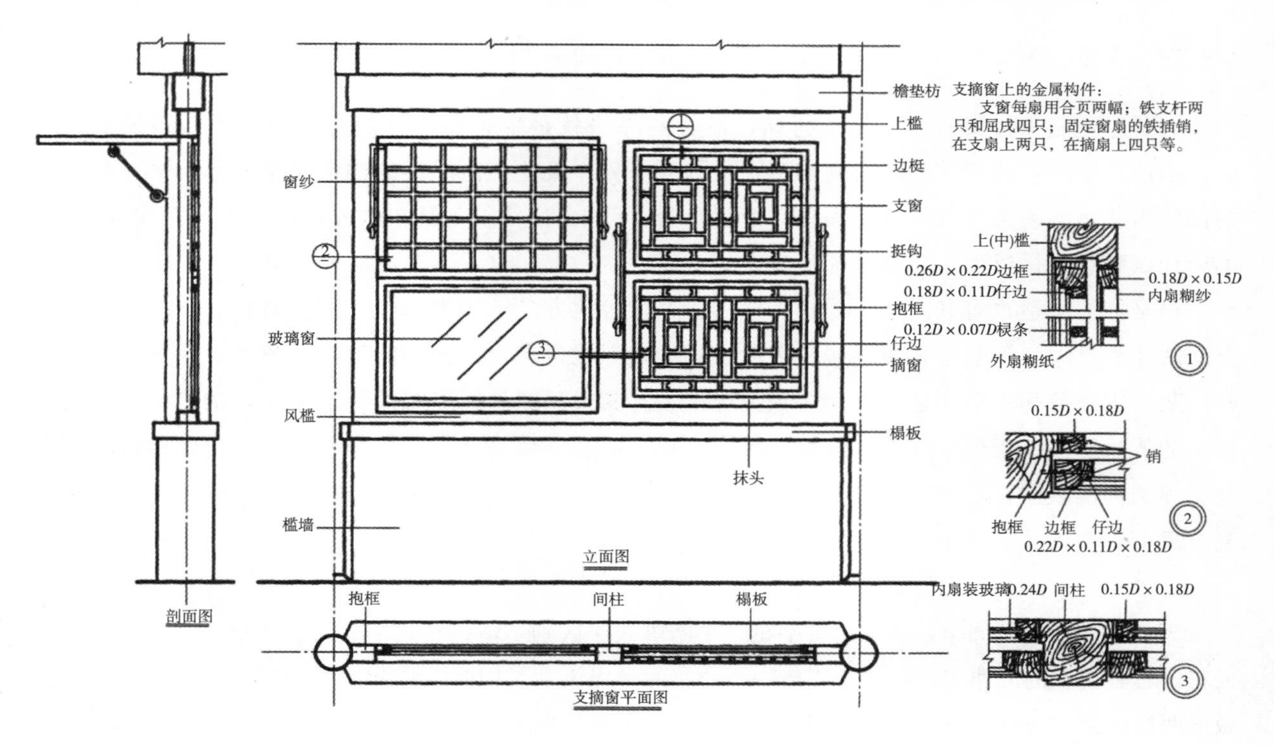

图 2－61　支摘窗做法

支窗最早见于广州出土的汉陶楼明器。宋画《雪霁江行图》在阑槛钩窗外亦用支窗。窗下用有木隔板的镂空勾阑，也有摘窗之意。

清代北方的支摘窗也用于槛墙上，可分为两部分，上部为支窗，下部为摘窗，二者面积大小相等。南方建筑因夏季需要较多的通风，支窗面积较摘窗大一倍左右，窗格的纹样也很丰富。

② 横披

当建筑比较高大时，可在门、窗上另设中槛，槛上再设横批。它既可通风、采光，又避免了因门窗过于高大而开启不便的缺陷。

唐及以前还没有见到这种做法。江苏南京栖霞山栖霞寺五代舍利塔石门上方的龟背纹雕刻，可能是彩画的表现，也可能就是横披。宋《营造法式》卷三十二对这种窗已有图示，而殿堂门上障日板的牙头护构造（可能由直棂窗演化来），应当说也具有横披的特点。建于金皇统三年（1143）山西朔县崇福寺弥陀殿门楣上，已用了有四椀菱花等两种精美图案的横披窗。元代以后，横披的使用就更见广泛了。

③ 漏窗

漏窗应用于住宅、园林中的亭、廊、围墙等处。窗孔形状有方、圆、六角、八角、扇面等多种形式，再以瓦、薄砖、木竹片和泥灰等构成几何图形或动植物形象的窗棂。

汉代陶屋明器已有在围墙上端开狭高小窗一列的例子。金、元砖塔有扁形窗内刻几何纹棂格的。明嘉靖时，仇英与文徵明合作的《西厢记》图，以及崇祯时计成《园冶》中所录的十六种漏窗式样，表明当时在这方面已达到很高水平。清代用铁片铁丝与竹条等，创造出许多复杂而美观的图案，仅苏州一地就有千种以上，常见的有鱼鳞、钱纹、波纹等，很多今天还值得借鉴。

三、天花、藻井类

为了避免屋顶构架的木材易于朽坏，最好的办法就是令它们能够处身在一个干燥通风的环境中。因此，中国古典建筑很多时候都不在室内部分另作天花，让屋顶的构造完全暴露出来，将各个构件做出适当的装饰处理，这种做法一般就称为“彻上明造”。尤其在南方，因为天气潮湿和炎热，不论什么建筑物，以彻上明造更为适宜。

但是彻上明造也有其缺点，望板、椽檩、梁栿等地方易于积聚灰尘，不易清扫。在北方，室内空间的体积过大，不利于采暖保暖。因此，梁架之下也常有“顶棚”的装置。顶棚之上可以放置一些白灰、锯末等作为防寒层。在大多数情况下，与其说顶棚是因美观的要求而来，倒不如说是因为保暖的效果而至。当然，在重大的建筑物中，顶棚的装饰效果是十分重要的，因为它的构造并不受到屋顶结构的限制，形式上有较大的自由，可以灵活地变化，构成一种新的室内空间的感觉，在视觉效果上由此而达到集中和产生高潮。

1. 天花

天花古称承尘、仰尘，唐宋时有平棊、平暗等做法区别。清代已规格化为几等做法：第一为井口天花，具有规整的韵律美；第二为用于一般建筑的海墁天花。同时在江南一带民居中往往用复水重檐做出两层屋顶，椽间铺以望砖，在廊部处还变化做出各种形式的轩顶，也属于天花吊顶的一种做法。

（1）平暗

平暗是最简单的一种承尘做法，即用木椽做成较小的格眼网骨架，架于算桯枋上，再铺以木板。一般都刷成单色（通常为土红色），无木雕花纹装饰。现存五台山佛光寺大殿内部即用平暗承尘。

（2）平棊（图 2－62）

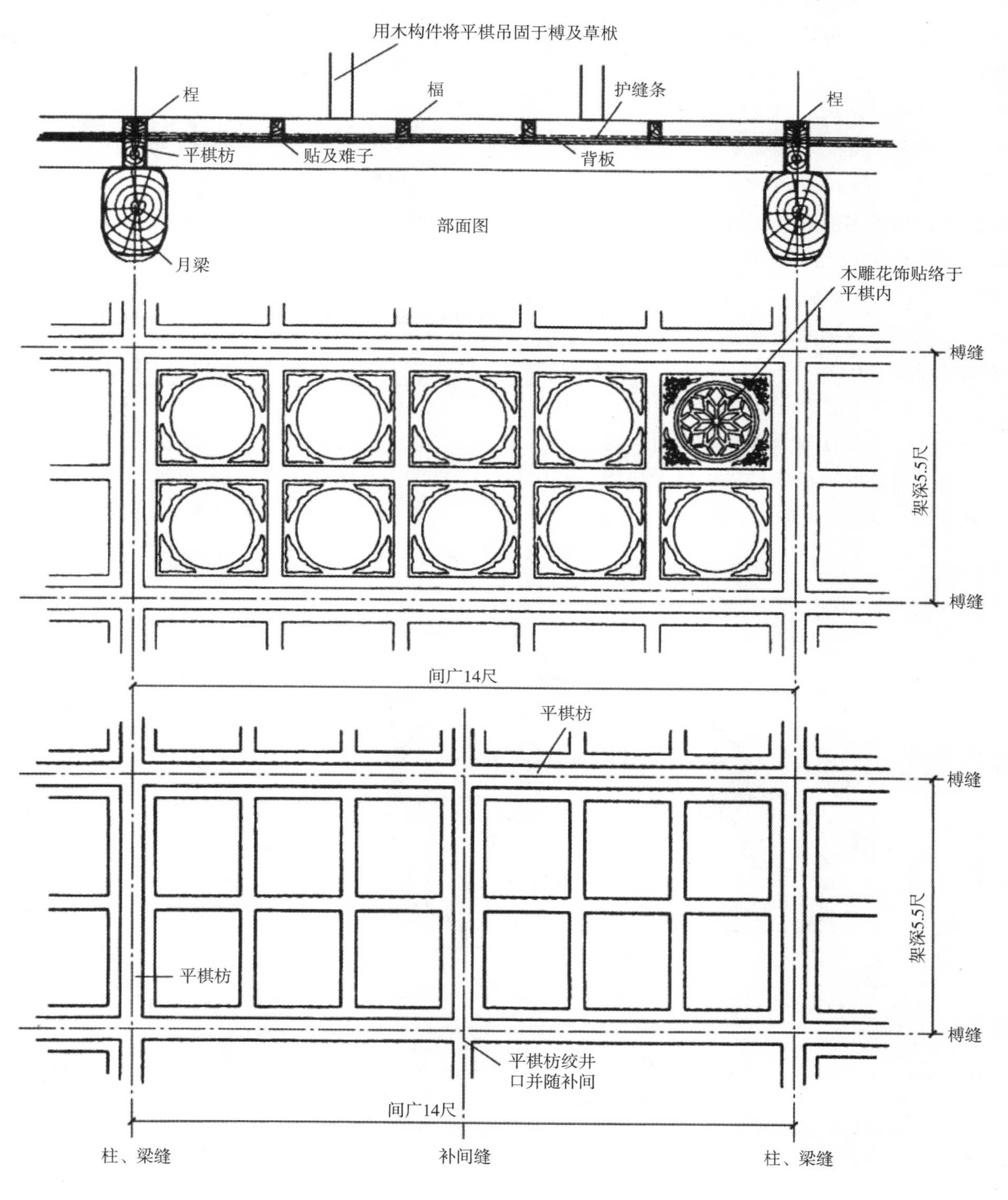

图 2－62　平棊做法

平棊是一种较大方格或长方格式样的天花板，规格高于平暗，用木雕花纹贴于板上作为装饰，并施以彩画。其构造方法为：用木板拼成约 5.5 尺×14 尺（即一椽架×一间广）的板块，四边用边桯为框加固，中间用楅若干条把板连接成整体，板缝均用护缝条盖住，以免灰尘下坠。这是身板上面的结构做法，身板下的装饰则用贴（厚 0.6 寸宽 2 寸的板条）分隔成若干方格或长方格，再用难子（细板条）作护缝，并用木雕花贴于方格内。整个板块则架于算桯枋（清称天花枋）上。相比之下，清式做法较轻巧，装卸自如，便于修理；宋式的整板做法较笨重，安装和修理都不方便。

(3) 藻井（图 2-63、图 2-64）

藻井是用在宫殿、庙宇殿堂内天花中央的装饰，以烘托佛像或宝座的庄严气势，是一项历史久远的装饰手法。大致说来，南北朝以前藻井的构造多为方井或抹角叠置方井。

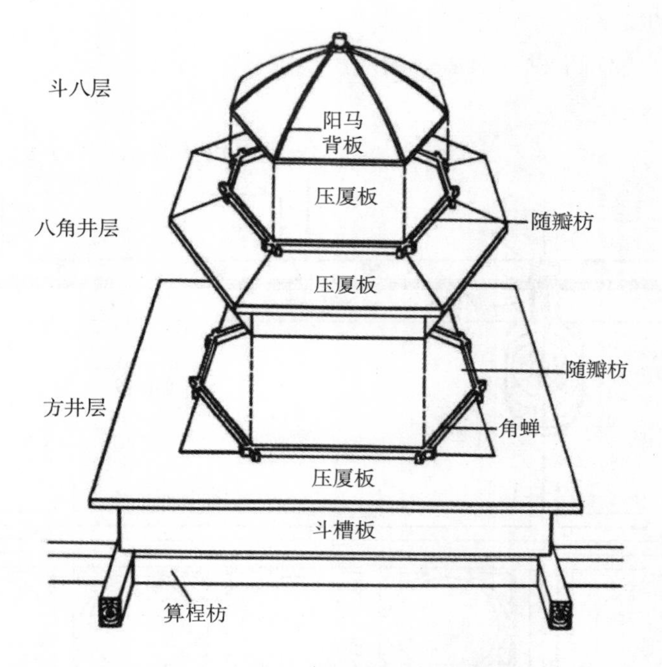

图 2-63　斗八藻井板框结构示意

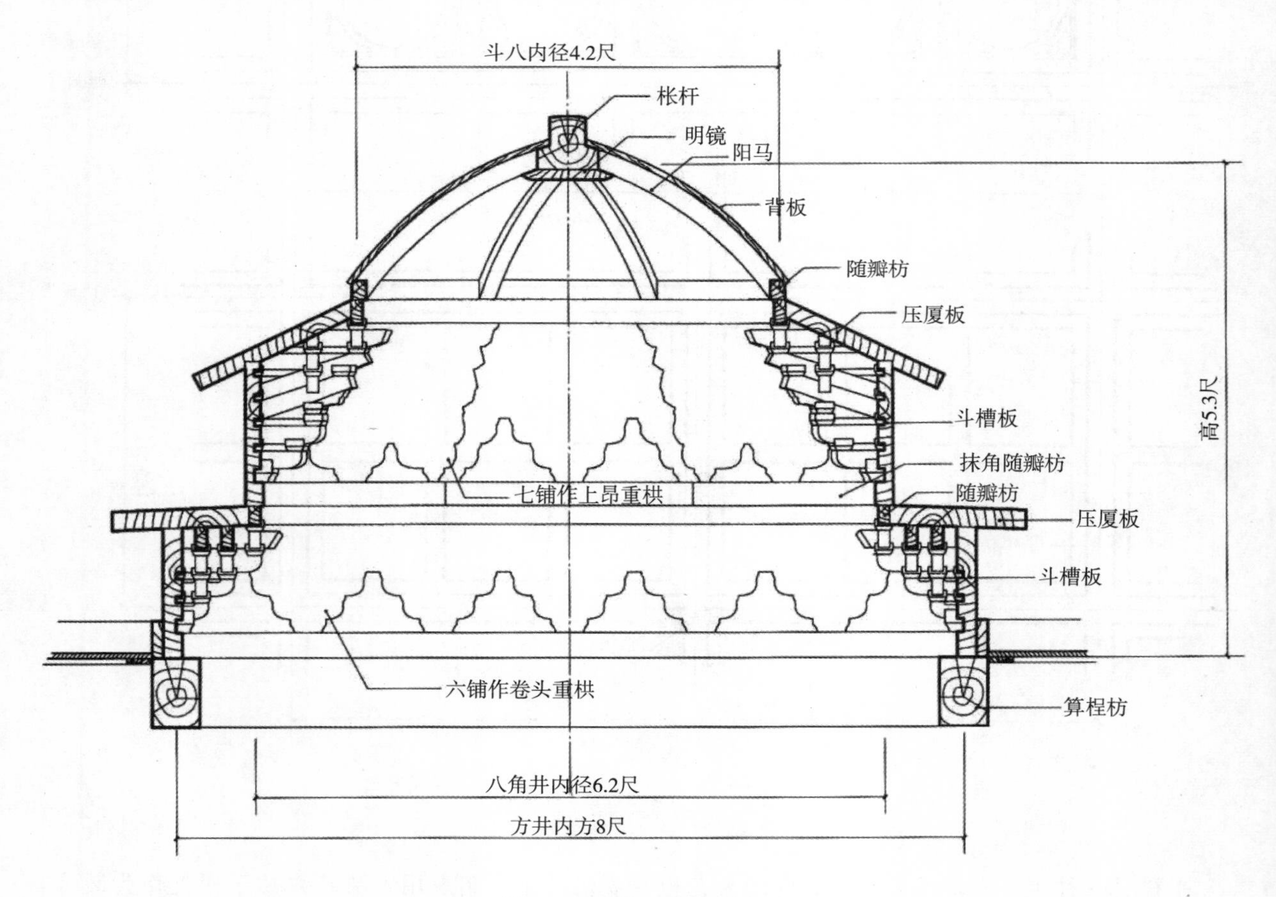

图 2-64　斗八藻井剖面图

六朝隋唐时用斜梁支斗的斗四、斗八井。辽宋金时期大量用斗栱装饰藻井，在宋《营造法式》中有专文介绍斗八藻井及小斗八藻井。元明时的藻井式样变得更为细致复杂，增加了斜栱等异形斗栱，在井口周围添置小楼阁及仙人、龙凤图案等，除斗八以外，尚有菱形井、圆井、方井、星状井等形式。清代时的藻井雕饰工艺明显增多，龙凤、云气遍布井内，尤其是中央明镜部位多以复杂姿势的蟠龙为结束，而且口衔宝珠，倒悬圆井，使藻井的构图中心更为突出，繁简对比明显。

第四节　中国传统民居的文化意蕴与意匠

一、传统民居的文化意蕴

1. 民居与家族伦理

（1）同姓聚居，家和为贵

就平面布局而言，中国传统民居绝少有高高耸立的楼房，而多为向平面序列展开的平房，由若干个单体建筑构成庭院，再由一个个庭院组成村落或坞寨。这种以组群的对称、和谐，创造“和睦”之美的布局形式，实际上便是宗法伦理中的“家和万事兴”观念的反映。为了家族成员的和睦相处，因而在建筑布局上淡化个体而强调组群，而且用墙围合成一个向心力极强的家庭院落，以增强家庭的凝聚力。墙内为一姓之家，墙外为异姓之地。院墙——家与家之间在地域与心理上的分界线。

（2）尊卑有礼，男女有别

中国传统的民居的布局讲究“正室居中，左右两厢对称在旁”，这实际上就是宗法伦理中“礼”的体现。家族中“礼”主要表现为父尊子卑，长幼有序，男女有别。因而在居室建筑的安排上父母之居称正室，一般安排在整个组群的中轴线上，居中在上，以显示其在家中的至尊。在《释名·释宫室》中这样解释道：“房，旁也，室之两旁也”，所以，就不难解释古人称结发妻子为“正室”，称妾为“偏房”。在正屋的两边，对称排列东西两房，归子辈居住，称为“厢”。除了位置不同，父与子的居室往往在建筑规模、室内装饰、陈设上也有尊卑之分，甚至屋顶式样也有等级差别。

宗法伦理对“男女有别”的要求，重在限制和规范妇女的行为自由和人身自由。反映在居室的布局上，首先表现为男居外庭，女居内室。一般情况下，妇女不能擅自步出院外，外人也不能轻易进入内院。所以，中国人习惯上称自己的妻子为“内人”“内室”。实际上反映了妇女在居室布局中的情况，甚至在江南住宅中专修狭长的弄堂，供妇女和仆役行走，以避免她们经过、干扰礼仪性极强的厅堂。

例如，《墨子》中有这样一句“宫墙之高足以别男女之礼”；《说文解字》提到“‘闺房’：内女人所居之处。闺，特立之户”。《尔雅·释宫》也指出“宫中之门谓之闱，其小者谓之闺”。

（3）以堂为尊，崇祖敬宗

“正寝”与“正室”实为同一概念。值得注意的是，堂不仅是活着的家长之居所，同时也是祭祀祖宗的场所。在《说文解字》中“堂，殿也，正寝曰堂”，“堂屋”为在世家长之居，又为在天祖宗灵位之所在，因此，家庭中最主要的活动一般也在堂屋举行，其已成为家庭成员集汇的场所。因为“堂屋”为同祖同宗聚集之地，习惯上以“堂”称父系亲属，而对于妻子，其始终是“客”，故一些地区称之为“堂客”。

2. 民居中的风水之说

“风水”之说，是中国古代以阴阳五行说为基础的相宅、相墓之术。所谓“相宅”，是指如何在居室中布局和空间构成等方面遵循隐喻五行学说，以达到趋吉避凶的心理和生理要求。在古人看来，风水直接影响家族的兴旺和发达，因而往往在建房之前先考虑“风水”问题。《黄帝宅经》中就指出“夫宅者，乃阴阳之枢纽，人伦之轨模……故宅者，人之本，人以宅为家居。若安则家代昌吉，若不安则门族衰微”。

按照古代的“风水”理论，居室基址的选择应讲究“山水聚合，藏风得水”。一般情况下，平原地区的宅基重于水的瀛畅，高原地区以得水之美，而山地丘陵则重于气脉，其基址以宽广平整为上。因为山是地气的外在表现，气的往来取决于水的引导，气的始终取决于水的限制，气的聚散则取决于风的缓疾。《诗经·大雅·公刘》中描述居室选址重在“相其阴阳，观其泉流”。阴阳，是指房屋向背寒暖，泉流即流水。古人住宅中讲究有“四灵”：左青龙——西面有流水，右白虎——东有长道，前朱雀——南有水池，后玄武——北有丘陵。

二、社会文化意识中的其他影响因素

1. 内向性

由于地理位置上处于半封闭的大陆环境，不便的交通，再加上以农立国的国情和自给自足的小农经济体系，造成了古代中国与外部世界的隔绝。这种隔绝形成了国人含蓄、内敛的性格特征，更阻断了其与外界文化的交流，于是塑造了中国文化的内倾性格。这种生活方式需求以及这种文化性格所促进的都是防御性的内向性空间，无论是北京的故宫、四合院住宅，以及徽州地区的天井式住宅，以及福建永定的客家土楼，都全面体现和强调了这种内向性空间的特征。在强调这种内向性空间的同时，促进了门屋艺术以及空间序列艺术的发展，尤以故宫最为成功。

2. 尚祖制

这主要体现在两个方面：其一，由于家族的血缘联系，以及受到儒家思想“媚祖以邀福”的影响，中国人几千年来一直崇祖敬宗。大的家族一般修有祠堂，是专门用以祭祀祖宗和举行家族重大活动的场所。没有祠堂的情况下，在一般的住宅中，堂则是住宅中等级、形制最高、最正式的场所，其不仅是活着的家长之居所，同时也是祭祀祖宗的场所。

其二，体现在强调中国文化源头的魅力与权威性。于是，在建筑的营造方面，强调经验和传统做法。但是，这样就束缚了建筑文化和技术的发展，使其长期处于沿袭而少有突破的停滞状态，从某种程度上来说，阻碍了中国建筑向前巨大迈进。当然，这也与内向性的社会文化心理状态有关。

3. 中庸之道

中庸之道对中国的影响可以说是无处不在的，无论是做人还是做事，社会文化还是建筑文化都讲究中庸之道。所谓中庸、中和，就是在对立的两种选择中妥善把握，反对固执一端，反对失于偏颇。孔子在教训弟子时说：“过犹不及”，这种不太过也毋不及的思想是儒家的基本精神，对中国人都产生过深远的影响。

中国传统建筑本身的艺术风格，以及建筑与环境的关系都讲究“和谐”之美，这就是受儒家

“中和”思想影响的结果。受其影响，中国传统建筑强调组群的和谐、统一，建筑不强调个体的高大，而追求平易，甚至贴近地面。即使是不得不向高空发展的佛塔（图 2－65），也以多重的水平线来削若其拔高之势。这就是所谓的中庸、中和。

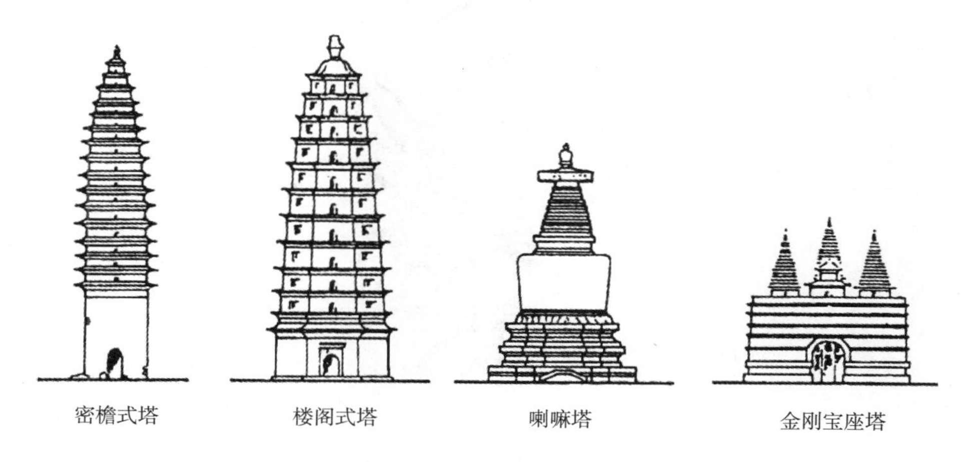

图 2－65　中国传统佛塔

三、风水格局对选址及布局的要求

汉·刘熙《释名》谓：“宅，择也，择吉处而营之也”。故宅居以好的基址选择为首要。风水视宅居为“阴阳之枢纽，人伦之轨模”，把住宅当作一个小宇宙，把家庭或家族当作一个小社会，赋予住宅以自然属性与社会属性。其他如村落、城镇的选址都是以其是否有好的生态及景观为准绳。

1. 基本原则和格局

负阴抱阳，背山面水，这是风水观念中宅、村、城镇基址选择的基本原则和基本格局（图 2－66）。

所谓负阴抱阳，即基址后面有主峰来龙山，左右有次峰或岗阜的左辅右弼山，或称为青龙、白虎砂山，山上要保持丰茂植被；前面有月牙形的池塘（宅、村的情况下）或弯曲的水流（村镇、城市）；水的对面还有一个对景山案山；轴线方向最好是坐北朝南。但只要符合这套格局，轴线是其他方向有时也是可以的。基址正好处于这个山水怀抱的中央，地势平坦而有一定的坡度。这样就形成了一个背山面水基址的基本格局。具体来说，理想的风水格局应具备以下的形势，名称及相应位置如下：

（1）祖山：基址背后山脉的起始山；

（2）少祖山：祖山之前的山；

（3）主山：少祖山之前、基址之后的主峰，又称来龙山；

（4）青龙：基址之左的次峰或岗阜，亦称左阜、左肩或左臂；

（5）白虎：基址之右的次峰或岗阜，亦称右弼、右肩或右臂；

（6）护山：青龙及白虎外侧的山；

（7）案山：基址之前隔水的近山；

（8）朝山：基址之前隔水及案山的远山；

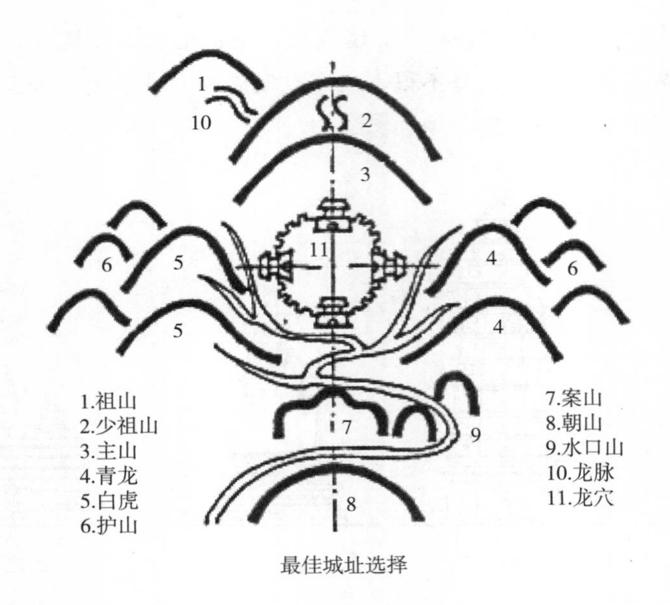

图 2-66　村镇选址示意

(9) 水口山：水流去处的左右两山，隔水成对峙状，往往处于村镇的入口，一般成对的称为狮山、象山或龟山、蛇山；

(10) 龙脉：连接祖山、少祖山及主山的山脉；

(11) 龙穴：即基址最佳选点，在主山之前，山水环抱之中央，被认为是万物精华的"气"的凝结点，故为最适宜居住的福地。

2. 风水与生态（图 2-67）

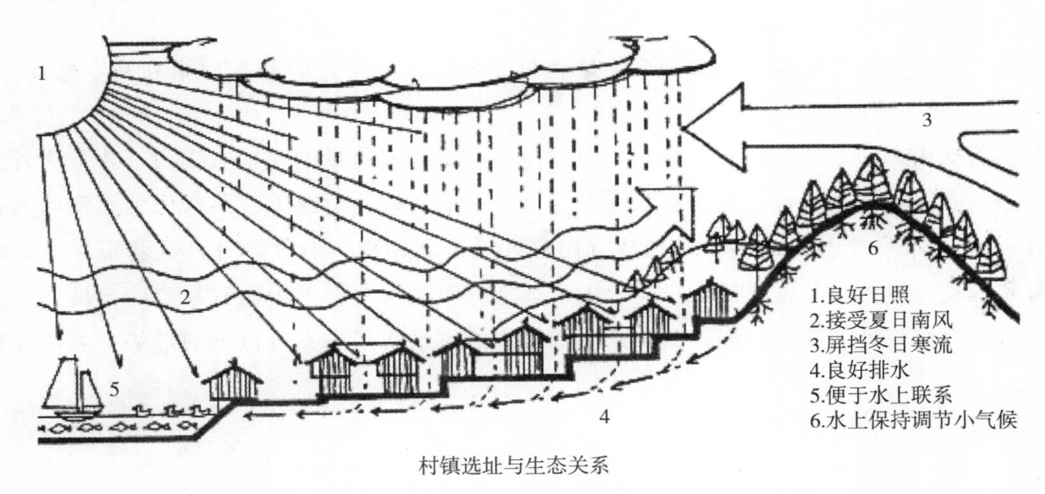

图 2-67　村镇选址与生态关系

不难想象，具备了以上那些条件的一种自然环境和较为封闭的空间，是很有利于形成良好的生态和良好的局部小气候的。因为，我们都知道背山可以屏挡冬日北来的寒流；面水可以迎接夏日南来的凉风；朝阳可以争取良好日照；近水可以取得方便的水运交通及生活、灌溉用水，且可进行水中养殖；缓坡可以避免淹涝之灾。植被可以保持水土，调整小气候，果林或经济林还可以取得经济效益和部分的燃料能源。总之，好的基址容易在农、林、牧、副、渔的多种经营中形成良性的生态循环，自然也就变成一块吉祥的福地了。

3. 风水与景观

风水学说虽然是按照“气”“阴阳”“四灵”“五行”“八卦”等方面来考虑的，但出于“天人合一”“天人感应”的中国古代哲学思想，人与自然应该取得一种和谐的关系。所以，追求一种优美的、赏心悦目的自然和人为环境的思想始终包含在风水的观念之中。居住环境不仅要有良好的自然生态，也要有良好的自然景观和人为景观。按照前面所述的理想的风水选址，常包含了以下的景观因素：

（1）以主山、祖山、少祖山为基址的背景和衬托，使山外有山，重峦叠嶂，形成多层次的立体轮廓线，增加了风景的深度感和距离感。

（2）以河流、水池为基址的前景，形成开阔平远的视野。而隔水回望，有生动的波光水影，造成绚丽的画面。

（3）以案山、朝山为基址的对景、借景，形成基址前方远景的构图中心，使视线有所归宿。两重山峦，亦起到丰富风景层次感和深度感的作用。

（4）以水口为障景、为屏挡，使基址内外有所隔离，形成空间对比，使人基址后有豁然开朗、别有洞天的景观效果。

（5）作为风水地形之补充的人工风水建筑物如宝塔、楼阁、牌坊、桥梁等，常以环境的标志物、控制点、视线焦点、构图中心、观赏对象或观赏点的姿态出现，均具有易识别性和观赏性。

（6）多植林木，多植花果树，保护山上及平坦地上的风水林，保护村头吉树大树，形成郁郁葱葱的绿化地带和植被，不仅可以保持水土，调节温湿度，形成良好的小气候，而且可以形成鸟语花香、优美动人、风景如画的自然环境。

（7）当山形水势有缺陷时，为了“化凶为吉”，通过修景、藻景、添景等办法达到风景画面的完整协调。有时用调整居住出入口的朝向、街道平面的轴线方向等办法来避开不愉快的景观或前景，以期获得视觉及心理上的平衡，这是消极的办法。而改变溪水河流的局部走向、改造地形、山上建风水塔、河上建风水桥、水中建风水墩等一类的措施，则为积极的办法，名为镇妖压邪，实际上都与修补风景缺陷及造景有关，结果形成了风景点。

所以，依照风水观念所构成的景观，通常具有围合封闭，中轴对称，富于层次感，富于曲线美、动态美的特征。

宋代王希孟的《千里江山图卷》中所表现的宋代住宅，明显地反映出中国人在住宅卜居及村庄选址上的风水观念，考虑山林围合、依山近水等自然环境对居住能有良好的生态条件、保护作用及景观效果。

四、风水格局的空间构成

中国人自古以来在选择及组织居住环境方面就有采用封闭空间的传统，为了加强封闭性，还往往采取多重封闭的方法。例如：四合院住宅就是一个围合的封闭空间；多进庭院住宅又加强了封闭的层次。里坊又用围墙把许多庭院住宅封闭起来。作为城市也是一样，从城市中央的衙署院（或都城的宫城）到内城再到廓城，也是环环相套的多重封闭空间。而村镇或城市的外围，按照风水格局，基址后方是以主山为屏障，山势向左右延伸到青龙、白虎山，成左右肩臂环抱之势，遂将后方及左右方围合；基址前方有案山遮挡，连同左右余脉，亦将前方封闭，剩下水流的缺口，又有水口山把守，这就形成了第一道封闭圈。如果在这道圈外还有主山后的少祖山及祖山，青龙、白虎山之侧的护山，案山之外的朝山，这就形成了第二道封闭圈。可以说，风水格局是在封闭的人为建筑环境之外的又一层天然的封闭环境（图 2 - 68）。

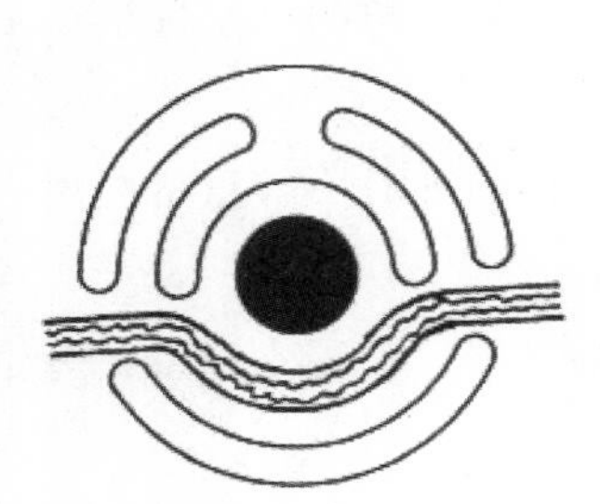

图 2 - 68　风水格局构成示意

第三章　徽州古建筑特点

第一节　徽州古建筑木结构特征概况

徽派建筑特征，既反映在外部的形象与风格上，也存在于内部的结构中。外部的形象特征一定程度上是内部结构的外在体现。

当我们研究徽州建筑结构时，立即凸显出三个方面特征：第一，徽州建筑将中国木构体系中的叠梁式和穿斗式结合，生成了新的结构体系；第二，构成木结构的主要构件，诸如梁、枋、斗拱、雀替等，其形态明显地受到了地域文化浸染；第三，由于徽州村落的封闭性，以及徽文化形态本身的稳定性，徽州明清建筑，尤其明代建筑，仍保留了若干宋式做法；第四，正是由于徽州村落的封闭性以及凝聚居住地随意性，因此各地区乃至各村落之间做法差异较大。

一、徽州建筑结构体系

徽州盛产木材，先秦以前，原始先民山越人构筑的干栏式建筑，就要求有相当高的木构技术。从汉唐至南宋，为避免战乱迁入徽州的北方名门望族，引入了中原木结构梁柱为承重骨架方法，包括官式建筑做法。徽州建筑结构，是吸收了江南穿斗式、北方叠梁式的优点，综合了先民山越人干栏建筑技术而衍生的一种新的混合式结构体系。

这种体系特征，首先是兼收叠梁式和穿斗式结构之长。叠梁式由柱上层层叠梁而得，能获得较大空间，硕大梁柱很有气势，并且能能根据建筑本身特点灵活变通。梁上雕刻人物故事，再现经典历史故事之场景，是徽州“三雕”的重要装饰部位。穿斗式柱间由穿枋联系，营造容易，简练灵活，节省木材。徽州祠堂，需要获得威严的气度和肃穆的氛围，以叠梁插梁为主，仅山墙面和卷棚以上部分用穿枋。

新木构体系特征之二，是适应性很强。这首先是指对复杂地形和特殊功能的适应。在地势低洼处，常用木柱架空，这是对干栏式建筑的传承。泾县查济洪公祠就是利用特殊地形建造的典型实例。另外，徽州大量过街楼、戏楼（图 3－1），都是因功能需要，将底层架空的。这种结构的灵活性同样是对不规整建筑平面的适应。

徽州由于经济与人口迅速增长，很多宅第为了最大限度地利用宅基地，精打细算的徽商往往因

图 3－1　祁门余庆堂古戏台

地制宜，因形就势，使用不规则平面的方法，不规则部分多属宅第周边辅助用房。使用穿枋结构能适应复杂平面，徽州木构体系的适应性强，还表现在上下层结构的相对独立。徽州宅第的楼上和楼下分间常不一致，以致有时楼上分间立柱点下层无柱支持，而立于梁上，这在其他木构体系中不常见。这与中国古代建筑基本由世袭的木匠口口相传的感性理解与处理手法有关；同时，民间杂式建筑随意性较大。当然，能这样处理，在很大程度上是因为下层梁柱的硕材保证了足够的强度和刚度，上层木构穿枋的应用，也增强了整体的强度和刚度。徽州古建筑由于空间与功能的改变，明代以后楼上空间往往不住人，仅用做祭祀与储藏空间，因此楼上层高不高，荷载不大。

徽州木构体系的特征之三，在其斗栱制度。梁思成的《蓟县独乐寺观音阁山门考》中，有这样的文字：

斗栱者，中国建筑所特有之结构制度也。其功用在梁枋等与柱间之过渡及联络，盖以结构部分而富有装饰性者。其在中国建筑上所占之地位，犹 Order 之于希腊罗马建筑；斗栱之变化，谓为中国建筑制度之变化，亦未尝不可，犹 Order 之影响欧洲建筑，至为重大。

图 3－2　撑栱

图 3－3　祁门会源堂古戏台，以撑栱代替栌斗

徽州木构结构特征，也凝聚在斗栱的咫尺之间。斗栱，主要是伴随着北方官式建筑使用较多的叠梁式结构，而发展成完整制度。穿斗结构因没有梁，早期出挑主要用撑栱，后来也发展出不使用栌斗，华栱直接插入柱内的插栱。在徽州木构中，既有成组的斗栱，也有大量雕刻精美的撑栱（图 3－2），及简练实用的插栱。更有将两种体系的斗栱融会贯通。如祁门闪里会源堂古戏台（图 3－3）

斗栱，以撑栱代替栌斗，增强了斗栱装饰效果。徽州很多斗栱中增加一水平的枋，实因斗栱是插入柱中，受穿斗式结构穿枋的启发，用以增强斗栱与柱的联系，如图 3－4 所示。最典型为黟县程氏宅斗栱（图 3－5），仅一跳，除耍头外，增加了两根水平枋。

图 3－4　斗栱中增加水平的穿枋

图 3－5　黟县程式宅插栱

徽州建筑多为徽商民居，建筑级别较低，按照明清时期建筑等级要求不允许使用官式建筑的斗栱。于是，出现了许多富于装饰效果的“变形”斗栱，例如：栌斗变成了“八宝”（图 3－6），甚至祠堂入口的斗栱变成了连片的“枫栱”（图 3－7）。

图 3－6　黄山市歙县许村云溪堂的八宝

图 3－7　婺源俞氏宗祠檐下斗栱密布——枫栱

二、徽州建筑单体形态构成

1. 基本要素分析

徽州建筑，无论它的外观和用途，总是由很少变化的基本要素组合而成。据此，可以从徽州建筑中抽取一些基本要素：堂、楼、廊、亭、桥、天井、墙、门、顶、阶等。追踪这些基本要素可以发现，虽然要素本身形态是稳定的，但组合时却十分活跃。例如，徽州建筑的桥（图 3－8），不仅可与廊、亭、阁、屋结合，组成廊桥、亭桥、阁桥、屋桥，还被用于建筑内部。楼则可以横于街巷，成为过街楼。

a.婺源清华彩虹桥

b.黟县宏村南湖石桥

c.歙县北岸廊桥

d.潜口民宅室内桥

图 3－8　徽州古桥

有些建筑构成要素只是为了丰富形象，可以称这类要素为视觉型或装饰型的，以区别功能型要素。作为一组实例，我们观察廊桥、牌坊、门楼：廊桥（图 3－8a）由廊和桥组合而成，两个要素均为功能型；牌坊（图 3－9）由门和楼组成，两个要素门和楼均为视觉型的；门楼（图 3－10）同样由门和楼组成，它的楼是视觉型的，门却是功能性的。做出这种区分后，徽州建筑以某一完整的要素作装饰性母题的特征，便凸显出来了。

图 3－9　牌坊的“门”和“楼”两个要素都是视觉型

图 3－10　门楼的“门”是功能型的，“楼”是视觉型的

2. 组成规则

徽州建筑形态构成，不仅有固定的基本要素，也有相应的组成规则。其中最常见的如垂直叠加、水平连贯、重复、围合、穿插、偏置、遮掩等，下面择要分析。

垂直叠加：是指将一个要素垂直加在另一个要素上端。如歙县呈坎宝纶阁（图 3－11），将阁置于祠堂上。黟县南屏孝思楼，将亭置于 3 层楼屋面上。徽州常见的亭桥、廊桥、楼桥、阁桥，分别将亭、廊、楼、阁叠加到桥上。频繁运用垂直叠加法，是徽州建筑的特征之一。这不仅与用地紧缺有关系，而且也因为原土著山越为干栏式建筑，这一传统融入中原建筑后，普遍用于楼居，使垂直叠加技术成熟。

图 3－11　呈坎宝纶阁，阁被垂直叠加到祠堂屋顶上

重复：是指同一要素的复制。重复是以简洁的要素获取生动形象最直接有效的途径。重复很容易使建筑形态获得韵律，又不失统一的美感。以黟县的关麓村宅的“八家”为例，汪氏后裔 8 个家庭的宅第，形态尺度乃至细部装饰都完全一致。这种完全相同建筑要素的复制，既体现了家庭血缘联系，也使最初分家时，房产分割比较容易。以婺源县清华镇的彩虹桥为例，它的基本组成要素为廊，硬山顶。通过尺度的变化和重复手段，达到一定的艺术效果。重复是徽州建筑构成时的常用手段，不仅反映在建筑外在形态上，而且体现在平面构成上。徽州建筑通过基本平面的组合，解决了复杂建筑功能组合问题，这不失为一种化繁为简的处理方法。

围合：封闭性是中国封建社会建筑的基本特征。围合作为封闭的直接手段，浸润到徽州人的思维习惯和行为模式中，其中最引人瞩目的有两点：其一，建筑的围合程度与宗族血缘关系的亲疏有很大的相关，一般以家为单位，属于一种内在结构性围合；其二，围合程度深受阳宅相法中辨形察气等风水观念影响。

穿插：穿插原为宋人论书法的《三十六法》中的术语，移植到建筑学中，是指某些构成要素的反常布置，以产生贯通、交叉、重复等意外的效果。如马头墙除了有起伏的节奏，还有交叉、重复、贯通、递进的韵律，如图 3－12 所示。

偏置：徽州建筑在形态构成上有很多偏置。这主要有两个方面原因：其一，土地精贵，为了顺应地形地貌特征，或避让已有建筑而被动偏置；其二，受制于风水术中阳宅相法对方位的审辨和选择，例如，徽州建筑中门常偏置成斜门，就是受制于趋吉避凶或禁忌。

图 3－12　马头墙上的韵律

三、徽州建筑组群形态构成

建筑群的形态构成，概指建筑群整体形状、尺度、色彩、质感、轮廓线等要素的综合效果，以及建筑组群的规律。它是认识建筑群的基础参量，是我们深层次认识徽州建筑的重要途径。

1. 徽州建筑的组群方法

在长期发展过程中，徽州建筑逐渐积累了独特的组群方式，它主要包括：排叠、聚敛、围合、隐显、穿插、避就等。

排叠：亦称相叠。是指依据建筑物本身形态、尺度等特征的相互关系来构成序列的排列、叠合，而不依赖于诸如轴线等附加因素。排叠不只是中国传统建筑组群的基本方法，也是中国文艺的要则。宋人书论中，将其排在《三十六法》之首。排叠，是徽州建筑组群的基本方法。徽州建筑的采光通风，主要依靠内部天井，排叠很少受到朝向因素的影响。单德启将徽州建筑这一特征，概括为徽州建筑的有机性：

徽州民居可以多方向地、灵活地生长：①建筑沿轴向前后生长，即一进—二进—三进，每长一进只需设置一个横向天井。②建筑对称轴向左右加接，即一幢—两幢—三幢，每接一幢只需在天井一侧设出入口。③建筑垂直向上生长，即一层—二层—三层，限于结构材料最高到三层。叠加的楼层与底层只需在平面坐标上以天井贯通。④建筑入口大门外可设置小院向外生长和加接。⑤建筑的左、右、后侧可根据地段加接厨房、杂院等。

单德启还将徽州民居的排叠与只具有两个轴向水平生长的北京四合院作了比较，指出徽州建筑具有更强的生长能力。

徽州建筑组群形态的基本特征是丰富、曲折、深邃、灵巧，排叠法的运用，能以极有限、极简练的几种单体，结合产生丰富生动的效果。简洁的形态，有利于灵活地适应山区起伏的地形。如黟县木坑村（图 3－13）建于半山腰，相对简洁的单体建筑，便于它沿着坡形山地层层排列展开。

聚敛：表现出很强的内聚力、向心力，是徽州村落组群的特征之一。这种内聚性，又很不同于聚敛主要反映在几何形态与位置方面的西方古典建筑。“徽州聚族居，最重宗法。”“族者，凑也，聚也。”徽州村落聚敛，是依据宗族血缘关系的亲疏。聚敛中心大体位于宗祠附近，如黟县宏村汪

图 3－13　黟县木坑村依山而建的民宅

氏宗祠和月沼。受到地形地貌的约束，聚敛中心未必在村落的几何中心位置，聚敛过程中，也是依地形的特点布置。如果一个村落是由两个主要姓氏组成，通常便存在两个聚敛中心。

围合：围合不仅反映在徽州建筑单体形态构成上，也表现在群体组合中。尽管封闭性是中国古建筑社会建筑的共同属性，我们还是可以从徽州聚落围合手段上找到特殊点。从西欧中世纪城堡到中古伊斯兰建筑，都以外部围墙的围合而获得封闭性的效果。徽州村落选址时，一般以自然山水达到围合的效果，而不建围墙。村落封闭性的特征，更反映在村落内部的结构性围合上，如高墙、门、坊、影壁、丁字街的围合等。

隐显："隐"不同于围合的完全遮蔽。隐是含蓄，是以有限的遮掩换取无限的想象。徽州村落建筑组群时，用以隐的方法是很多的。有半透空的建筑牌坊、亭、凉棚、拱桥，也有虚墙、漏窗、拱门。"显"是突出、聚焦，它是局部趣味中心。典型实例如绩溪县磡头村听泉楼（图 3－14）。

图 3－14　绩溪听泉楼

穿插：穿插既表现在要素间，也被运用到建筑组群中，以产生贯通、交叉、重复等特殊效果。徽州建筑组群中常见的过街楼、长廊起着某种穿插作用。如西递走马楼（图 3－15），实为中国建筑中极古的类型——阁道，穿插的阁道长数十米。登楼凭栏眺望，远山近水历历在目。

避就：避就是与穿插相反的构成法。避高就低、避密就疏、避繁就简，从而避免整齐划一的构成。在徽州建筑组群中，很多建筑的层高、朝向、山墙、门窗，避就与穿插互补协调，这类例子有

图 3－15　西递走马楼、阁道用于穿插

很多。

2. 徽州建筑组群的自然秩序

当评价徽州建筑组群形态时，人们往往很重视他的多样、流动、飘逸的特征，而忽略了其形态构成的统一性。将杂多趋于统一，是古典美的一般原则。徽州建筑组群形态构成的统一性是毋庸置疑的。

问题的症结，不是徽州村落形态构成是否统一，而是如何统一的。西方古典建筑群的统一，主要有三种方法：一是主从法，突出主体建筑，以主体统率全局；二是母题法，用某一建筑母题贯穿全局；三是分联法，重在分割与联系的关系。几种方法，核心只有一个，即统一在几何形体或形态关系上。黑格尔认为：

整齐一律主要地适用于建筑，因为建筑品的目的在于用艺术的方法去表现心灵所处的本身无机的外在环境。因此，在建筑中占统治地位的是直线形、直角形、圆形以及柱、窗、拱、梁、顶等在形状上的一致……这番关于建筑的话也可以应用到某种园林艺术，这可以说是把建筑形式变相地应用于现实自然。在花园里如同在房屋里一样，总是以人为主体。当然也还有一种园林艺术，以复杂和不规则为原则。但是上述符合规则的那一种应更受重视。因为错综复杂的迷径，变来变去的蜿蜒形花窗，架在死水上面的桥，安排得出人意料的哥特式小教堂、庙宇，中国式的亭院，隐士的茅庐……只能使人看一眼就够了，看第二眼就会讨厌。

不难看出，黑格尔建筑和园林的趣味，是西方古典主义的。他很重视显示人工美的“整齐一律”(即统一在几何体或形态关系上)，他称之为“以人为主体”确切地说，应当是“显示人工秩序”。他推崇的法国凡尔赛宫苑，是西方古典主义园林集大成之作，可以用其设计者勒诺特尔的格言，概括其设计思想，即“强迫自然接受匀称的法则”。19 世纪，中国园林艺术传入欧洲，黑格尔在此谈到的另一种“以复杂和不规则为原则”的园林，正是在中国造园风格影响下的欧洲新式园林。黑格尔只见到它的杂多，并没见出其中蕴含着东方艺术的秩序。

徽州建筑作为中国传统建筑的典型存在，乱中有序。为了说明这个“序”究竟是什么，我们不妨先考察一下徽州村落的建筑组群形成的全过程。通常，一个村落建村时，先由风水师卜宅，选择一理想的居住地，最好是依山傍水的“风水宝地”。当然，对一些局部缺陷，也可由引水、修路以及建风水塔、文昌阁等补救措施来进行弥补。根据地形、地貌、土质、气候、植被等特征，风水师给村落位置和形态做一整体的“规划”，并形象地比拟成某一物。黟县宏村被比拟作牛，西递村比拟成船，绩溪石家村被比拟成棋盘，歙县渔梁被比拟为鱼，婺源庆源村被比拟成双体船。有学者据此称徽州建筑为仿生建筑，并没有把握住问题的实质。风水师并不是孤立地杜撰出一个村落的原型，而是处心积虑地将特定生态环境最合适的村落形态，用一种易理解接受的话语表述出来。

进一步分析这种“自然秩序的内涵”。

第一，其应是有机整体。生物本身是有机的，即便是机械，各零件之间也是联系协调的。徽州村落形态在仿生的过程中，必然将它设计成有机整体。比拟成卧牛的宏村，不仅“山为牛头树为角，桥为四蹄屋为身”，不仅有被比拟成“牛胃”“牛肠”的完整水系，还在于建筑群于山水间高度的协调贯通。这是今存典型案例之一。

第二，生态内涵。所谓生态，指的是生物与环境之间的互动关系。中国传统哲学认为天地万物不是孤立存在的，它们之间互相联系、互相作用、互相依存。持这种天人合一的观念，使得卜宅时，本质地从生态角度思考。其要求村落规模不超过生态容量，并能自动调节，保持一种“较小改变的景观”。如张岱年所言：

人与自然的关系问题，直至今日，仍然是必须认真对待的问题。近代西方强调克服自己，战胜自然，确实取得了重大的成就。但是，如果不注意生态平衡，也会受到自然的惩罚。改造自然是必要的，而破坏自然则必自食苦果。中国传统的天人协调的观点，确实有重要的理论价值。

第三，动静相宜、阴阳协调的平衡观。运动是生命存在的特征。据此，徽人总是将“动”作为一种肯定的价值，一切与动相关的物都被判定为好的，如流水、山的起伏等，都应极力“聚”之。但动的东西又很难由动的东西聚敛，这就需要一些属静的物，如风水术中所谓朝山、案山、水口山等砂山及风水林来聚敛，从而达到动静相宜、阴阳协调的平衡。

在维系聚落这种自然秩序时，徽人积累了一套建筑组群的“章法”：

（1）有聚有散

依宗族血缘关系聚族而居，是徽州聚落发生的基础。聚，作为一种肯定的判断，以渗透到徽人生活细节当中，诸如聚气、聚水、聚财。我们已指出，表现出很强的内敛性是徽州村落的重要特征。但徽州村落布局，又非只聚不散，形成“大烧饼”状。作为“聚”的对立面“散”，对徽州建筑组群形态构成，仍有积极作用。它主要有四种做法：一是水口区建筑散落布置。水口常为村落的入口，作为村落形态和景观“形象工程”的水口建筑廊桥、路亭、文昌阁、牌坊等，散落布置，有利于结合水口区自然景观的特点理景。二是寺庵、书院等，常取村落周围山林而筑。三是异姓常散居于村落边缘。他们有些是被挤出的小姓，有些为从事服务的个体。此外，明清皖北、浙江、江西很多贫民流入，于“各县租垦山场，搭棚住在山上并逐渐定居下来”，被称作“棚民”。四是当村落人口密度达到极限，族中某一支或若干支也会析出，另卜地而居。于原村落周边定居，不失为一种好的选择。

（2）偏正之间

徽州建筑组群时，考虑到地形特点、河流走向，或已建成建筑物之间的关系，常施以程度不同的偏置，以利于最大限度地节约用地。徽州建筑采光主要取自内部天井，这使建筑物平面布置时，朝向有相当的灵活性，也可能偏置。但象征宗法秩序的宗祠，包括附属的广场、风水塘，常常被正置——对称布置，有很强的局部轴线，并沿其展开。中国封建社会，从帝王的宫殿、坛庙、陵墓，到州县的文庙、衙署，都按照这一程式布置。家国同构，显然承袭这套话语系统表征的是封建伦理道德秩序，而以建筑体现宗法秩序的“正”——讲究轴线、对称、等级化、序列化，与徽州复杂地貌不相容，故只限于宗祠。于是，徽州村落组群，总是偏正结合，有正有奇。

仅从建筑群形式美角度看，这种偏正相间的构成也是有价值的。局部的正置建筑群，起了统一作用；偏置的建筑，对正置建筑群又能烘托对比。

(3) 有向有背

依风水观念，理想聚落的模式是负阴抱阳。阳为动，阴为静。据此，山属阴，水属阳。聚落选址上，负阴抱阳和依山傍水、背山面水，都是一个意思。徽州素有“山水奇秀，称甲天下”之誉，可以选择到足够的最佳村址，使村落整体负阴抱阳。

但同样满足风水格局的山川形胜，仍有很大的差异。事实上，在徽州没有雷同的地形地貌，建筑组群时必须根据特定环境有向有背。村落布局在向背取舍时，是很不相同的。如，绩溪磡头村（图 3－16）地貌复杂：周边有三屏，村内有五墩，溪水穿村迂回而过，村落布局，向背亦繁复。黟县木坑村（图 3－17）建于山腹坡地，村落顺山势层层展开，向背有序。

图 3－16　绩溪磡头村

图 3－17　徽州街巷转折图

(4) 起承转合

起承转合，原为中国古代诗论中说明章法的一个术语。它实际也是中国古典文艺结构精要。主要有两层要义：第一，有机整体。从起到合，是一个完整的过程，它包含了亚里士多德诠释有机整体时指出的基本要素。第二，要有参差变化，反对单调呆板。徽州村落选址布局，很大程度上受风水术形势宗影响，风水师在感受山水之后，给山水村落形态以特征化，通常比拟成某一生物。作为这一规划方法的结果，必然将村落作为一个有机整体看待。尽管这些村落比拟的生物各异，我们常常看到一种固定模式：“起”于村落水口，一段石板路引导入村后，长街短巷几经周折。而丁字、乙形、L 形街巷，起到了“转”的作用。最终，建筑群收束于主山，达到“合”。

(5) 寓曲于直

徽州传统聚落形态构成的基本特征是“直”。放眼徽州聚落，散落在浓绿山峦底景中的一排排粉墙，层层跌落。粉墙的白色方块，马头墙黑瓦凸显的一系列水平线，决定了以直为主的构成基调。这种大处着墨时的“直”是必要的，它使村落形态构成既有局部的变化多姿，又不失简练单纯的统一美感。步入徽州聚落，则发现其形态构成有直有曲，寓曲于直：有五凤楼和门罩的飞檐翘角，有鹊尾式马头墙柔和的线型，有曲墙、拱桥、拱门……正是这种直与曲的对比和互补，使村落形态更接近于自然，并从中体悟有张有弛、刚柔相济的自然节律。

（6）起伏之间

徽州聚落轮廓线的控制，集中于马头墙。马头墙的起伏，是三个要素的综合：第一，地貌的因素。主要包括地形的起落，顺绵延弯曲的溪流布置引起辗转。地貌有其独特形胜和内在脉络，它决定了村落轮廓线大的起伏、走向。第二，建筑平面以及层高的变化。徽州建筑，层高在一至三层间变化。第三，马头墙阶梯状及黑瓦强化的轮廓线，产生了一种有断有续、似断实连的节奏。印斗式马头墙（图3-18）在线的变化中，还夹杂着点的跳跃。

图3-18　印斗式马头墙

四、徽州民居的文化特点与背景

1. 文化背景

（1）多有江南住宅的特色

当时的徽州商人多在长江中下游的江南一带发展，因此，在衣锦还乡之时，不仅带回了钱财，更带回了当地的文化理念和建筑技术。所以，在建筑风格和做法上有一定的相似之处。

（2）住宅少有朝南方向

由于有“商家之门不宜南向”的说法，所以，这里的房屋一反常规，皆坐西朝东或坐南朝北。即使由于用地的局限，房屋不得不朝南时，也不会朝向正南，总要朝东或西偏转一些角度。

（3）建筑多天井

由于明代当地的商人受到“四水归堂”“肥水不流外人田”思想的影响，住宅内部多有天井，以便可以“老天降福”“财源滚滚而来”。当然，天井的作用，更是为中国人“有财不外露”的心理而少有开窗的建筑，解决了采光、通风问题，同时为夏季避免日晒及拔风取得了良好的效果。

2. 建筑特点

（1）平面形式简单，外观却多有变化，利用屋顶的高低错落、窗口形状位置、屋檐的变化（披檐、雨棚等）和墙面镶瓦披水等方法使之活泼多变化；内部有天井。

（2）布局比较自由，没有繁缛排场所需的形式与拘谨的格局（这也是徽州民居区别于官僚府邸的特色）。建筑与天井、院落的组合非常灵活，并无定式。可以是单进的三合院、四合院，也可以是两进甚至三进的院落，或者没有院落的；院落大些则成庭院，狭窄些则成天井。院落与院落的组合也很自由，可以是一顺方向的，也可以是垂直方向的。围合成同一院落的建筑高度也富于变化，或单层或两层或三层，活泼轻快、不拘一格。建筑立面的处理非常自由，没有固定的格式。总的看来，家家户户非常相似，都是白墙灰檐以及层层跌落的马头墙。但是，细看下来，却各有不同，各有变化。所以，在所有的徽州民居中，就这些简单的构图元素却形成了千变万化的建筑形式来，却很难找到一模一样的建筑来。

（3）楼上楼下分间常不一致，有时楼上分间立柱点下层无柱支持，只能立于梁上。

（4）著名的三雕：木雕、砖雕和石雕。刀法流畅，丰满华丽而不琐碎，水平很高。当地雕刻材料非常丰富，可以是木材或是砖；尤其是当地盛产一种黑色的石材，质地坚硬、细腻，经打磨后更加黑亮，因此，成为重要的雕刻材料。当地也因此而负盛名，取名为黟县——意为当地石材又黑又多。雕刻的题材也十分广泛，有历史故事、神话故事，也有对天气、收成和家人的美好祝福与愿望等方面。雕刻手法有浮雕，也有圆雕。总的来说雕刻的人物各有姿态与神态，栩栩如生。

雕刻布置的重点部位是：面向天井的栏杆靠凳、窗户，楼板层向外的挂落，柱梁的端头或节点，院落中的围墙，院落中的挂落，大门的门楼等。

第二节　徽州古建筑大木作常用做法

中国古建筑的营造，按工种分为大木作、小木作、石作、瓦作、彩画作等。大木作确定了建筑结构体系。小木作主门、窗、隔断、勾栏、梯、天花等室内装修。石作主台阶、柱础等构件。徽州建筑在长期发展中，形成富有特色的构造元素和营造方法，形成了特色鲜明的地域风格和相应的构造技术。本节通过对徽州建筑屋架、梁、柱、枋、斗栱的具体做法的分析总结出徽州古建筑的特色。

一、屋架

明清徽州建筑屋架、山墙面及次要部分采用穿斗式。建筑物主要部分如厅堂，采用叠梁式：梁架接近于宋代的举折，并多采用彻上明造，其构件仍保留了很多宋式做法，但作雕镂等艺术加工。以下择要介绍：

蜀柱、叉手：叉手一般雕刻成奔浪、卷云状，蜀柱上若不设叉手，常用丁华抹颏栱，并雕刻成象鼻之类。黟县宏村汪氏宗祠，保留有月梁、蜀柱、叉手、托脚等宋式建筑的做法，直接于蜀柱上插入华栱，与叉手相交（图 3－19、图 3－20），免去抹颏。

图 3－19　黟县宏村汪氏宗祠屋架

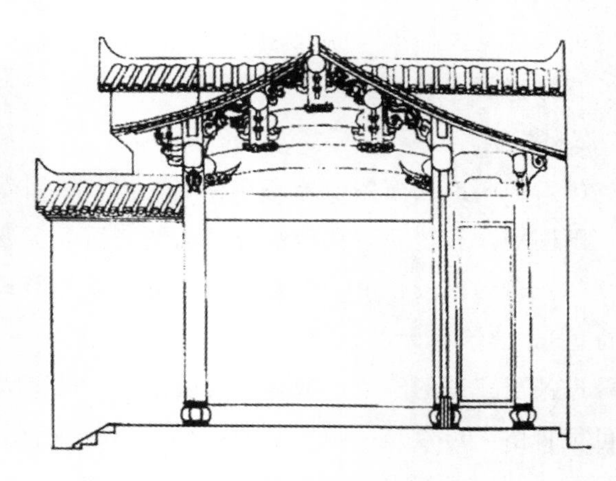

图 3－20　黟县宏村汪氏宗祠门屋剖面

月梁：明清徽州木构的梁架以露明为主，梁加工成月梁状很普遍，常见的有平梁、四椽栿、六椽栿、乳栿。

托脚：一般雕刻成卷云、奔浪状，如图 3－21 所示。

驼峰：常于梁架下雕成卷草、卷云、奔浪状，如图 3－22 所示。

图 3－21　驼峰雕刻化

图 3－22　黟县呈坎宝纶阁

明清徽州建筑，特别是一些规模较大的祠堂，常设有卷棚、人字棚等，相当于一种天花。卷棚以上构件不作艺术加工，露明部分构件雕饰与叠梁式相似。

二、枋、雀替

额枋：宋氏建筑中，梁栿常加工成月梁。明清徽州建筑木构一显著特征是：不仅将梁栿加工成月梁，而且将阑额等额枋也加工成月梁状。江南这种做法最早可追溯到北宋初年的福州华林寺大殿。徽州额枋加工成月梁，不论其间有几根枋，只将其中一根加工成月梁状，通常取下部。当仅有一根额枋时，加工成月梁状的为阑额，如图 3－23 所示。

由于月梁状阑额上凸，加之柱头铺作不设栌斗，为使柱头铺作和补间铺作高度一致，阑额两端向柱下稍移一些。两根额枋叠用，加工成月梁状并且也是主要联络承重构件的，是下部的由额，如图 3－24 所示。两枋间用攀间斗栱联系。有时因雕饰需要三根额枋叠用，下部主要承重枋加工成月梁状（图 3－25）。明中叶前，月梁状额枋下端刻一新月形长弧线，后逐步变短变圆，清代蜕变为圆。

图 3－23　月梁状阑额

图 3－24　月梁状由额

图 3-25　绩溪龙川胡氏宗祠

雀替：现存明清徽州建筑中主要有两类雀替，一种极短，普遍用于梁枋间；另一类较长，常用于祠堂内部额枋下部，成为梁架艺术加工手段之一，为宋代建筑绰幕枋雕刻化的变体。

替木：明代徽州建筑的令栱上有时以木条托梁枋，即一般称作的替木。这是一种古老的做法。宋代，便有替木通长而演变成撩檐枋。徽州的替木较长，当属过渡期形态。刘致平认为，雀替的"雀是宋《营造法式》上的绰幕枋的绰字，至清转讹为雀。而替则是替木的意思"。虽然徽州的替木做了艺术加工，其形态仍非常支持这一假说。

三、柱、柱础

梭柱：将柱卷杀成梭柱（图 3-26），是宋代大木作构件艺术加工特点之一。一般认为，元代以后重要建筑大多以直柱取代。但徽州建筑遗存显示，明代建筑大多保留了梭柱。而清代建筑，笔者在调查中尚未发现一例。显然，在徽州这一变化滞后了。宋《营造法式》对梭柱的做法有详述，而实物中形态、尺寸差异较大。偶见接近《营造法式》做法，均尺度较小，如绩溪程凤仙宅。一些祠堂，用材硕大，卷杀就平缓。这是考虑到硕材得之不易，卷杀过大是很不经济的。

图 3-26　黟县舒庆余堂梭柱、柱础

柱础：《营造法式》总结的主要是北方官式建筑做法。北方气候干燥，柱础较浅。现存徽州明代建筑中，尚有少数此类浅柱础（图 3-26），显示了中原的影响。而以鼓状较高的柱础居多，即南方建筑称的磉墩。形态与纹饰，明代建筑中以宋式居多，如覆盆式（图 3-26）、伏莲（图 3-27）、仰莲、牡丹花等。清代柱础形态增多，雕饰纹样丰富，刻工细腻。

蜀柱、柁墩：蜀柱为梁上矮柱，《营造法式》又称侏儒柱，用于垫高，使构件达到所需的高度。当其本身之高小于其长宽时，清代称之为柁墩，宋代木构一般无此构件。在徽州明清木构，常于蜀柱之下垫一柁墩，应当是受到柱下有柱础的启发，它的雕饰题材也大多和宋柱础纹饰题材相同。最常见的如仰莲，俗称荷花墩。由于木雕较石雕工艺上容易，加之徽州建筑雕饰倾向华美，明清木构的蜀柱、柁墩上常常发现宋代稀有的纹饰，如仰莲、宝装莲花（图 3－28）、仰伏莲、海石榴花。有时蜀柱由讹角平盘斗承托（图 3－29）。

图 3－27　黟县宏村汪祠柱础

图 3－28　黟县呈坎宝纶阁

图 3－29　黟县程氏宅讹角平盘斗

四、斗栱

黟县屏山村舒桂林宅，为明代遗筑。柱头铺作五铺作三杪，不设栌斗，华栱直入柱头。令栱上不设耍头，而以三升承托（图 3－30），这是极罕见的汉唐做法，通常引河南三门峡出土的一汉明器，或西安大雁塔石刻佛殿图上斗栱为例，徽州明代建筑中保留了实物。该宅内转角铺作也很有特点，以 45°华栱插入柱头出跳，即宋《营造法式》中虾须拱。栱上三个升直角状分布（图 3－31），结构关系简明清晰。

图 3－30　黟县舒桂林宅柱头斗栱

图 3－31　黟县舒桂林宅转角斗栱

徽州木构中斗栱残存的唐宋做法，除了舒桂林宅中唐式斗栱、司谏第前廊上昂斗栱等孤例，还大量见于各类斜栱。所谓斜栱，是指除具有普通斗栱的华栱和昂外，于 45°线上另加栱的斗栱。它较之一般斗栱要繁缛华丽得多。“斜栱始见于辽代建筑，金用最多，以后骤然减少。”但在徽州明清建筑中，斜栱的使用率不亚于普通斗栱。此类斗栱装饰性强，和徽州美轮美奂的建筑风格甚合。于是，辽金做法在这里延续、发展，成为徽州明清建筑中斗栱最显著的地域特征之一。徽州明代祠堂属国家级文物有三处：绩溪胡氏宗祠、徽州区潜口民宅、呈坎罗东舒祠，均无一例外地使用了斜栱。此外，婺源俞氏宗祠，绩溪周氏宗祠、大成殿，黟县南屏叶奎光堂、序秩堂，都可作为重要证例。

徽州斜栱可分为三类：第一类，仅在最后一跳加斜栱，以代替斗栱的令栱，扩大了支撑面，结构上甚合理，亦加强了装饰效果（图 3－32a）；第二类，斜栱安于斜栱之上（图 3－32b）；第三类，斜栱安在交互斗上（图 3－32c）。此类斜栱有一种特殊做法，即在交互斗上加一枋，增强了斗栱的刚度，端部雕作三福云、鳌鱼等，以强化装饰效果。此外，尚有综合三种做法的斜栱。

徽州建筑中斜栱的外拽瓜栱、万栱，常做成斜条状（图 3－32a）。刘敦桢在河南修武泗沟关帝庙调查记中提及这种做法，但未详论。斜条状处理，主要是为使斗栱能从视觉上增加一个层次，使斗栱在感观上更为复杂。我们初见黟县南屏村叶奎光堂时，以为它有 30°和 60°两组斜栱，近看才知是斜条状外拽瓜栱、外拽万栱引起的错觉。

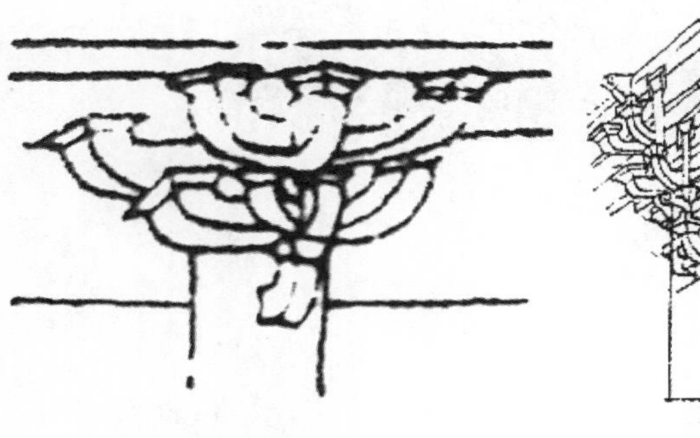

a.斜栱替代令栱

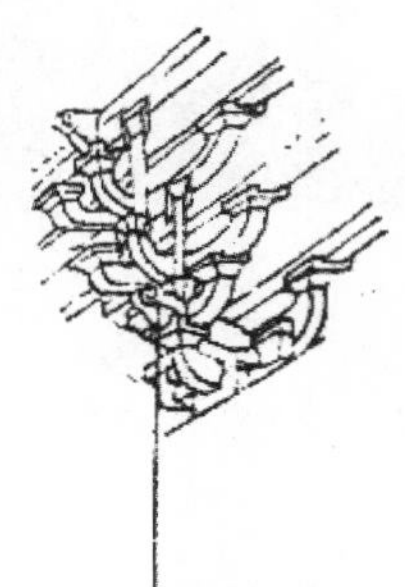

c.交互斗承托斜栱

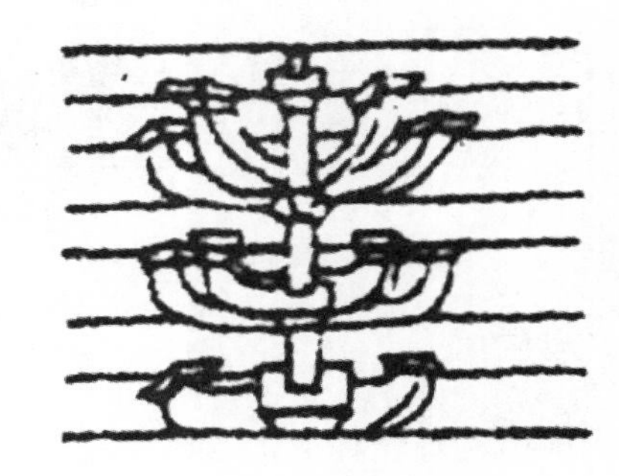

b.斜栱承托斜栱

图 3－32

在很多石坊中，也可以见到斜栱，但一般做了些简化。

五、徽州建筑中斗栱的地域特征

徽州建筑结构的地域特征，主要表现在它的构件，诸如梁、枋、雀替、撑栱等的装饰性上，尤以斗栱更为凸显。我们集中分析明清徽州建筑中斗栱的若干地域特征。

1. 斗栱雕镌化

明代从官吏到庶民的宅第，都有严格的规定。庶民庐舍不过三间五架，不许用斗栱施色彩。徽州文风昌盛，金榜题名入仕者代不乏人，拥有雄厚财力的新安商贾，也可捐一官衔。但官衔对斗栱的规定仍有约束，只能在雕饰上突破发展。于是，徽州建筑婉约精丽、清新淡雅的品格，也凝聚到斗栱咫尺之间。

徽州建筑中斗栱的雕饰，一般只限于局部构件。这大概因既要用精雕细镂使斗栱华美而突破规格的局限，又不致雕刻过多损害斗栱的形态。因为斗栱本身便是身份的象征。它一般有下面几种做法（图 3－33）：

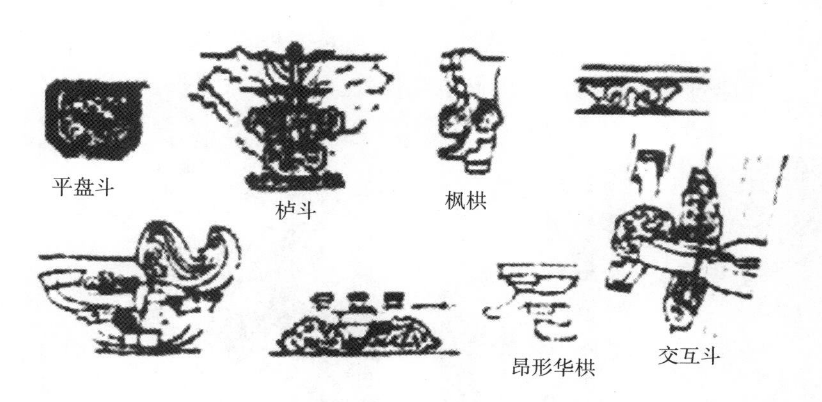

图 3－33　斗栱雕刻化

2. 平盘斗作雕饰

平盘斗是一种特殊的斗栱，因为只有斗而无栱昂，庶民宅第使用也不致犯禁限，故极普遍。平盘斗常用作隔架之间，雕刻的题材从吉祥纹饰、动物、山水亭阁到戏文皆有。外形也随装饰题材略有变异。除木构外，也大量见于仿木石坊和砖雕门楼。

3. 栌斗作雕刻

通常在栌斗上雕刻的同时，也将栌斗方楞加工成圆弧，使外轮廓柔和。这是一种很古老的做法。宋《营造法式》称作“讹角斗”。我们在徽州所见的实物，如绩溪县大成殿、周祠、龙川胡氏宗祠，徽州区潜口民宅中曹门厅凹入的海棠瓣，较宋法更柔美细腻。

（1）枫栱：雕镌有云或其他纹样。在徽州，这种枫栱退化为不承载任何构件的纯装饰物。之所以还称其“栱”，只是因它处在横栱的位置，且由横栱演变而来。

（2）横栱：横栱很少雕琢。一组斗栱从正面观察，横栱占了绝大部分。不难想象，若将这些横栱都雕镌，必使斗栱面目全非。在徽州一些斗栱的横栱中，我们见到是仅在栱眼内加些卷草的谨慎做法。

（3）昂：徽州建筑中很少见到真昂。但“昂在斗栱里的地位是很高贵的，较次要的斗栱，都不用昂的”。因此常常将华栱做成昂的形式，多为琴面昂或昂嘴做成卷云、象鼻一类，尚未见棱角分明的批竹昂。

（4）耍头：常作成昂的形式，成为“昂式耍头”。一般雕以三福云，亦有作鳌鱼、麻叶头之类。

（5）交互斗：常雕作翻云状，也有作八边形等。

（6）隔架斗栱：常在下部驼峰上雕刻以卷云、荷叶等。

（7）丁华抹颏栱：常雕成象鼻、卷云、奔浪等。

4. 斗栱组织网络

斗栱组织网络，是斗栱的特殊形态。它是一种装饰性很强的斗栱，由斗栱重复构成。其装饰的艺术效果，除个体的斗栱外，主要取决于斗栱组织成网络形成的秩序，即平面构成中所谓的“重复骨骼”。删除了单个斗栱中对形成网络无益的构件，如外拽瓜栱、外拽万栱等。斗栱网络通常用于建筑物的重点部位，如祠堂和戏楼的檐部、牌楼、藻井等。在徽州古建筑实地考察中，主要发现丁头栱网络、藻井斗栱、如意斗栱三类。

（1）丁头拱网络：它由一系列斗栱以偷心造方式组织网络。依丁头栱布置的方式分为丁头栱正置（图 3－34）和丁头栱偏置（图 3－35）两种。偷心造是一种古老的形制，出现在宋辽建筑中。它最初是在日本镰仓时代建筑中发现时，国内尚未见实物。

图 3－34　丁头栱正置

图 3－35　丁头栱偏置

正置丁头栱网络，一般用于厅堂中心的檐部，偏置则用于次间檐部。偏置处理，收到烘托主体的效果，也活泼了构图。为了正面观赏，偏置后的栱端面处理成斜条状。《营造法式》将内跳转 45°斜出的丁头栱称“虾须栱”，以它命名外跳偏置的丁头栱网络，也很贴切。

（2）藻井斗栱：即藻井内，由斗栱组织网络。藻井斗栱的布置方式取决于藻井类型（斗四、斗八、圆形、钟形等）。一般藻井斗栱也删减掉一些对网络意义不大的构件。最简约的形式，也是由一系列偷心造丁头栱组成，如图 3－36 所示。

（3）如意斗栱：如意斗栱（图 3－37），一般都沿袭了梁思成 1934 年著《清式营造则例》中的定义：“在平面上除互成正角之翘昂与栱外，在其角内 45°度线上，另加翘昂者”。罗哲文也有相似的说法。显然，这里描述的事实，与一般 45°斜栱并无二致。这是因为，梁思成是将如意斗栱看作斜栱的一种。这一看法，也可见于他的《斗栱简说》：“斗栱之出 45°斜栱虽始于辽宋之际，但是当时的匠师恐怕没有想到它能变化成为北海陟山门内桥头牌楼上的做法”。刘致平干脆将如意斗栱看成斜栱在清代的别称。在中国建筑史研究初期，如意斗栱可征的实物稀少，这样简化未尝不可。

图 3－36　如意斗栱组成藻井

图 3－37　如意斗栱

但是，如意斗栱较之普通斜栱，毕竟有不小差异。它削减了普通斜栱中的不少构件。其装饰效果，主要不取决于个体的斗栱，而是整体网络。刘敦桢在《牌楼算例》中对如意斗栱有段精辟阐述："斗栱结构，除用普通翘、昂外，北海、圆明园等处牌楼，偶用如意斗栱，其出跳栱、翘，斜列成 45°，互相承托，无外拽瓜栱与外拽万栱二物。"其中"互相承托"，实际上是组成网络的另一种表达方式。对如意斗栱起源，刘敦桢认为："此类斗栱之起源，迄今未明了，其分布状况，亦未经精密调查；仅知湘、鄂二省，用者较多，赣、闽、浙诸省次之，南京、西安亦偶见其踪迹。再者，明代营造有征工制度，各地匠工轮班供役，按年瓜代，此式随征工之前，流传至北方，殊未可知。"

刘敦桢从如意斗栱的分布密度等，推测它是由南方流传至北方。对徽州古建筑实地调查的结果，也支持这一假说。对其起源，我们还认为：

第一，如意斗栱是纯装饰用途的极端做法。唐宋建筑中不可能有这种斗栱，它在明清建筑中也有一个演变过程。实物调查显示，这一过程大体在明末。

第二，如意斗栱生成的两个重要前提是斜栱运用和斗栱组织网络的形成，并且，丁头栱网络可能要先于如意斗栱。就此看，徽州可能是它的滥觞地。

5. 丁头栱向雀替的演变

一般认为，雀替即宋《营造法式》中绰幕枋，可能由汉代建筑中的实拍栱演变而来。在徽州可以见到一种特殊形态的雀替，它的权衡尺寸远小于《清式营造则例》中的长四分之一的明间净阔、高一又四分之一的柱径，且精雕细镂。我们认为，它是从丁头栱逐步演变而来。其演变过程，大体经历了四个阶段：

第一阶段，丁头栱的端部微翘，或做成云状，还保留丁头栱的基本形态。这种做法盛行于明中叶以前，现存实物不多。如泾县查济村某明初宅第（图 3－38a）、婺源理坑尚书第门楼、绩溪冯村进士坊（图 3－38b）。

第二阶段，丁头栱尾部卷云伸长并向栱心旋转，直至填满眼空隙。丁头栱也演变成四分之一圆。这种做法的变体之一，是于丁头栱中设花蕊填充。此阶段现存的实物较多，大都为明末以前的遗构。重要的实例有婺源镇头阳春戏楼、方式宗祠，黟县屏山舒余庆堂，黄山市徽州区呈坎罗润坤宅、宝纶阁和西溪南村的老屋阁，以及潜口民宅中曹门厅、司谏等，如图 3－38c、图 3－38d 所示。

第三阶段，卷云变为数朵，形态也扩展成椭圆状，丁头栱的栱已经消失了，但仍保留一个升（图 3－38e）作为它曾为斗栱的残存记忆。这一阶段并不长，留下的实物约明正德年间（1506—1521）前后。如祁门六都村大宪伯坊、潜口民宅中的方式祠堂等。

第四阶段，丁头栱的升也消失（图 3－38f）。图案除保留三福云外，纹饰也多样化。当然，外轮廓也随纹饰变异。现存此类实物居多，除少数属明晚期外，绝大多数清代遗构都属此类。换句话说，清代雀替已取代了明初的丁头栱。这一阶段重要实物有绩溪县龙川胡氏祠堂、歙县许国石坊等。

丁头栱向雀替演变的事实很有意义。首先，它生动详实地记录了地域文化侵蚀形制的全过程；其次，在演变过程中不同阶段的典型形态，可留作明清建筑断代依据。

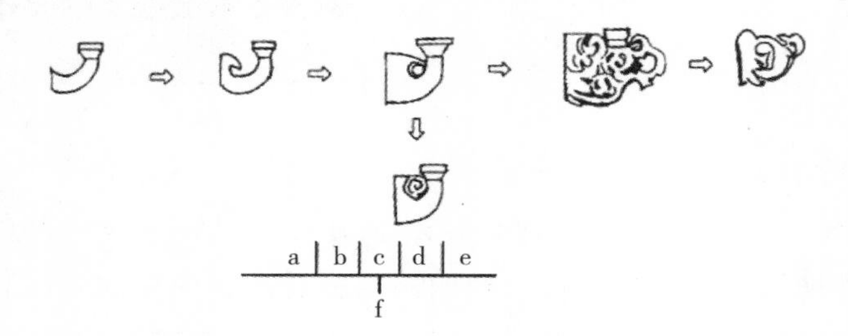

图 3－38　丁头栱向雀替的演进

第三节　徽州古建筑小木作常用做法

一、槅扇

槅扇，安徽俗称“格子门”，是建筑内部进行分割的主要建筑构件。它除了广泛用于建筑室内分隔（图 3－39），亦用于山墙围合的建筑单体外立面。槅扇的基本作用：其一，将建筑分隔成若干空间，又因其半透空的窗格，使室与室之间空间连续、流动，达到既分又合的效果。其二，便于采光、通风。这在尚无玻璃的情况下，显得非常必要。在实地调查中发现，若朝向和反光墙面处理得当，能获得相当满意的采光效果。如黟县南屏慎思堂中的书房，以槅扇获得极佳采光。其三，建筑面对宅园的一面，多用槅扇，便于观景。其四，槅扇典雅的花格和木雕，产生浓重的装饰效果，是徽州建筑装饰的重点部位之一。

徽州槅扇的高宽比没有严格约定。其高，主要取决于地栿自枋下皮距离；宽，则由开间或进深的宽度来定。

明代至清初，徽州建筑中的槅扇尚很简朴，对雕饰有所节制。以木格和柳条窗居多。民间将其分为四冒满天星、六冒满天星和柳条三式（图 3－40）。清中叶以后，随着奢靡之风盛行，槅扇也日渐华丽（图 3－41）。

图 3－39　槅扇

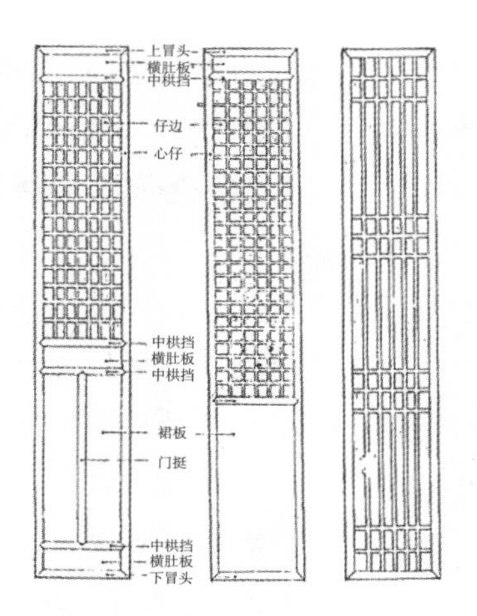

图 3－40　明代至清初的槅扇

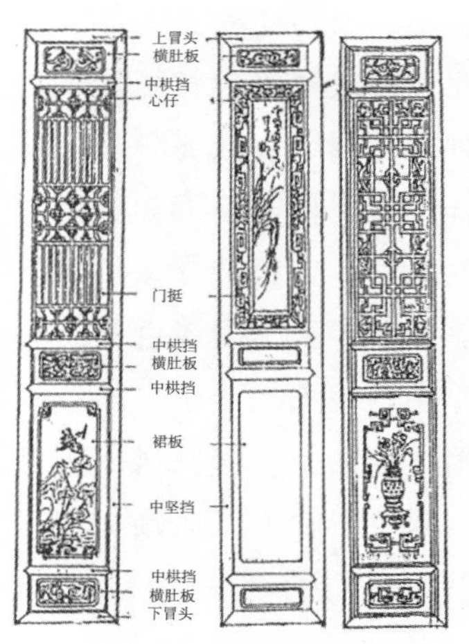

图 3－41　清中叶以后槅扇日渐华丽

二、飞来椅

飞来椅，亦称美人靠，是徽州建筑楼层中常见的一种弧形栏杆。它自传统的鹅头椅发展而成，因其栏杆身向外弯曲，超出檐柱外侧，形状略似椅靠背，故名。

飞来椅主要见于府第、园林、水临。用于府第内部，因其正处在视线集中处，雕饰精美。如歙县方文泰宅，裙板全用框格式壶门装饰。

晚清以后，飞来椅也用于临街店铺的外立面。

三、彩绘

安徽建筑中的彩绘主要见于梁枋（图 3－42）、天花（图 3－43）、门楼、窗楣、墙沿口等墙壁局部。

图 3－42　梁枋彩绘（九华山化城寺）

图 3－43　天花彩绘（九华山化城寺）

梁枋、天花彩绘出现较早。明景泰七年（1456）重建的歙县西溪南“绿绕亭”月梁，便绘有彩绘。明万历四十五年（1617）落成的歙县呈坎宝纶阁月梁彩绘，至今仍图案清晰、色泽艳丽。明代宅第彩绘，如黟县程氏宅月梁（图 3－44）、歙县西溪南黄卓甫宅梁枋。徽州明代建筑的彩绘，既不同于北方宫殿建筑“和玺”彩画与“旋子”彩画的过于富丽和浓重，也不同于“苏式”彩绘艳丽流俗。月梁多刻以包袱锦彩绘图案，典雅明丽。较之清代中晚期以后于梁上雕琢有损于结构的做法，更为合理。明代宅第天花彩绘，休宁枧东吴省初宅为难得的实物，它在“浅灰色的木地上，满绘着织细的木纹，点缀着蓝绿色的花叶，和淡蓝、粉红、粉白色的花朵构成一体，调子非常和谐，也非常优美和恬静。又因淡色调的面积相当多，在梁上用较深色的包袱相衬托，产生一种明朗而安适的对比作用，使人久居于内而不致产生不舒服的感觉。总的说来，是实用与美观相结合的很好作品”。

清末民初，一些民居以彩画门楼、窗楣的形式取代砖雕，于是发展成墙面，主要为外墙面的彩画。其除见于窗楣、门楼，还存在于墙、墙沿口边缘重点部位。这类彩画有三个特点：

其一，它的基本式样，由砖雕门楼形式变通发展而逐步成型。它保留了砖雕门楼中手卷式、字牌式的两种基本式样，但常以彩画代替其中字匾。毕竟彩绘比砖雕制作要容易得多，故彩画后期形式日趋多样，出现了砖雕不易制作的半月眉等式样，装饰面也扩大到窗楣、屋角、墙头等处。

其二，由于彩画绘于白色粉墙，且多于光感极强的外墙，色彩明丽。这与室内黯淡深沉的彩画色调是不同的，甚至与明清徽州建筑古朴典雅的格调也不尽一致。

其三，受清末民国西洋画风的影响，彩画写实风气甚浓，运用了西方的绘画透视法则，甚至包括了中国古代称作“掀屋角”的仰视。

图 3－44　徽州明代建筑月梁上典雅明丽的包袱锦图案彩绘

四、徽州古建筑墙壁、屋顶做法

徽州建筑外墙特征最具典型代表的当属马头墙，马头墙在徽州建筑的意义，并不局限于山墙。在大多数场合，马头墙超出屋顶，与屋顶共同形成跌宕起伏的韵律。

马头墙有“坐吻”“印斗”“鹊尾”三式。其中“印斗式”还可进一步分为“坐斗”和“挑斗”两种。

坐吻式为马头墙中制式最高一类，因墙脊设有窑烧构件“坐吻”得名。这类马头墙层次多，构造复杂，工艺要求甚高，它的垛头与博风均系砖雕装饰。坐吻式马头墙（图 3 - 45）主要见于宏丽的祠堂、社屋等。

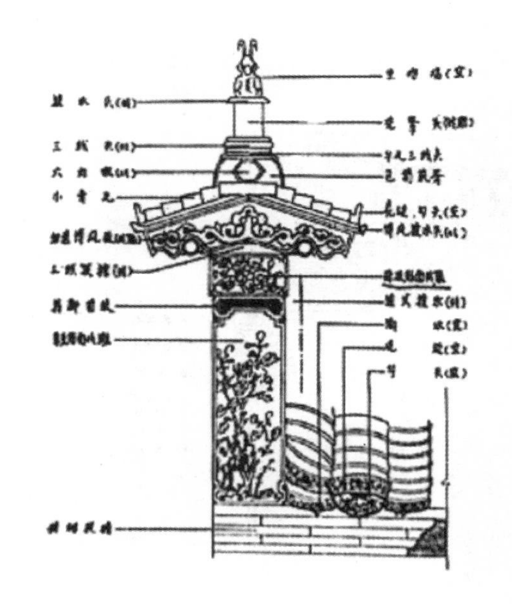

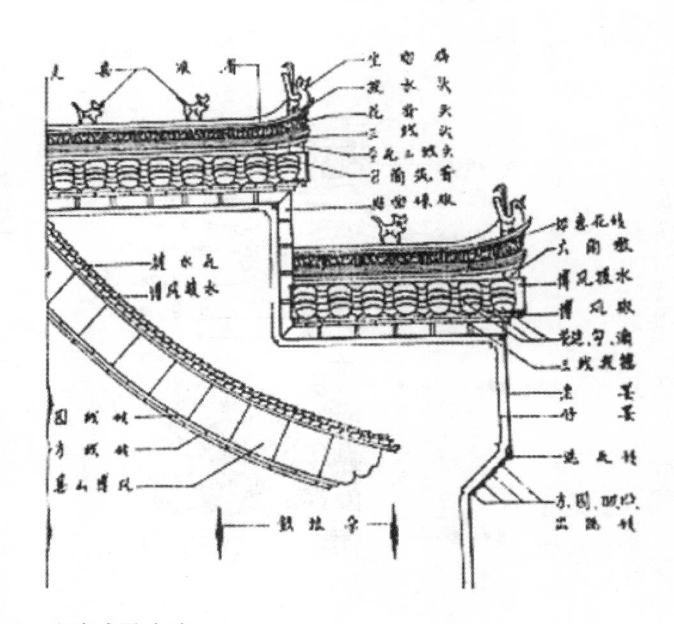

图 3 - 45　坐吻式马头墙

印斗式（图 3 - 46）因脊上的“印斗”得名。印，原为中国古代帝王无上权力的凭证，至迟春秋战国时，就有了时称“玺”的皇帝专用印章。印斗式马头墙，因印斗下支撑方式，可分为挑出的“挑斗”和居斗托内的“坐斗”二式。

鹊尾式马头墙，因其墙檐砖作类似于喜鹊尾式的构件得名。鹊尾式马头墙构造简洁，素雅大方，是徽州民居马头墙中最多的一类。如图 3 - 47 所示。

当建筑群前后进马头墙制式不同时，常以鹊尾式居前，印斗式殿后，按所谓“前武后文”分置。据此可知，印斗式制式略高于鹊尾式。这种处理方法从形式美角度看，也是合适的。因居前的门屋，常采用“五凤楼”“歇山”之类屋顶，鹊尾式甚合。用于殿后的寝殿应当沉稳，印斗式更佳。

马头墙的构造由三部分组成：第一，墙体；第二，建筑的拔檐、垛板、垛头部分，砌筑拔檐，是将屋面的下水伸出墙外，以免墙体受雨水的直接冲刷浸泡；第三，马头墙脊，覆以瓦盖，装配博风板等构件，冠以鹊尾（印斗、坐吻）等构件。

马头墙为阶梯状山墙，同一标高的一段，谓之一“档”，根据建筑物的进深尺寸确定山墙阶梯数及尺度，工匠称作“定档”。进深大，马头墙档数也就多。但每坡屋面不会超过四档。多数也就是二三档，俗称“三山屏风”和“五山屏风”。

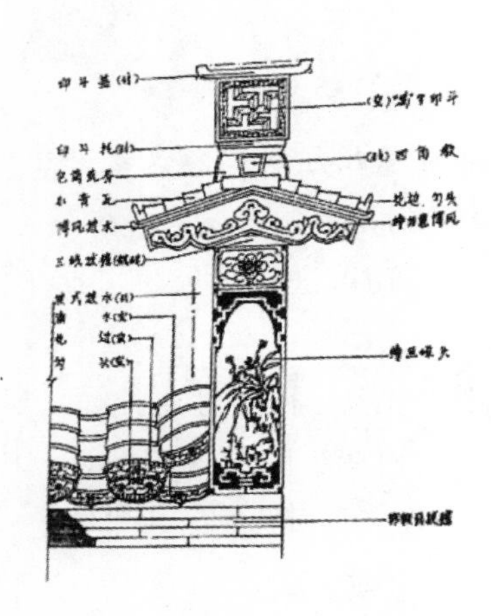

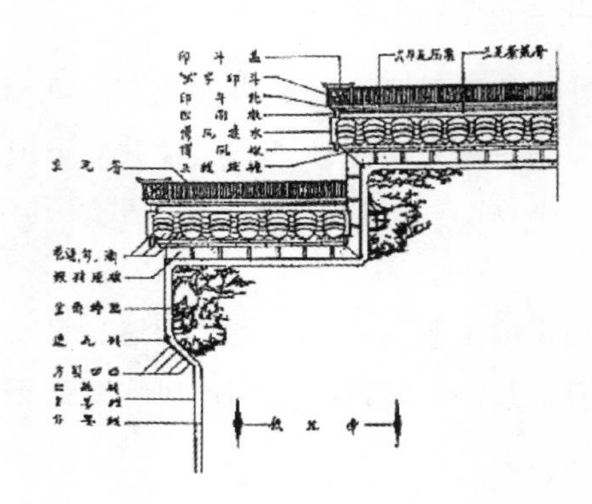

a.挑斗式

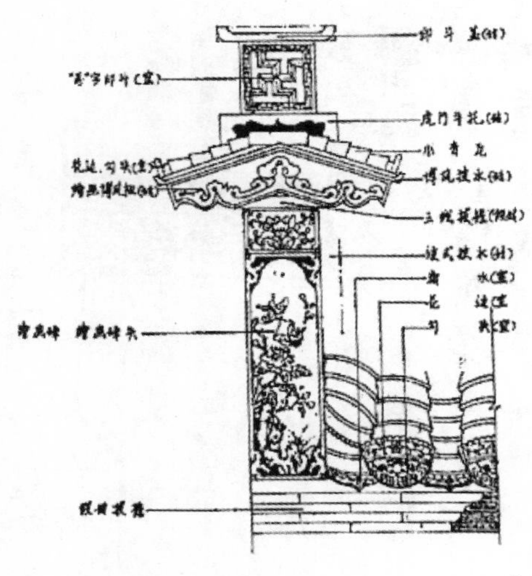

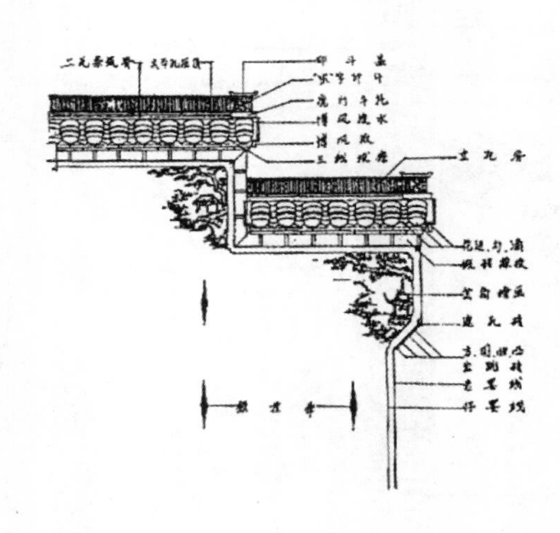

b.坐斗式

图 3－46　印斗式马头墙

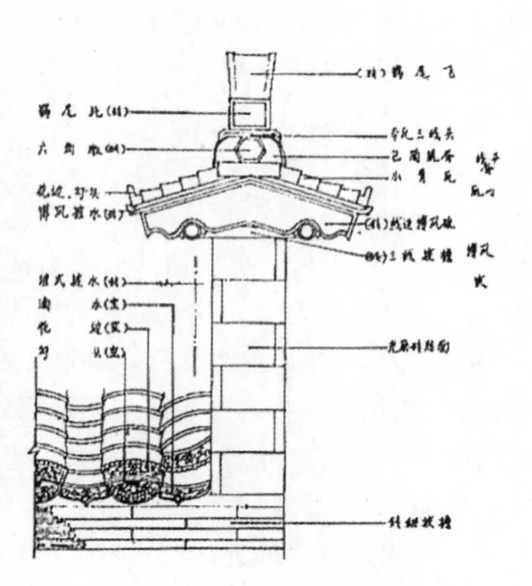

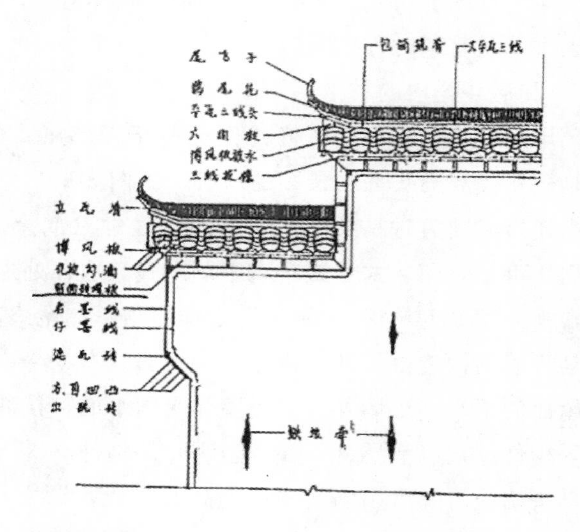

图 3－47　鹊尾式马头墙

徽州建筑受到封建礼制因素的约束，屋顶采用硬山、悬山形式，与马头墙共同构成徽派建筑的外在形式特征。如图 3－48 所示。

图 3－48　徽派建筑屋顶形式

五、墙体

徽派传统民居外墙均抹灰，常用石板砌筑裙肩，在墙角立角柱石，裙肩与角柱石均与墙面砌平。外墙砌筑方法有斗墙（分为干斗与湿斗）、官盒墙（一眠一斗）、灌斗墙、空斗墙、鸳鸯墙与半砖墙（单墙）。清晚期主要为灌斗墙，一般一皮一带砖，内填泥浆就地取材，用 2 厘米的薄砖，长 27 厘米，宽 15 厘米，丁头不通头，内有带木牵，七皮一扁砖（砖放平），带木牵的砖平放，柱与墙间为柱门。因灌斗墙所需砖规格特殊，现已没有此种做法。现在多做空斗墙：空斗墙稍厚，为二四墙，丁头通头，内不填泥浆。鸳鸯墙为两皮一带砖（两明一列）；墙砌法还有单墙砖，一层一层破缝叠砌。

第四章　古建筑测绘方法

第一节　古建筑测绘概述

一、现实意义

1. 古建筑测绘的意义

古建筑测绘是保护、发掘、整理和利用古代优秀建筑遗产的基础环节。文物保护包括对文物（建筑）的调查、研究评估、确定级别、建立记录档案、保护规划、日常管理维护、实施保护工程和控制周边环境等。同时，为建筑历史与理论研究、建筑史教学提供翔实的基础资料，为继承传统、探索有中国特色的现代建筑创作提供借鉴。

2. 对古建筑实施保护的应用

虚拟现实（VR）技术应用在古建筑保护领域实现了数字化保护，是通过对徽州古建筑进行数据记录的方式，利用现代信息技术、多媒体技术和计算机技术构建的全新保护理念与方式。从技术层面上其加强了对古建筑的数字化保护力度，并为实现古建筑的数字化保护探索了一条可行的技术路线。该保护模式不受时间、空间的限制而即时展开，既是对徽州传统建筑历史、文化信息保存的重要手段，也是对以上几种实体保护模式的重要补充。另外，在虚拟的仿真建筑环境中，可以对古建筑及建筑群开展多种保护模式的评估，既快速准确又有效避免了对古建筑实体的损伤；为古建筑的修复、重建提供了新的技术手段，因此逐步体现出在古建筑保护领域的应用价值和潜力。

同时，在古建筑保护过程中，将传统木建筑技术与现代数字化技术结合，将虚拟现实技术应用于古建筑的保护，在其展示、修复和复原等环节更加科学有效，符合当今信息化时代的要求和特点。这不仅使古建筑的保护更趋科学性，也实现了该领域的多学科交叉。通过历史文化遗产的虚拟保存、信息再现以及古建筑的可视化等技术手段为各类专家和普通用户提供新的研究平台与观摩途径。

说到底就是以徽州古建筑的空间位置和属性这两种信息源为基础，需要建立空间数据库和属性数据库，为后期虚拟现实（VR）技术提供相关数据。该数据内容包括古建筑测绘得来的徽州古建筑平、立、剖面图与构件大样图以及构建出的实体表面三维模型等空间数据和古建筑的其他信息，如建筑尺寸、材质、结构形式、构件类型及相关历史背景、图片、影像资料、文献研究等属性信息（图 4－1）。属性信息，通过录入古建筑的地理位置、GPS 坐标、建造年代、建筑规模、面积、类别、形制、主要建筑构件组成等相关信息，以及其他属性信息如文献资料、历史、文化等信息；借助于数据库管理，实现古建筑空间和属性数据库的查询、管理与使用。属性信息查询包括二维地图查询、属性查询、资料查询等功能。空间信息查询包括三维模型检索、三维坐标查询、建筑构成的立面和剖面查询与显示等。由此可见，数据库信息管理系统的开发，为徽州古建筑及传统聚落保护研究建立了完整、准确、永久的数字档案。通过数字记录方法为古建筑保护提供检测和修复依据，并能够在扫描已知数据的基础上重建已经不存在的或者被毁坏的历史遗迹，再现古建筑原貌。

另外，在古建筑数据库的基础上还可以实现虚拟现实（VR）技术，建立虚拟建筑场景与环境。即利用电脑模拟产生一个三维空间的虚拟世界，生成逼真的三维视、听、嗅觉等感觉，使用户通过适当装置，自然地对虚拟世界进行体验和交互作用。宏村实景漫游系统，就是利用三维投影和智能控制平台真实再现宏村整体风貌，使观赏者体验到前所未有的真实感、沉浸感、时空感和互动感的完美体验（图 4－2）。

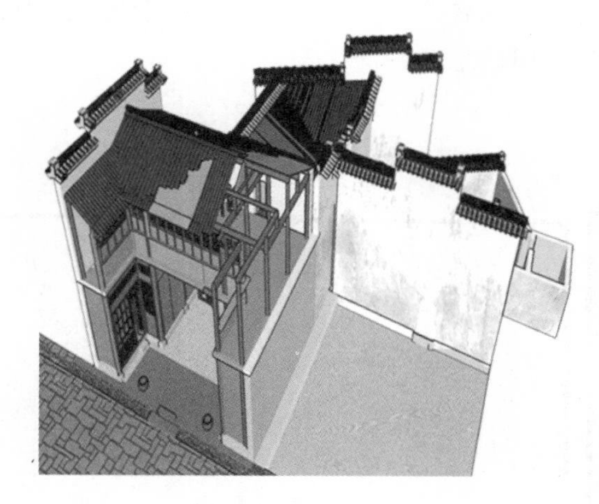

图 4－1 徽派建筑数据库民居三维建模

图 4－2 宏村的虚拟现实技术应用

二、测绘目的

古建筑测绘课程是中国建筑史课程的集中实践环节，课程采用集中授课，讲解古建筑测绘的基本理论、方法及计算机制图等相关知识；在具体测绘外业中，采用“个别辅导”的传统方式。在教师指导下，学生分组手工作业，锻炼学生的动手和解决实际问题的能力。通过对古建筑遗产的现场调查、测绘，以印证、巩固和提高课堂所学理论知识，加深对古建筑及建筑群体组合、设计手法、结构特点、构造做法及装饰特征的理解。同时，测绘成果作为古建筑保护的档案，为建筑文物的保护做出贡献。因此，目的概括如下：

1. 同中国古代建筑杰出范例直接对话，加深专业人员对古代建筑文化遗产的感性认识，提高理论修养。

2. 提高建筑空间认知、审美和理论思维以及图学语言的表达能力，为后续课程打下坚实基础。

3. 通过综合性实践环节，灵活运用中国建筑史、测量学、画法几何、建筑设计基础、计算机制图等已学课程获得的基本知识与技能，掌握建筑测绘方法。

4. 培养爱国主义、团队协作、严谨求实和艰苦奋斗精神。

5. 参与文物建筑保护工作，直接为社会做出贡献。

三、建筑测绘简要回顾和发展动态

1. 中国古代的建筑测绘

（1）先秦“鲁作楚宫”“晋作周室”“秦写放六国宫室”。

（2）魏晋：北魏蒋少游偷艺——蒋少游借出使南齐建康之机“摹写宫掖”，并“图画而归”。北魏洛阳规划，蒋还曾到洛阳测绘魏晋宫室遗址。东魏孝静帝天平元年（534）皇室迁邺都，邺城规划和设计程序即先进行同类建筑的测绘，经推敲研究和借鉴做出新的设计。

（3）金代：仿宋宫室——朱彝尊《日下旧闻考》引无名氏《金图考》：“亮欲都燕，遣画工写京师宫室制度，阔狭修短，尺以授之。左丞相张浩辈按图修之。”

（4）宋《营造法式》中记载的测量工具（图 4－3）。

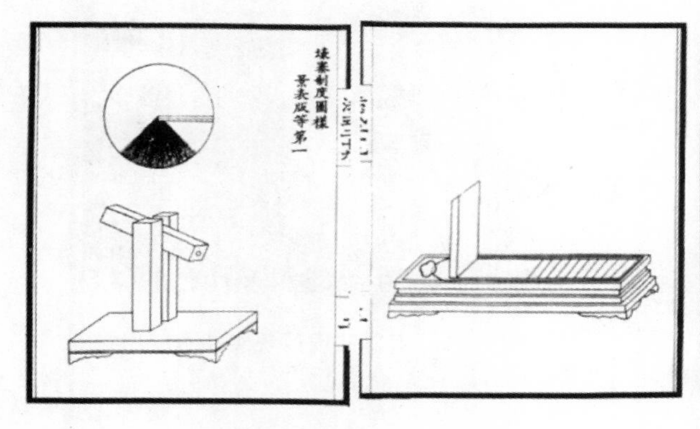

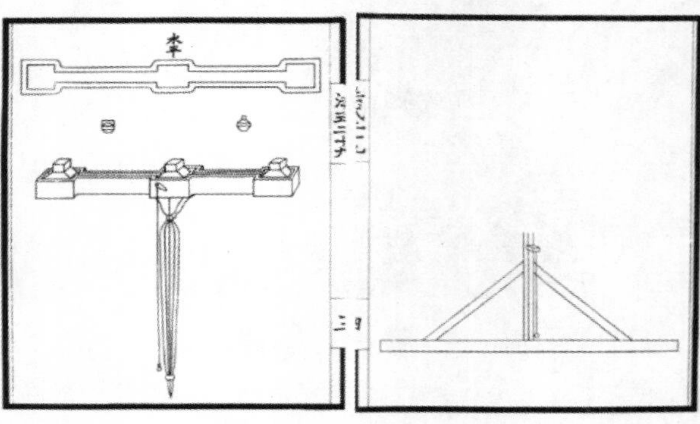

图 4－3　宋《营造法式》中记载的测量工具

（5）清“样式雷”画样中的测绘图——“样式雷”常需测绘建筑实物作为设计参考。测绘程序几乎与现代方法完全一致：草图—标注测量数据—仪器草图—正式图。

2. 中国现代的建筑测绘

（1）1920—1930 年代

1920 年，沈理源对杭州胡雪岩故居进行了测绘，测绘成果后来成为修复该全国重点文物保护单位的重要依据（图 4－4）。

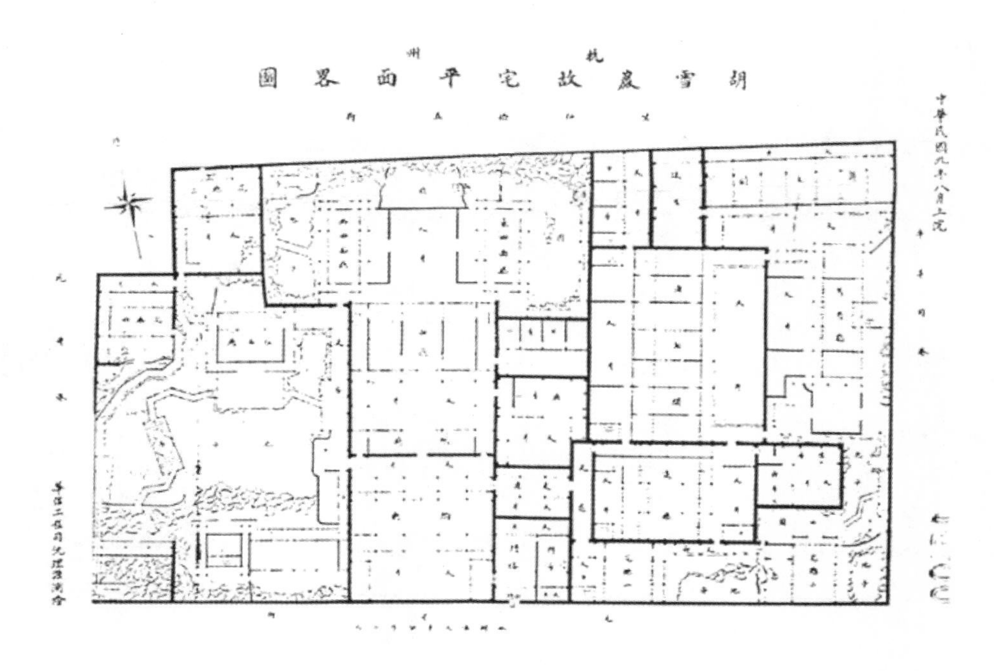

图 4-4　沈理源的胡雪岩故居测绘图

（2）1930—1940 年代中国营造学社大规模的测绘调查活动

1931 年至 1937 年，梁思成和刘敦桢等主持考察并测绘了几百座古建筑，开现代实证方法研究中国古建筑先河。1939 年后抗战期间仍在西南地区艰难的条件下展开工作。（图 4-5）

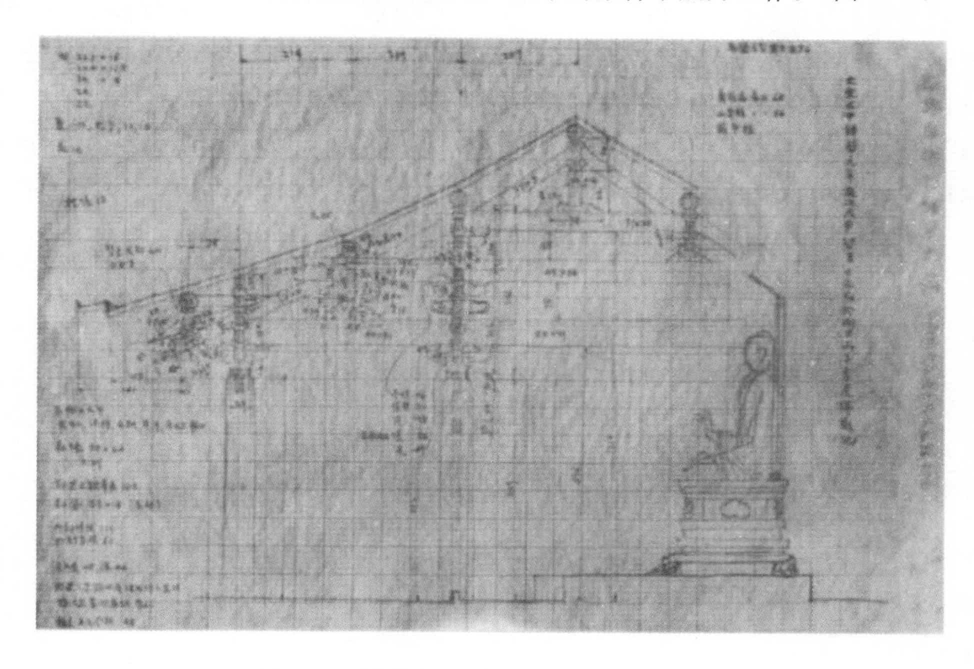

图 4-5　梁思成和刘敦桢等主持的测绘手稿

（3）1940 年代北京故宫中轴线建筑的测绘活动

主要由天津工商学院建筑系（天津大学建筑学院前身）张镈等师生参与。图纸现已珍为国宝，具有示范意义，傅熹年院士给予高度评价。（图 4-6）

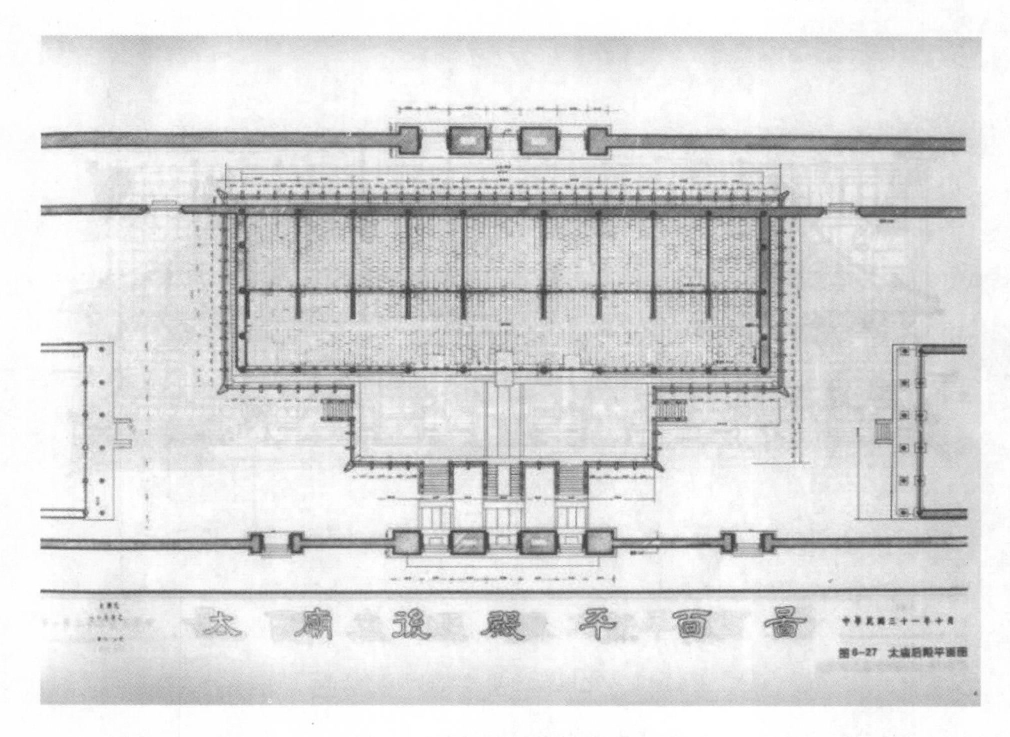

图 4－6　张镈等师生参与的测绘图

(4) 西方近代的建筑测绘

① 文艺复兴时期的建筑大师如伯鲁乃列斯基、阿尔伯蒂、伯拉孟特及帕拉第奥等人均对当时遗存的古希腊、罗马建筑遗迹进行过系统的测绘研究，并亲自画过许多测绘图。

② 18 世纪法国启蒙运动时期，大量的测绘活动起到了解放思想的作用。

③ 巴黎美术学院教学体系中的重要组成部分。巴黎美院的“罗马大奖”就是向优秀学生提供前往罗马等地进行测绘研究的机会。

第二节　测绘方法与步骤

一、测绘基本知识

1. 性质与分类

(1) 在文物保护中的性质与地位

测绘是文物建筑常态记录监测中的重要内容之一，测绘图是文物“四有”的基本要求之一和展开研究的基本资料，并且是文物建筑保护工程的必要环节和基本前提。《中华人民共和国文物保护法》第十五条规定：各级文物保护单位，分别由省、自治区、直辖市人民政府和市、县级人民政府划定必要的保护范围，作出标志说明，建立记录档案，并区别情况分别设置专门机构或者专人负责管理（图 4－7）。

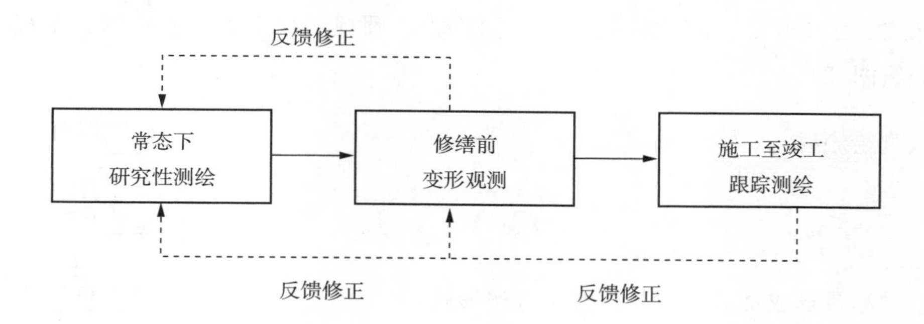

图 4－7　测绘工作在文保工作的性质与地位

（2）不同的测绘构成完整链条

① 常态下用于记录建档的研究性测绘；

② 保护工程实施前的变形观测；

③ 保护工程施工期间对隐蔽部分的跟踪测绘。

2. 常态下的研究性测绘

（1）按“不同构件样样俱到”原则，对重复部分只选择典型构件测量。

（2）重复性构件或部位必须在图上标明测量位置。

（3）按理想状态绘图，发生不合理变动的部分尽量通过现状分析、调阅档案、访问知情者恢复原貌；与现状不符者在图上应明确注明缘由。

（4）不推测杜撰未见部分。

3. 与测绘相关的成果类型

测绘图（线划图）、照片、文字报告、数据图表、录像、表现图、实物模型、计算机三维模型、数据库、地理信息系统、三维激光扫描的“点云”模型。

4. 常用手工测量工具

（1）皮卷尺、钢卷尺、小钢尺：距离测量常用工具。

（2）水平尺、垂球和细线：在测量中找水平线（面）及铅垂线（面）时的工具。

5. 测量辅助工具和设备

（1）复写纸和宣纸：用于拓取某些构件的纹样。

（2）摄影摄像器材。

（3）梯子或简易脚手架、竹竿：用于建筑较高部位测量的辅助设施和工具。

6. 测量仪器

（1）水准仪、经纬仪、平板仪、全站仪等：用于总图测量和单体建筑控制性标高的测量（图 4－8）。

（2）手持式激光测距仪。

（3）激光标线仪。

（4）全站仪、数字相机、数字化近景摄影测量工作站等组成近景摄影测量系统。

（5）三维激光扫描仪。

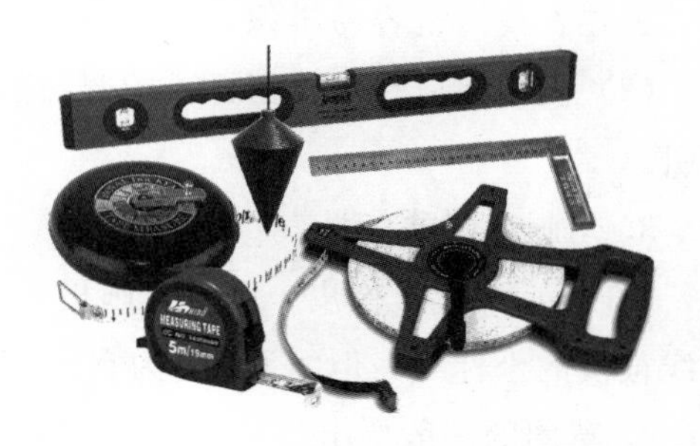

图 4－8　测量仪器

7. 绘图工具

铅笔、橡皮、丁字尺、一字尺、三角板、圆模板、圆规、裁图刀、胶带纸、图板、画夹、A3复印纸等常规绘图工具。

二、一般测绘流程

1. 分组

（1）每组3—4人，负责一组建筑。

（2）分组是尽量形成优势互补，男女生合作形式。

（3）各组之间应经常主动沟通、交流经验、互相提醒，使大家少走弯路，提高效率。必要时要互相支援。

2. 组内分工协作

（1）按所绘视图分工，负责到底。

（2）联系紧密的视图内容应由同一人完成，尽量减少中间环节，如横剖面图和侧立面图、正立面图和梁架仰视图、同一系列斗栱大样图等。

（3）保证工作量大体平均。

（4）如果测量对象为楼房，推荐按楼层分工的方法，即每层的平、立、剖面图均由1～2人负责。（图4-9）

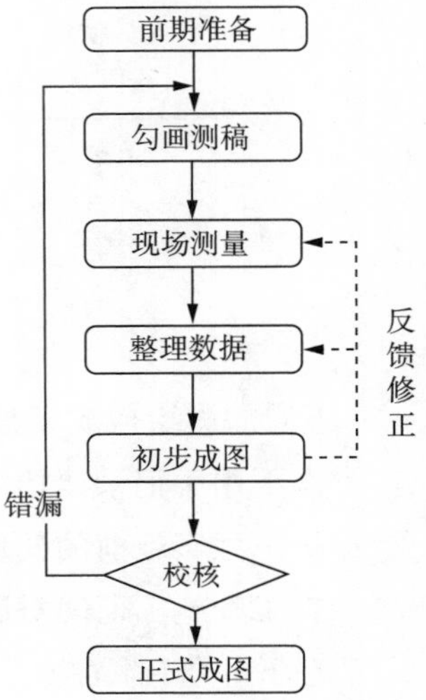

前期准备
勾画测稿
现场测量
整理数据
初步成图
校核
正式成图
反馈修正
错漏

图4-9 测绘工作流程

三、现场操作

1. 勾画草图

（1）草图（测稿）是测量数据的原始记录，不仅是绘制正式图纸的重要依据，而且真实反映了测量方法、测量过程方面的一些具体信息。勾画草图应保持科学、严谨、细致的态度。

（2）草图（测稿）不是个人专用，而是组内共享，甚至作为档案接受查阅，因此必须具备很强的可读性。对于草图（测稿）上交代不清、勾画失准及数据混乱之处应重新整理、描绘。

（3）草图（测稿）是辛勤劳作的成果，凝结着所有参与者的心血，因此要用专门的文件夹或档案袋妥善保管，在测量或制图时不要乱丢乱放，避免造成丢失或污损。

2. 测稿格式

（1）务必在每一页测稿上注写测绘项目、图名、日期、测绘者姓名等信息，以便整理存档。万一丢失在查找时也容易辨识。

（2）测稿上应在需要拓样或拍照的部位注明，避免遗漏。所有用于描画纹样的拓样和照片应做索引。

3. 勾画草图的工具

A3纸、铅笔、橡皮、画夹、画板、速写本等。铅笔一般应选择HB，软硬适中。纸张也可选用底线很浅的坐标纸，但幅面A3为宜。

4. 草图的一般要求

（1）观察熟悉对象，意在笔先，主动记录。

（2）一般采用正投影，矫正透视影响。

（3）线条清晰、肯定，杜绝模棱两可，似是而非。

（4）通过目测步量，把握大体比例。

（5）笔下形象与实物基本相似，抓住基本特征。

（6）注意反映各相关部位的对位关系。

（7）合理组织构图，图面大小合宜。为标尺寸留空。

（8）内容繁简、大小、粗精结合，细节“吹泡”。

（9）不可见部分略去，不推测杜撰。

（10）图案、纹样及异形轮廓尽可能实拓，勾草图时只需简略概括。

平面草图

基本内容：柱、墙、门窗、台基。一般宜从定位轴线入手，然后定柱子、画墙、开门窗，再深入细部。

需要绘制详图的部位：

（1）墙体的转角、尽端处理；墙体与柱子、门窗交接的部分。

（2）各式柱础。

（3）必要的铺地、散水以及台基石活局部。

（4）楼梯、栏杆及有雕饰的门枕石等。

（5）建筑与道路、院墙或其他建筑的交接关系。

需数清并标明数量的构件：

（1）台明、室内地面及散水的铺地砖或木地板。

（2）阶条石、土衬石等。

注意事项：

（1）门窗另画大样，平面图中“关窗开门”。

（2）平面图中柱子断面按柱底直径画。

（3）墙体一般剖切在槛墙和下碱以上，即剖上身，看下碱。

（4）门窗、隔扇、花罩、楼梯以及其他不可能在平面图中表达清楚的部位和构件，均需专门画出完整详图。

立面草图

即正立面、侧立面、背立面图（异形平面：“南立面”“东立面”）。

要点提示：

（1）把握建筑整体的高宽比例。

（2）注意柱子与额枋（檐枋）交接处的正确画法（抬梁式）。

需要绘制详图的部位：

（1）台基、踏跺、栏板（立面、平面、横断面图）。

（2）雀替、挂落、花板等构件。

（3）山墙墀头（正立面、侧立面），画清砖缝的层数和砌法。

（4）排山及山花（歇山建筑）。

（5）屋面转角处：如硬山、悬山垂脊端部，歇山、庑殿翼角部，马头墙端部、门头装饰。

需数清并标明数量的构件：

（1）瓦垄的排列规律和数量——依屋顶形式不同，分段数清瓦垄，看清“坐中”瓦垄。

（2）檐椽、飞椽的分布与数量——区别具体情况，分间数清正身椽飞数量；单独数翼角椽飞。

（3）砖墙的排列组筑方式和层数——注意画清墙面尽端或转角处的排列方式。

剖面草图

各间横剖面图、纵剖面图。

横剖面图的剖切方向与建筑正面垂直，一般向左投影。出檐部分单画大样，屋面、瓦口、椽飞等构件的关系须交代清楚，纵剖面图的剖切方向与建筑正面平行，一般向后投影（图 4－10）。

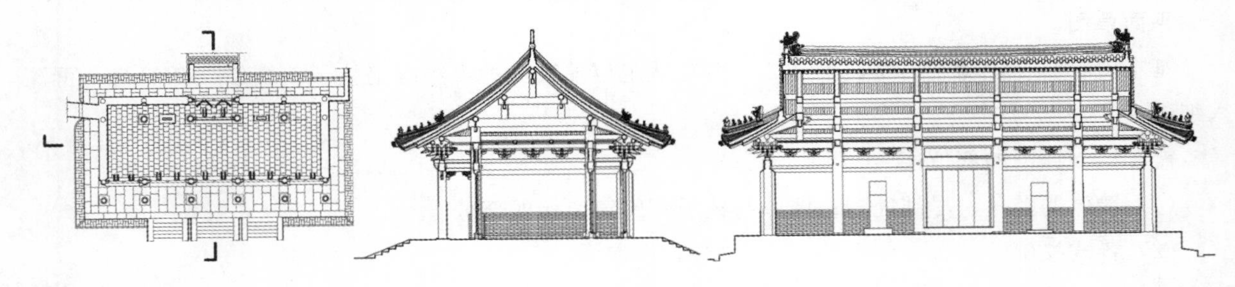

图 4－10　横剖面、纵剖面图示意

梁架仰视

仰视图采用水平镜像投影。有斗栱时一般从斗栱的坐斗底面剖切，无斗栱时从檐柱柱头或最下一层梁枋底皮处剖切（图 4－11）。

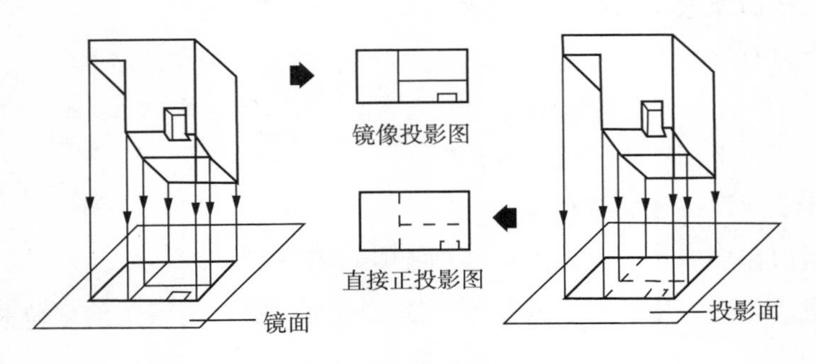

图 4－11　梁架仰视方法示意

屋顶平面图

（1）不同部位的屋面曲线、屋脊曲线。

（2）不同屋脊交接的节点，如正脊与垂脊、垂脊与戗脊的交接处、屋面转角处，例如歇山顶翼角、悬山顶垂脊端部。

（3）各构件之间的交接关系，如各种屋脊与山墙的交接、瓦垄与山墙的交接、高低屋面的交接、屋面转角。

门窗大样图

门窗大样图不仅包括门扇、窗扇，而且包括门槛、抱框及与其相连的柱、枋等构件，应将平面、正背立面、剖面若干视图画在一起。

槅扇的槅心部分，可单独画成详图。槅心的图案一般可归纳出经纬网格构成的骨架，然后从一个角上开始画出若干单元即可（图 4－12）。

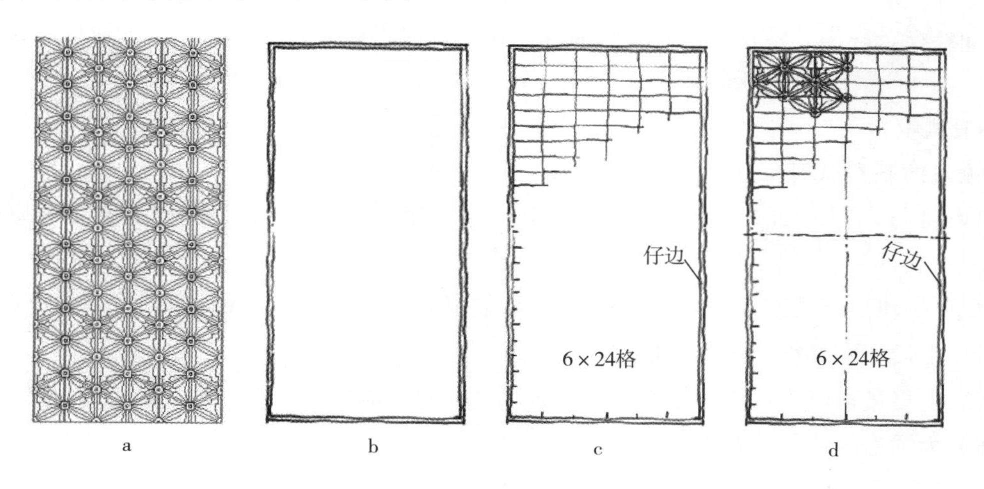

图 4－12　槅心立面画法步骤示意

a. “三交六椀”槅心；b. 先画出仔边；c. 归纳出经纬网格；d. 从一个角上开始画出若干单元

斗拱大样

勾画斗栱时最好熟悉斗栱用“材”或“斗口”，以及权衡比例，循其规律勾画，效率可大大提高。勾画时宜从侧立面入手。因为侧立面既形象鲜明，又层次清晰，容易把握；而正立面层次不清，仰视图不是典型形象，直接勾画均较为困难。以一组（攒、朵）斗栱的侧立面为例，推荐以图 4－13 所示的步骤进行绘制。

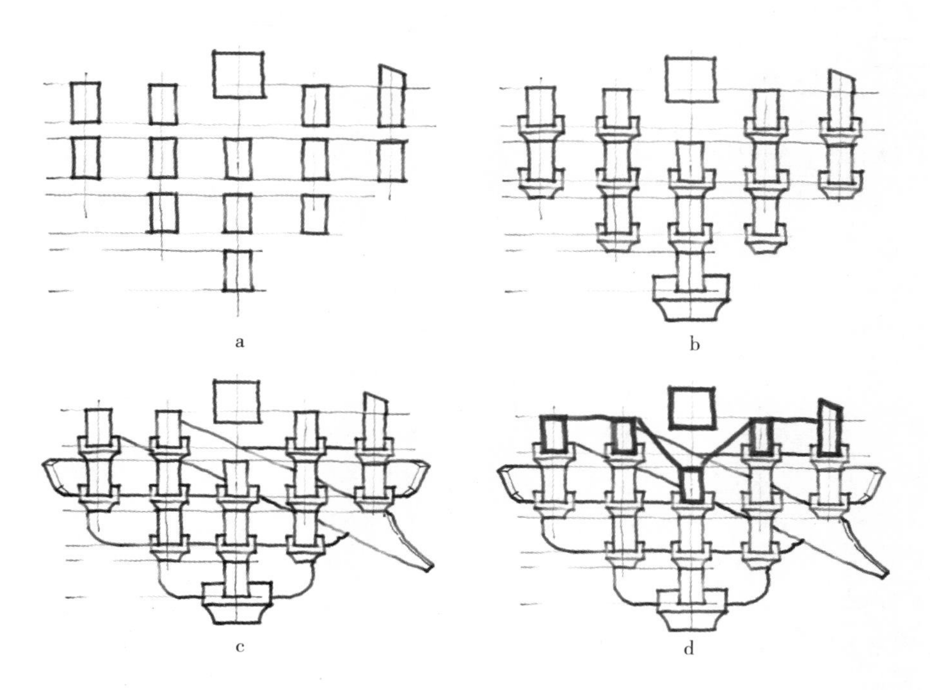

图 4－13　勾画斗栱侧立面步骤示意

a. 将中心线（柱中心）及内外跳上的栱与枋一一勾画出来；b. 画出栌斗及交互斗、散斗等大小斗；c. 画出华栱、昂、华头子及耍头等构件的基本轮廓形状；d. 画出盖斗板、加粗枋子的剖断线

其他大样

除以上部分涉及的细部大样外，还有丹陛、楼梯、花罩、板壁、博古、彩画等建筑细部以及附属文物，如经幢、碑碣、塑像、佛龛、暖阁等。注意：勾画这些大样图时，一般应同时画出三视图或二视图（图 4－14），切忌分人单画。

5. 一般测量

（1）测量的基本原则和方法

① 如果可行，同一方向的成组数据必须一次性累积读数，绝对不能分段测量后叠加（图 4－15）。

② 测距读数时务必统一以毫米为单位，只报数字，不报单位，以免记录时产生混乱。

③ 所用皮尺、钢卷尺要注意比长。

④ 不能直接量取时，可用间接方法，但必须测取同一部位（图 4－16）。

⑤ 断面为圆形的构件最好测量周长，折算直径。

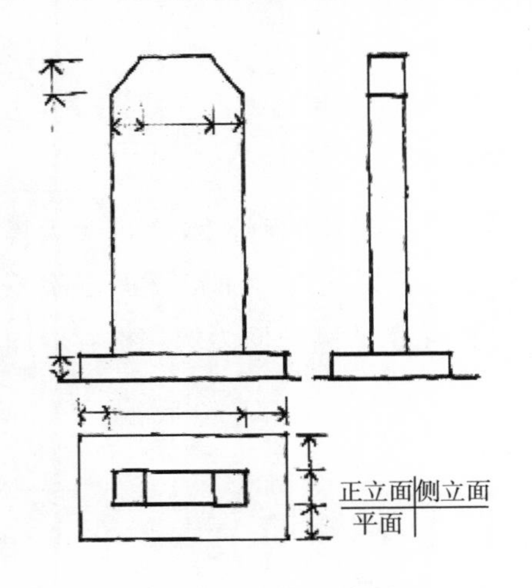

图 4－14　大样图举例：石碑

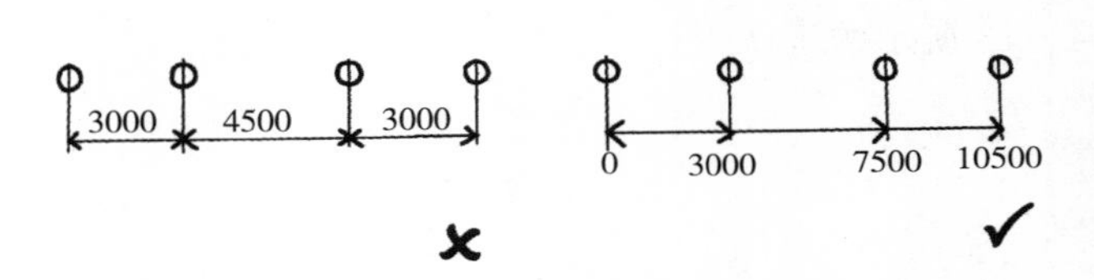

图 4－15　连续读数示意

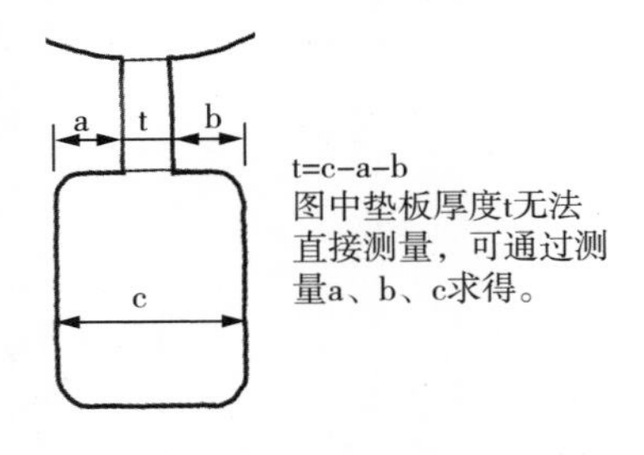

图 4－16　间接测量举例

（2）尺寸标记

① 标注用笔宜与图线颜色不同。

② 除标高外，单位一律用毫米。

③ 有关联的尺寸应沿线或集中标注，不许分写各处，更不许分页标记。

④ 文字方向一般随尺寸线走向写成向上或向左，不许颠倒歪扭，随心所欲。

⑤ 累积读数时，可按图 4－15 所示的正确方式标注，注意务必标清零点。

⑥ 构件的断面或形体尺寸进行简化标注——梁、枋等构件的断面尺寸：厚×高；圆形断面的构件标注直径，在数字前写 Φ；瓜柱（蜀柱）类：宽×厚×高（图 4－17）。

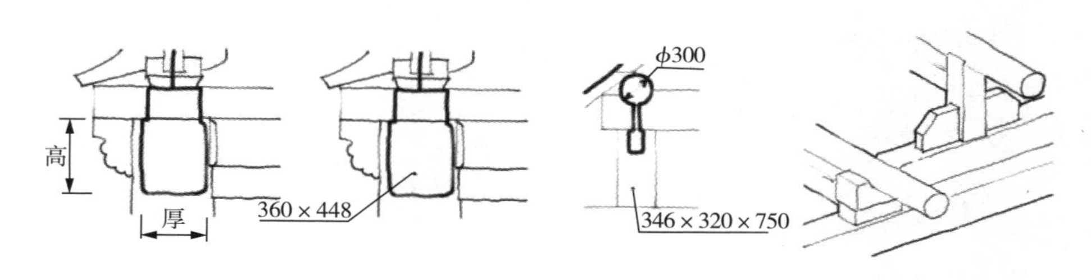

图 4－17　构件断面及形体尺寸简化标注举例

（3）曲线、异形轮廓及艺术构件测量

所谓定点连线，就是测定曲线起止点及中间若干特征点的位置，然后利用这些点得到一条光滑曲线，使之尽量接近或通过所测特征点（图 4－18）。

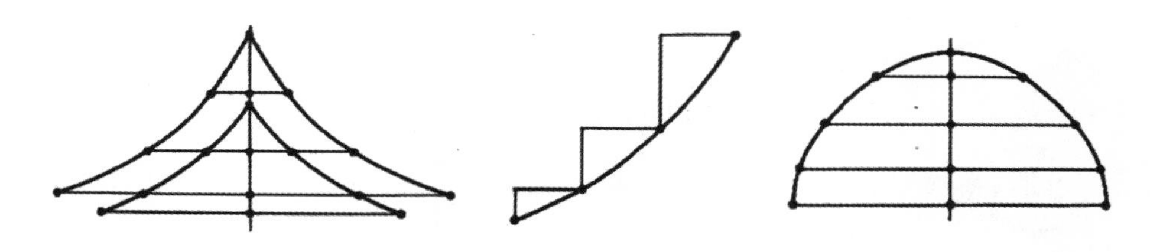

图 4－18　曲线的测量

拓样——异形轮廓或雕刻较浅的纹样。拓样工具：宣纸、复写纸。

拓样步骤：

① 将白纸铺在所拓构件上，必要时可用胶带纸在一端粘牢。

② 大致按纹路走向，用手摸索着把纸按压在构件上，使纸“服贴”。

③ 用揉成小团的复写纸在纸面上轻擦，拓取纹样。

④ 拓完后必须当场用粗铅笔或马克笔将纹样描画清楚。

注意：上述第④步绝不可省略，否则离开现场后，模糊不清的纹样仍无法确定。

简易摄影测量——对于立体感强（如吻兽、脊上的雕花）或面积大、数量多（砖雕、木雕）的艺术构件，应尽量使用长焦镜头，正对所拍对象拍摄，力图使透视变形减少到最小。必须测量所有拍摄对象的控制性轮廓尺寸，如最宽、最高、最厚尺寸，这是摄影本身绝不能代替的（图 4－19）。

6. 各阶段测量工作要点——地面、架（梯）上、屋面

手持草图开始测量之时，就涉及从何入手、如何合理安排工序的问题。按常规经验，一般按“工作面”排定工作单元（图 4－20），正常情况下可按“地上—梁上—房上”，即从地面、架上到屋面的顺序自下而上进行测量。当然，这些工作面仅仅是原则上的划分，实际操作中应因地制宜，注意衔接，切不可生搬硬套。

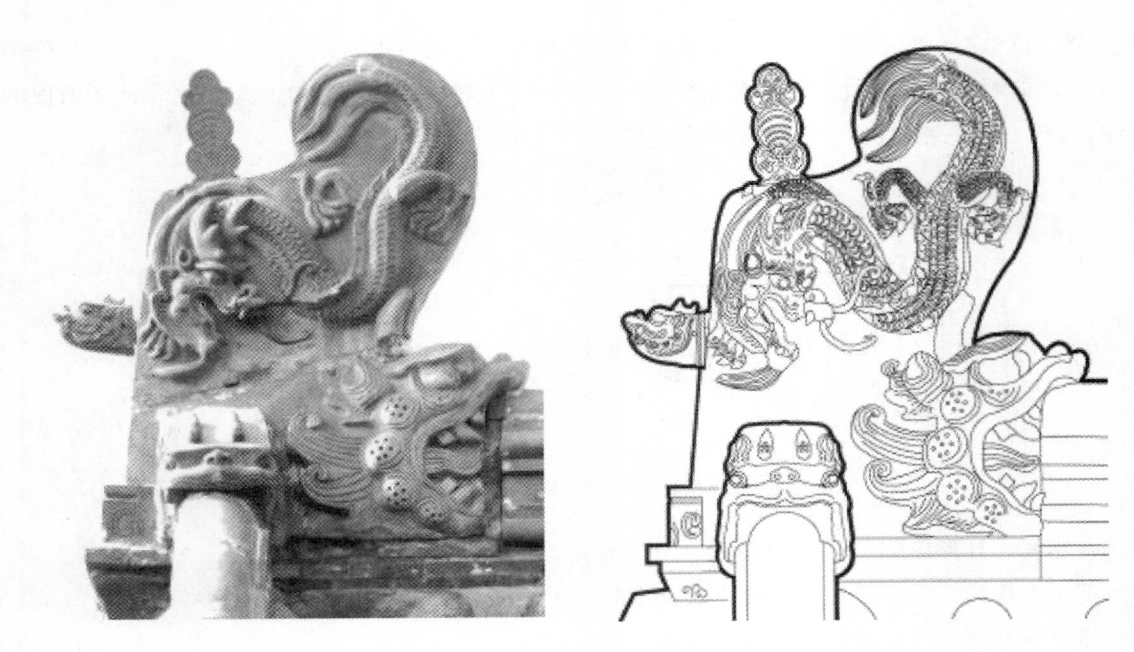

图 4－19　用简易摄影测量绘制的正吻图样

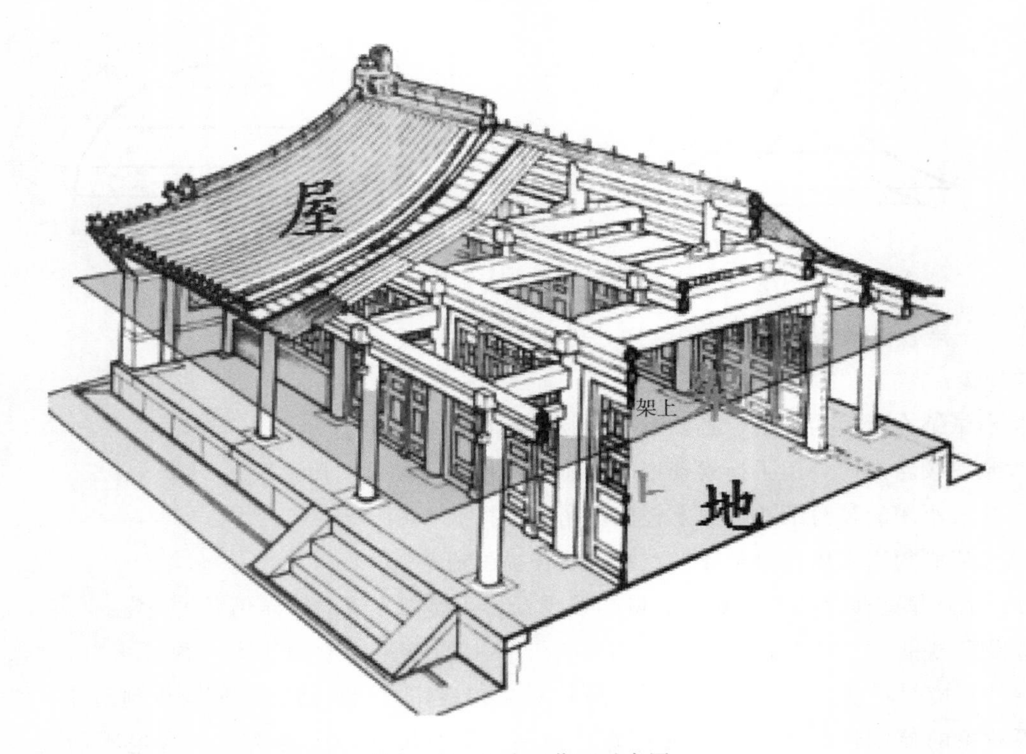

图 4－20　三个工作面示意图

（1）地面上的测量

① 测量内容

a. 柱网尺寸；台基控制尺寸（宽、深、高）、出檐尺寸、翼角尺寸（歇山、庑殿）。

b. 墙体总尺寸。

c. 柱子细部（柱径、柱础、侧脚、收分等）；墙体细部尺寸（墙厚、墙体与柱子或门窗的交接部分如柱门、气孔等）。

d. 门窗尺寸（如槛框、门扇、门轴、楹）；台基地面细部尺寸（如踏跺、地砖、阶条石等）；栏杆、栏板；周边道路、散水及与其他建筑的交接部分等。

② 测量方法技巧

a. 台基总尺寸和柱网尺寸

测量之前，应先定柱中心线（点）。再按连续读数法读数，测得通面阔、通进深及台基总尺寸，以及各间面阔、进深等定位尺寸。确定柱中——柱础十分规整且柱根与柱础中心一致时，可用柱础中线代替柱中线。当两柱完全露明时，也可用细线在两柱间紧贴柱根拉标志线，再利用角尺和直尺确定柱子两侧四分点在标志线上的投影，从而确定柱中；如不完全露明，柱子两侧完全对称时可大致按露明部分中点确定柱中；如柱完全包在墙内，则如有金柱（内柱）与檐柱相对应时，可根据金柱柱距推算。

b. 铺地

对室内、台明和散水范围内及相接甬路上的各式铺地砖，除测量本身尺寸外，还应找清规律，测出定位尺寸，必要时还要摄影、拓样。

c. 踏跺

踏步必须分别测量每步踏跺的宽、高尺寸，不能假定每步尺寸相同，平均取值；同时务必测量所有踏步的总高和总宽，用总尺寸校核分尺寸。（图 4-21）

d. 出檐

出檐部分的尺寸包括特征点的高程及其平面位置（檐椽、飞椽、勾头、滴水），因需要将特征点投射到地面上测量，故归入地面测量部分（图 4-22）。

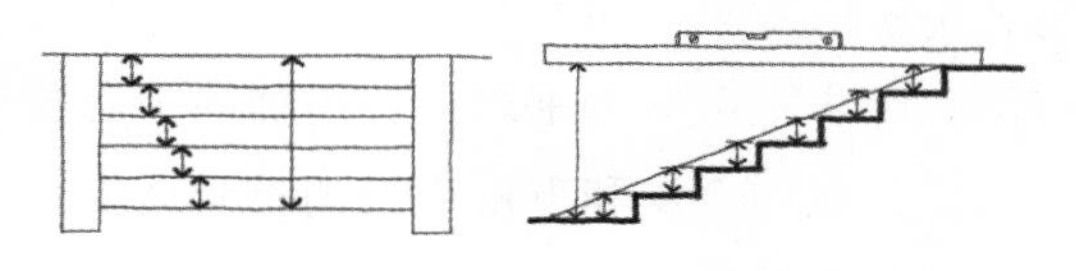

图 4-21　踏跺的测量

特征点高程测量可借助挑竿——若所测部位较高，可将卷尺头用胶带固定到竹竿端头（注意零刻度位置），借助竹竿延伸支挑到所测部位，卷尺尽量与地面垂直，然后在地面上读数。

图 4-22　檐椽、飞椽上的特征点

测定特征点的水平位置，则需要将它们投射到地面上，然后测量其相对于台明外缘或者檐柱的水平距离。若上述部位不完整时，可另做标志线。

常用的投射方法是试用垂球。细线上端直接接触特征点，下端悬挂垂球，并使之尽量接触地面，待其逐渐稳定后，用粉笔按垂球尖端所指位置做标记。

如配备激光测距仪，则可利用上下激光束定位，操作简便，精度更高，且完全是地面上操作，无须登高。

e. 柱径、柱高、生起、侧脚

柱径：一般情况下，木柱的柱径从柱根到柱顶是逐渐收小的，因此，柱径的测量至少应包括柱底柱径和柱顶柱径。注意：平面图上的柱子断面习惯上按柱底直径画，而不是剖切位置的柱径。

柱高：柱本身长度：一般可直接从柱顶量到柱础上皮，必要时可借助水平尺“平移”。

生起：正常情况下，生起尺寸可通过柱高推算。

侧脚：测量侧脚的最好方法是用柱顶平面和柱根平面比较推算，可单独测量一二根柱子的侧脚以便校核，可以利用垂球或经纬仪。

注意：在柱子沉降、走闪严重时，应根据具体情况灵活变通。

（2）梯上、架上的测量

① 测量内容

a. 举架尺寸（如各檩高程、水平间距）；梁枋空间定位尺寸；角梁（歇山、庑殿）竖向定位尺寸。

b. 各梁、枋、檩、椽的断面尺寸；斗栱尺寸；屋面翼角定位。

c. 歇山细部、悬山出梢等部位；屋面翼角细部尺寸。

d. 门窗、墙体的上部尺寸；天花尺寸；其他装饰、装修部位的尺寸。

② 测量方法和技巧。

a. 举架（各檩高程、水平间距）

凹曲屋面是中国古代建筑最显著的特征之一，而屋面曲线则取决于一系列椽子所形成的折线，即所谓的举架或举折。而想要描述折线各段的倾斜程度，就必须提供各段的水平长和竖向高差，也就是各桁檩的水平间距（步距）和竖向高差（举高）（图 4－23）。

测各檩步距可借助垂球将各桁檩的中心位置垂直投影到相应的水平面上测量；测各桁檩的高程时，均应从檩的上皮和下皮直接测量到地面，再加以修正。或可测某一檩为基准面，然后测量其他各点与其相对高程。

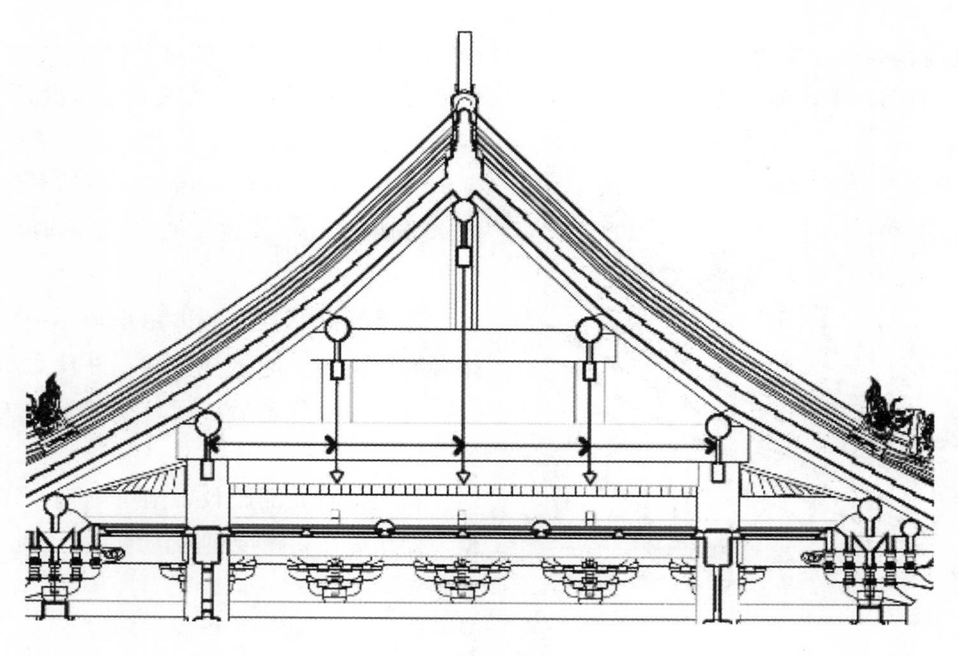

图 4－23　步距的测量

b. 桁（檩）径

檩径应分别测量上下径和左右径。上下径可通过测量上下皮高程求得；测量左右径时，可在檩的两颊面中央各挂一个垂球，量取两垂线之间的距离即可，或者将水平尺和垂球组合使用（图 4－24）。

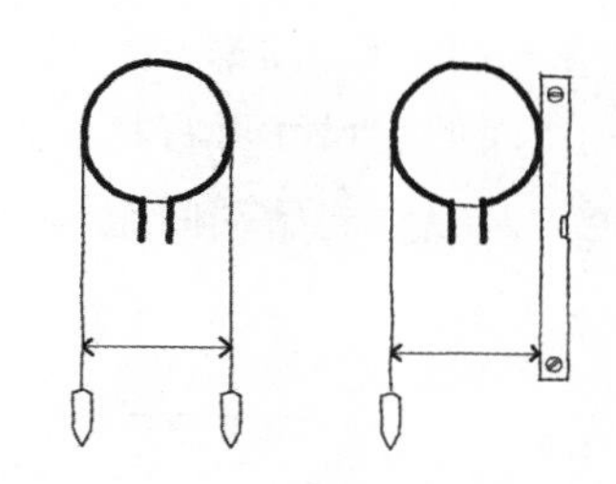

图 4－24　桁檩左右径的测量

c. 梁枋断面和细部尺寸

可借助水平尺、角尺、垂球等辅助工具加以测量，并尽量测出断面的倒角尺寸。有些倒角，特别是圆角很难判断或断面极不规整，可用细铁丝取样，再将曲线描画在纸上（图 4－25）。注意梁头在厚、高上可能均与梁身尺寸不同，必须另进行测量（图 4－26）。

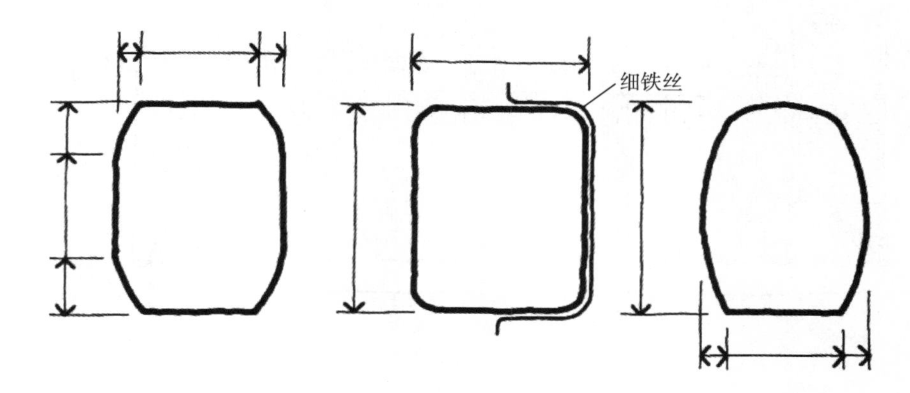

图 4－25　梁枋断面的测量

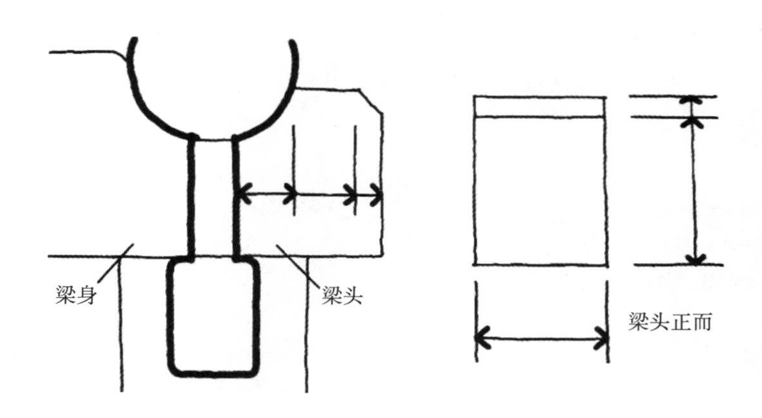

图 4－26　梁头的细部测量

(3) 屋面上的测量

① 测量内容

a. 屋面的总平面尺寸（亦可在地面上投影测得）。

b. 重要控制点高程（如最高点、各脊最高点或起止交界处、檐口、翼角等）。

c. 屋面曲线。

d. 各屋脊的定位尺寸和屋脊曲线。

e. 各吻兽的定位尺寸。

② 测量方法和技巧

a. 总尺寸、重要定位尺寸及高程

屋面的总尺寸可将特征点投射到地面测量，所以也可归入地面测量工作。定位尺寸包括两垂脊间距、两戗脊起始端间距等（图 4－27）。

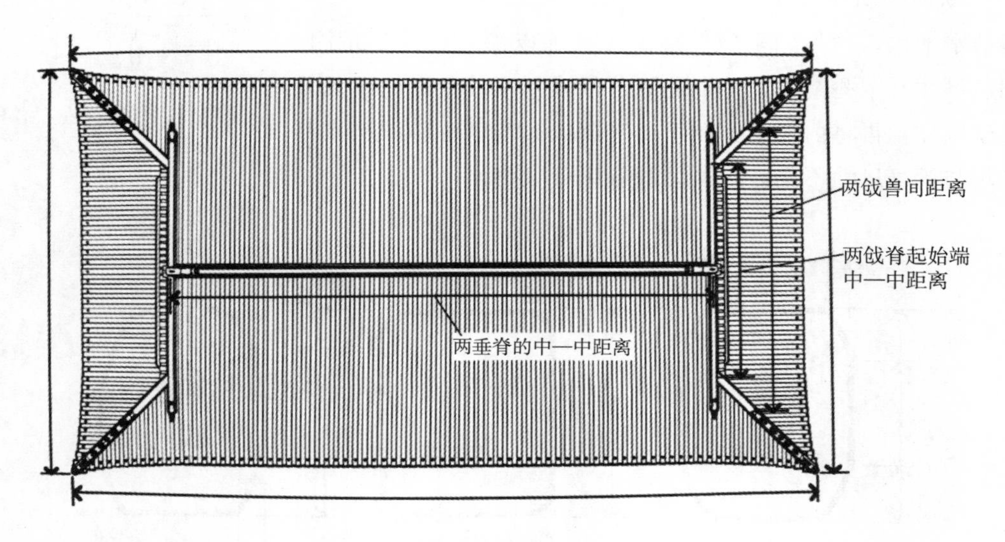

图 4－27　屋面总尺寸和重要定位尺寸

b. 屋面曲线和屋脊曲线

如图 4－28a 所示，利用水平尺和垂球，沿筒瓦测得屋面曲线上的一系列特征点的水平位置和高差，用定点连线的方法即可还原出这条曲线。此法也适用于垂脊、戗脊等的屋脊曲线（图 4－28b）。如正脊存在生起，可在正脊两端拉细线，量取正脊中点与细线的高差即可（图 4－28c）。

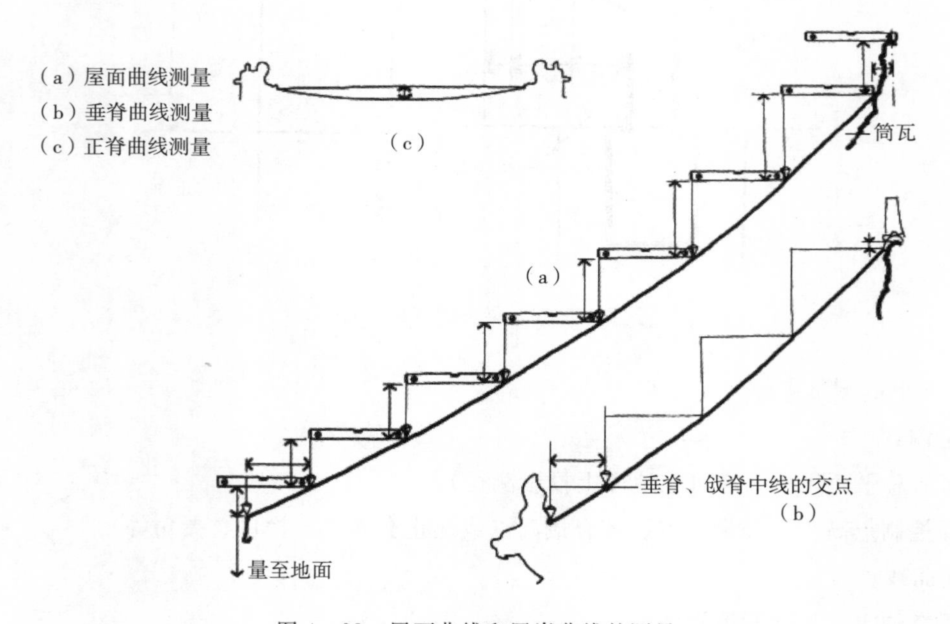

图 4－28　屋面曲线和屋脊曲线的测量

c. 脊的断面

可用水平尺配合小钢尺，细心测出线脚上各个转折点、特征点的水平位置和高差，即可得到断面的轮廓（图 4－29a）。测量垂脊时，应连带测出内外瓦垄和排山沟滴的细部尺寸，但注意其剖切方向是垂直于垂脊本身，而不是铅直方向（4－29b）。

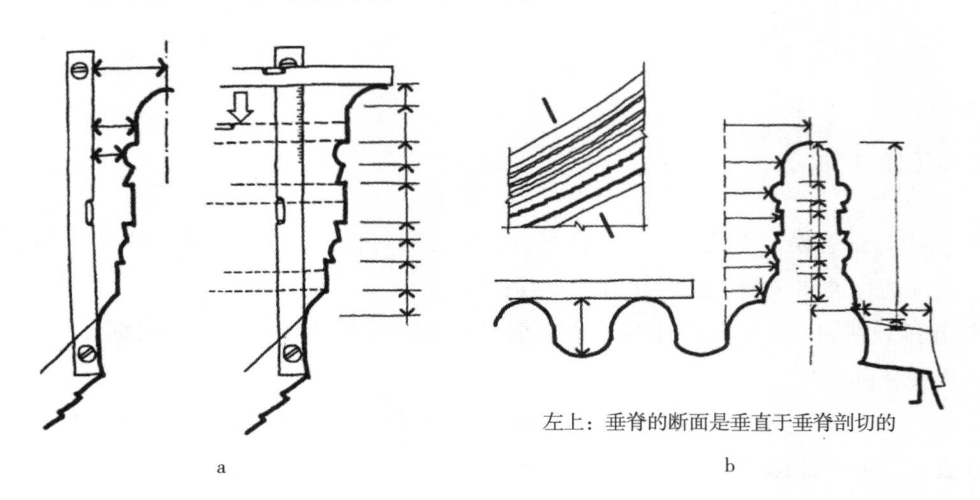

图 4－29　屋脊断面的测量

a. 正脊断面的测量；b. 垂脊断面的测量

d. 吻兽的定位和轮廓尺寸

以正吻为例，如图 4－30 所示，除测出正吻的最大轮廓尺寸外，还应测出其定位尺寸，如通过与垂脊的关系确定平面位置，通过与正脊的关系确定高程等。另外，所有吻兽都应单独测出其吻座或兽座的尺寸。

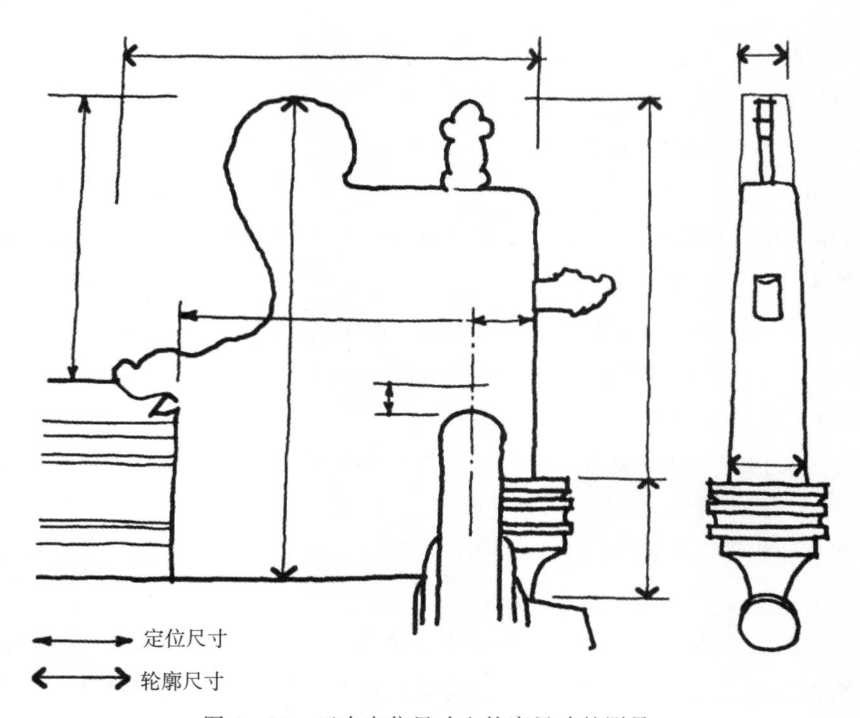

图 4－30　正吻定位尺寸和轮廓尺寸的测量

第三节　整理测稿与绘图

一、具体工作

1. 对原稿中勾画有误、交代不清、标注混乱的地方进行修改整理，如有必要可重新绘制并标注尺寸。是否重画的标准在于测稿是否还有“可读性”。

2. 校核并排查遗漏尺寸。校核工作首先从重要的控制性尺寸（如柱网、关键性的竖向标高等）开始，然后再校核细部尺寸。

3. 统一尺寸（数据整理）。应注意：现状尺寸（观测值）≠理想尺寸（原有设计尺寸）。

可能造成尺寸偏差的原因：

① 原施工误差本身较大。

② 在设计允许值以内的偏差。

③ 木材经一定岁月自身的收缩变形。

④ 历代修缮、改建造成的变动。

⑤ 建筑残坏严重，梁架歪闪沉降及构件变形所致。

在对观测值的统计分析基础上，加入建筑学上的判断，对现状尺寸进行必要的取舍、改正，以统一相关联的尺寸。

（1）统一尺寸的原则

① 分尺寸服从总尺寸

将分尺寸与总尺寸差值平均分配到每段分尺寸中。

② 少数服从多数

重复构件或结构中许多有相互关系的尺寸，可适当多测量几个或几部分，取多数而定。

③ 后换构件服从原始构件

应据建筑物各部分的原始构件或称“典型构件”定出统一尺寸。

注意：处理数据时应分析具体情况，不能强求统一。

（2）统一尺寸的范围及对象

① 重复性的同类构件，如斗栱各分件尺寸、地位相同的柱子的柱径以及筒瓦、板瓦、勾头、滴水等瓦件。

② 对称的部位和构件，如面阔或进深中的左右两次间、梢间、尽间的尺寸；对称各间安装的门窗等。

③ 梁架结构中的控制性尺寸，如各檩的水平距离和高差（步距和举高）、出檐尺寸等。

④ 反映建筑物结构交接关系的尺寸，如门窗槛框的长度与所在开间的尺寸、瓦垄的垄档、斗栱间距等。

二、仪器草图

1. 仪器草图的内容及形式

传统手工制图中仪器草图是描画正式图的底图，必须达到一定程度的细致入微。而在电脑制图条件下，其功能蜕变为主要用以验证数据，因此可以简化作图。一些重复和堆成的部分可以只画一组或一半，但必要的交接关系、控制性的结构和轮廓必须交代清楚。

2. 绘制仪器草图的步骤

原则：从总体到局部；先控制总体后细部

平面—剖面/梁架仰视—立面/屋顶平面—详图。

注意：一张图的大关系确定后，就立刻起画另一张图，然后再分别深入细部，绝不能一张图画到底再画另一张图。

3. 重要控制性尺寸举例

如图 4 - 31 所示。

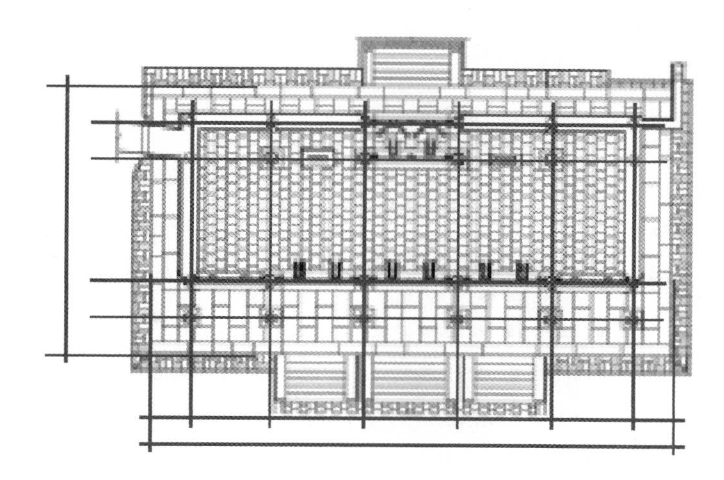

· 台明面宽、进深
· 通面阔、通进深
· 柱网（面阔、进深）

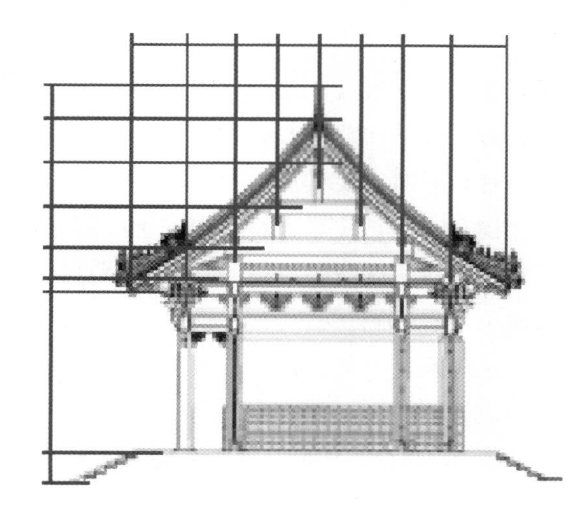

· 最高点高程
· 正脊上皮高程
· 正身处檐口高程
· 步架（各檩水平间距）
· 举高（各檩 高差）
· 地面高程

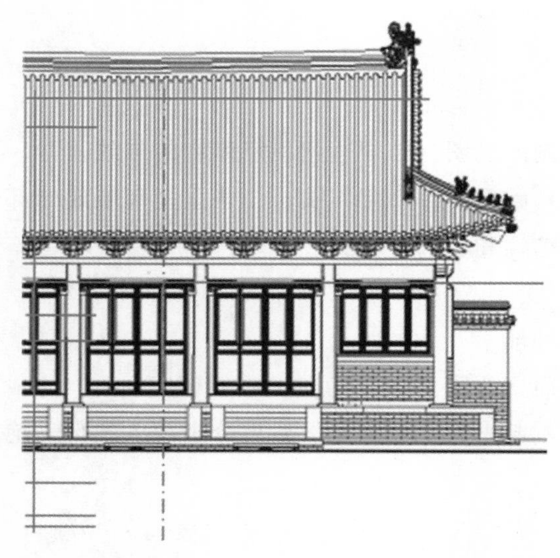

· 各脊的上皮高程
· 正身处檐口高程
· 柱顶高程

图 4－31　重要控制性尺寸举例

第四节　模型建构

人的思维凭借语言来表达。建筑师的思维——构思灵感和造型活动等，往往通过徒手草图、建筑模型、建筑绘画、CAD 绘图、建筑工程图等特殊的专业"语言"，深化和表现构思，解释和完善意图。鉴于此，对于建筑构思的视觉表现，建筑造型的形式构成所要求的种种功力训练和艺术修养，素为中外建筑师所重视。建筑美术学科也正在多学科渗透综合中，逐渐向相对独立的趋势发展。传统的建筑模型有手工模型，这种模型一般由设计者亲手制作，可以直观地反映建筑的尺度。

近些年来，由于计算机的大量普及，计算机模型也被广泛推广。

一、木结构模型

1. 软质木材

软质木材属于航空模型材料。灵活运用轻木类木材所具有的柔软材质感及加工方便的特点，可以做出各种不同的表现效果来。但是，在加工时如果不注意精心处理，则往往会直接影响整个模型成品的最终质量。因此，在切割薄而细的软木材板料时，要尽可能使用薄形刀具，特别是细小的软木切割应使用安全刀片精心切下。如果切割范围很小时，应在木材下面贴上一层透明纸带，这样做可以增加其强度，使切割不受影响。在切割拐角和接头处时，应选用 45°的拐角尺切割。

在粘贴时，要处理好接缝的部位，尽可能不出现缝隙。

在组装时，要精确地量准直角、垂直、水平等尺度分寸，以保证模型的正确角度。

2. 硬质木材

硬的木材纹路规整，强度好，表面美观。在形状尺寸方面，也容易定型。一般硬木类材料中，多选用桧木方料及圆木材料。硬质木材适合建构性很强的建筑模型制作的特点，表现建筑的骨架之美，可将其作为装饰来进行表现。在做法上，可以大量地使用具有标准尺寸的材料，这样对制作各种模型都显得非常灵活。

二、建筑模型

前期作业阶段完成的建筑平面测绘图、剖面测绘图、立面测绘图，以及建筑大样等图本测绘成果的表达仍依旧制，但是在此基础上增加了集真实性与表现性于一体的剖面透视图与三维建筑表现图，大大扩展了建筑测绘成果的表达能力和表达范围。其绘制方法已脱离传统建筑测绘方法的绘图模式，转化为建立拟测建筑的三维模型后直接生成二维建筑立面测绘图的成图模式，同时只增加少量工作量即可生成建筑剖面透视图与三维建筑表现图。

通过三维化模型实现历史建筑研究的动态化、全景形态化和材料信息数字化是当代制图技术的优势。这种方法对于后期分析、实体模型制作、数字化信息的直接储存都能起到提高效率的作用。下面以安徽黟县屏山朱氏宅舍为例，简要介绍 AutoCAD 与 Google SketchUp 在三维建模中的方法与应用。

1. 平面图的绘制

以测绘好的平面草图为依据，在 AutoCAD 中继续深化，应绘制并标注出主要维护结构与承重结构的位置与尺寸，如墙体、柱子等，注意标出各层以及室内的层高变化（图 4－32）。应注意在 AutoCAD 中不同图层的命名与区分。绘制完成后，导出各层平面图形为 t3 格式。

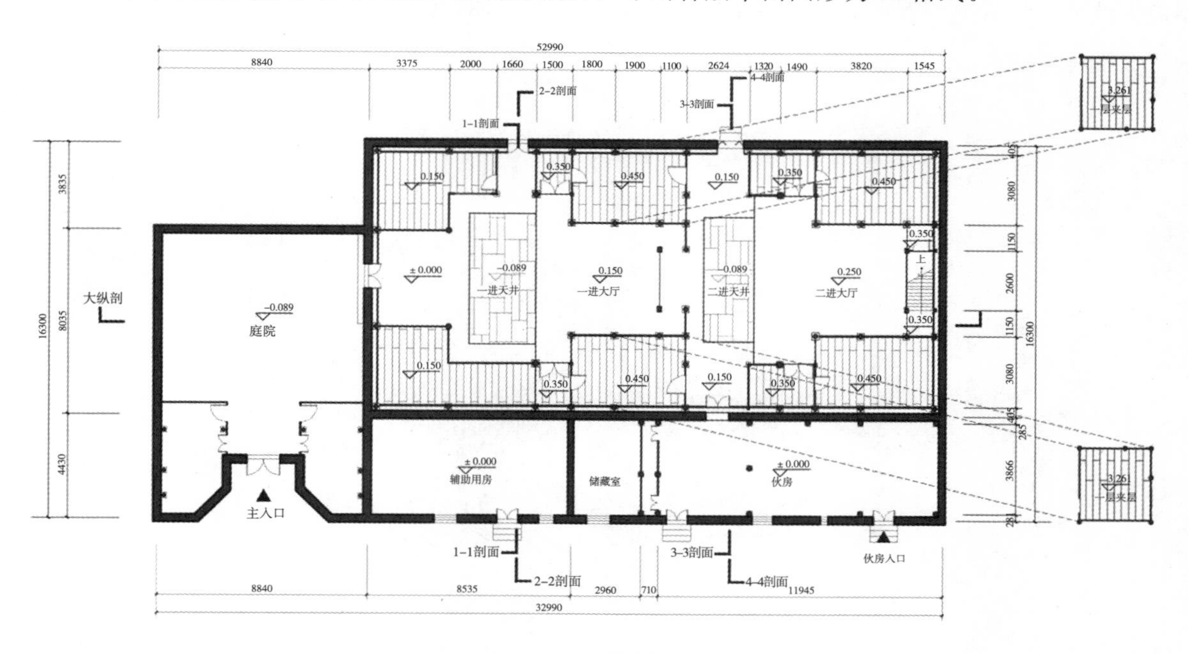

图 4－32　屏山朱氏宅舍平面图

2. SketchUp 模型建构

（1）内外墙轮廓线以及柱网的确定

将 CAD 图形导入 SketchUp 中时应注意图形单位，避免出现尺寸相对于原尺寸过大或过小的情况。导入后依照 CAD 中所绘制的外墙、柱础轮廓线，大致拉出所测建筑的空间轮廓如天井、厅堂、厢房等，应注意留出门洞位置，如图 4－33 所示。

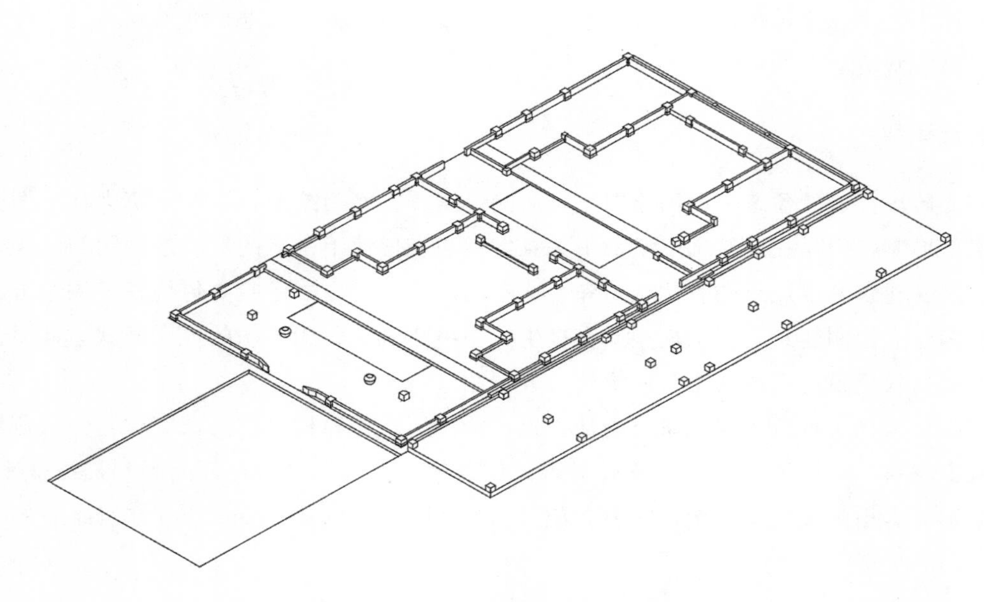

图 4－33　确定内外墙轮廓线及柱网

（2）柱高和整体框架的确定

在第一步初步确定总体轮廓后，依据所测层高及柱高，拉出所测建筑的整体框架。此阶段的模型应大致体现出各空间开间数与进深步数的关系，如图 4－34 所示。

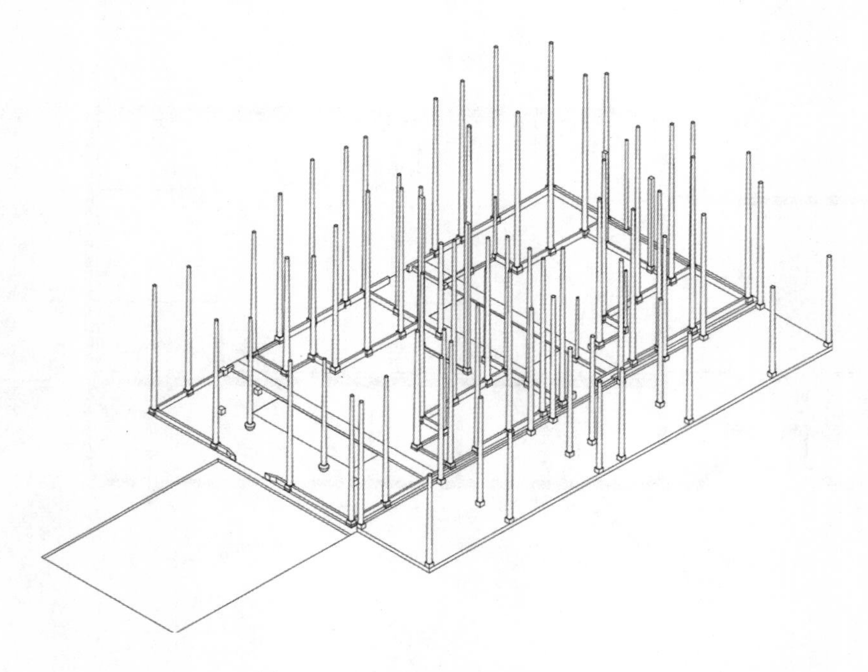

图 4－34　柱高和整体框架的确定

（3）整体承重体系的确定

在第二步柱网框架体系的基础上，依据所测尺寸依关系做出梁、枋、檩条等承重构件，并应清晰、明确地展示出构件之间的力学逻辑关系。此阶段的模型应大致体现出屋面的起伏关系与天井空间关系，如图 4－35 所示。

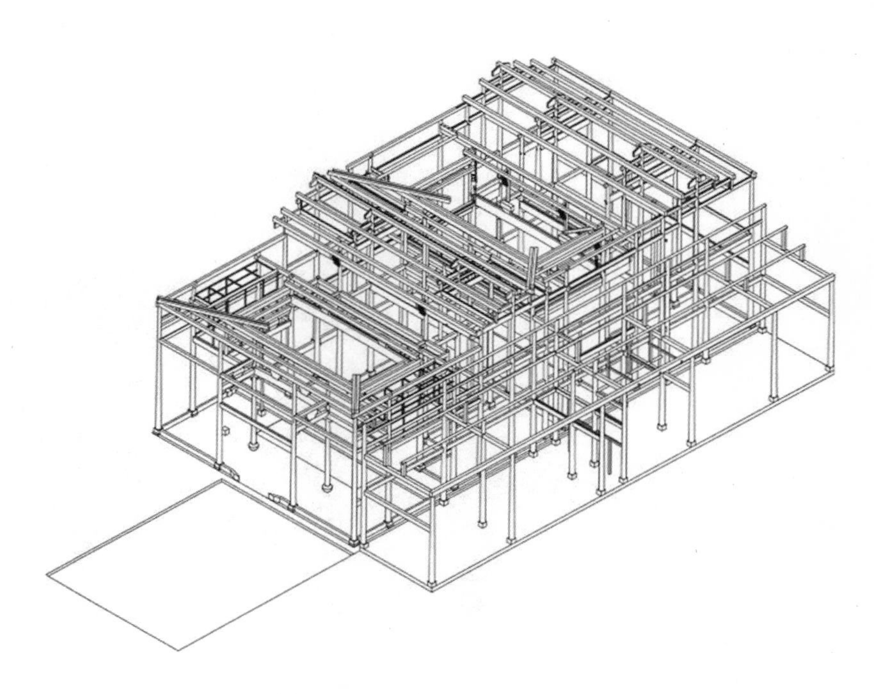

图 4－35　整体承重体系的确定

（4）屋面与椽子的确定

屋面与椽子的确定是形成模型中的整体屋面关系的重要一步，能较清晰地展示天井“四水归堂”的空间概念，绘制时应清楚地表述飞子与檐椽的搭接关系，如图 4－36 所示。

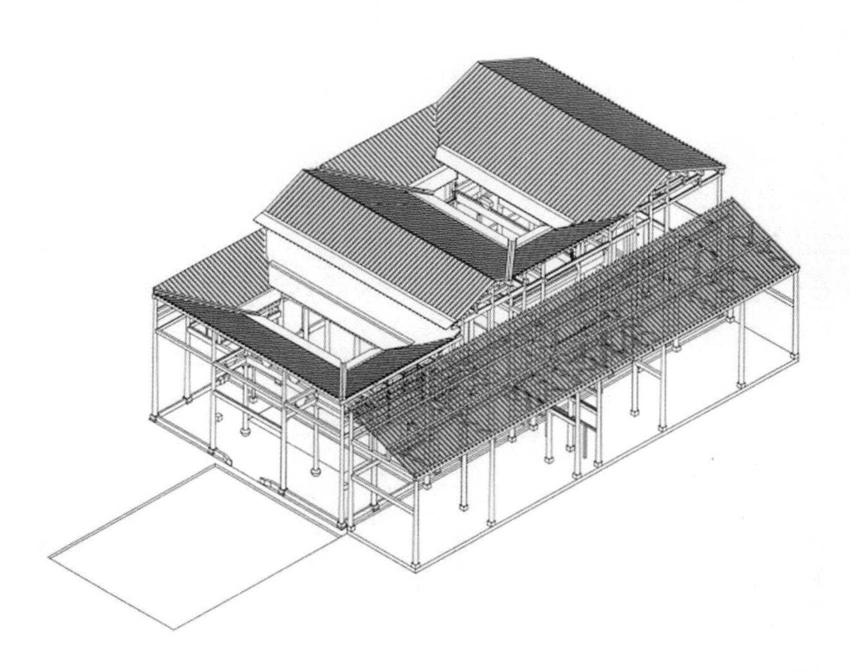

图 4－36　屋面与椽子的确定

（5）外围护结构的确定

依据上述阶段的模型成果和测绘数据，绘制出所测建筑的瓦片、马头墙等围护结构和门罩、台阶等细部构件，得到最终成果如图 4－37 所示。三维模型成果可在视图选项中调整为“平行投影”模式并导出二维图形，可在二维图形中做更为直观的功能分析。

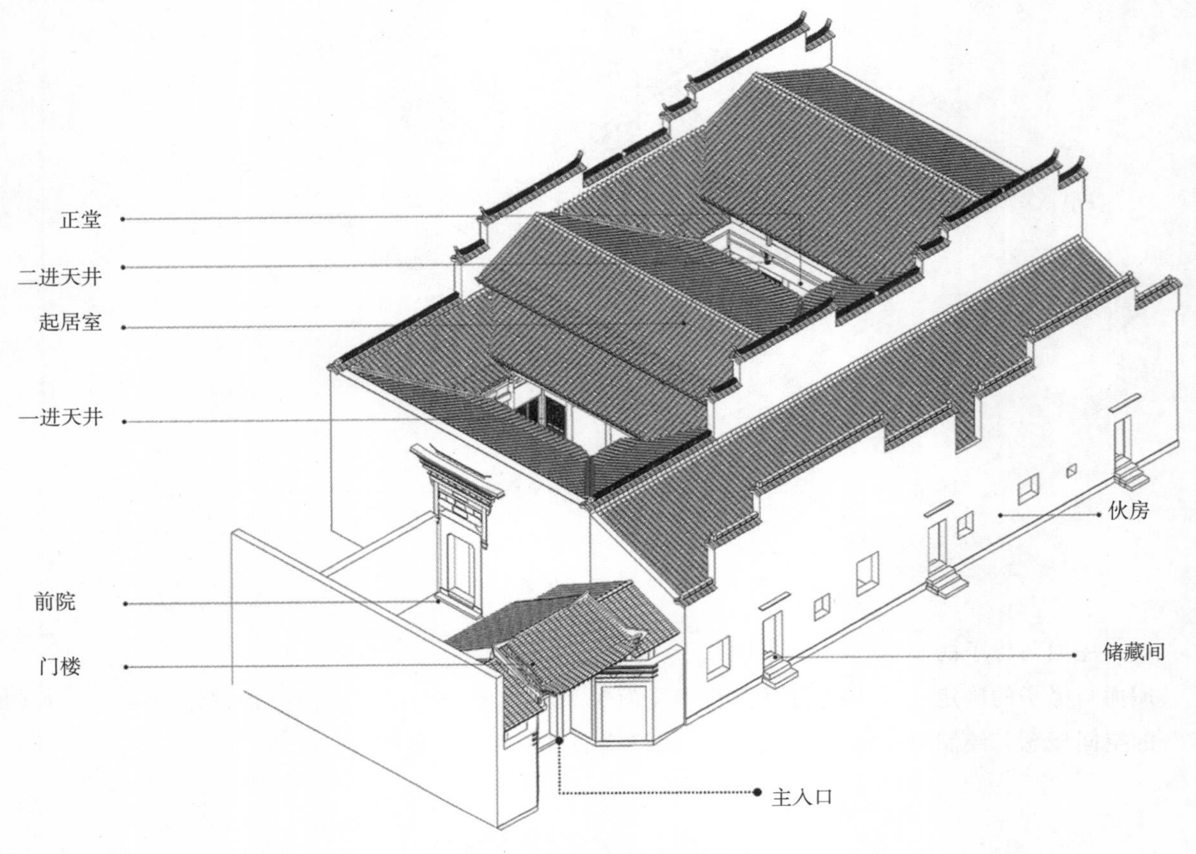

图 4－37　外维护结构的确定

3. 基于 SketchUp 模型的分析

相对于CAD绘制的剖面图，详尽、正确的 SketchUp 模型有助于绘制更加直观的剖透视或剖轴测图，并在此基础上形成对建筑单体的明确的空间分析。如图 4－38、图 4－39 所示，可看出屏山朱氏宅舍的“双天井”空间结构保证一层与二层间的空气流通，形成穿堂风，并且天井为南高北低，保证不改变天井开口大小的前提下，引入更多的自然光。

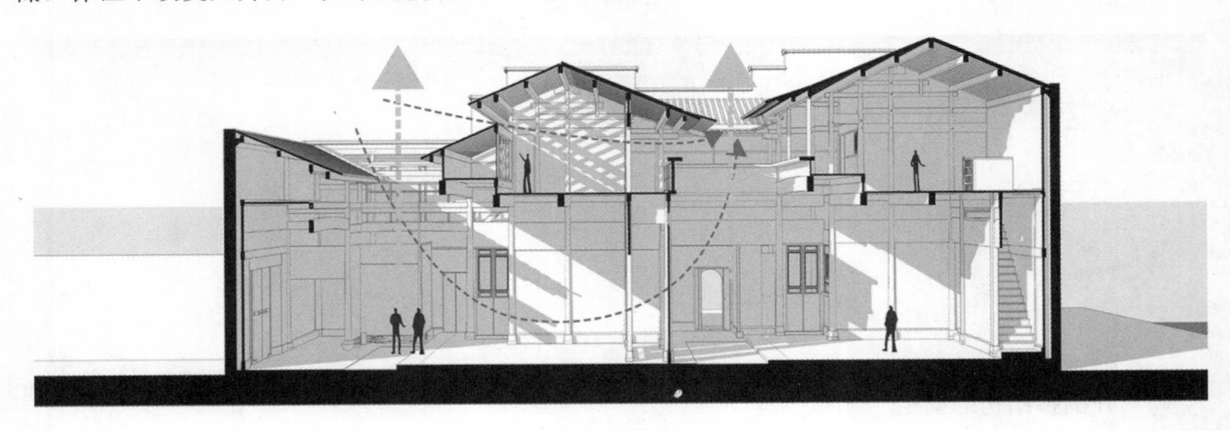

图 4－38　屏山朱氏宅舍剖透视图

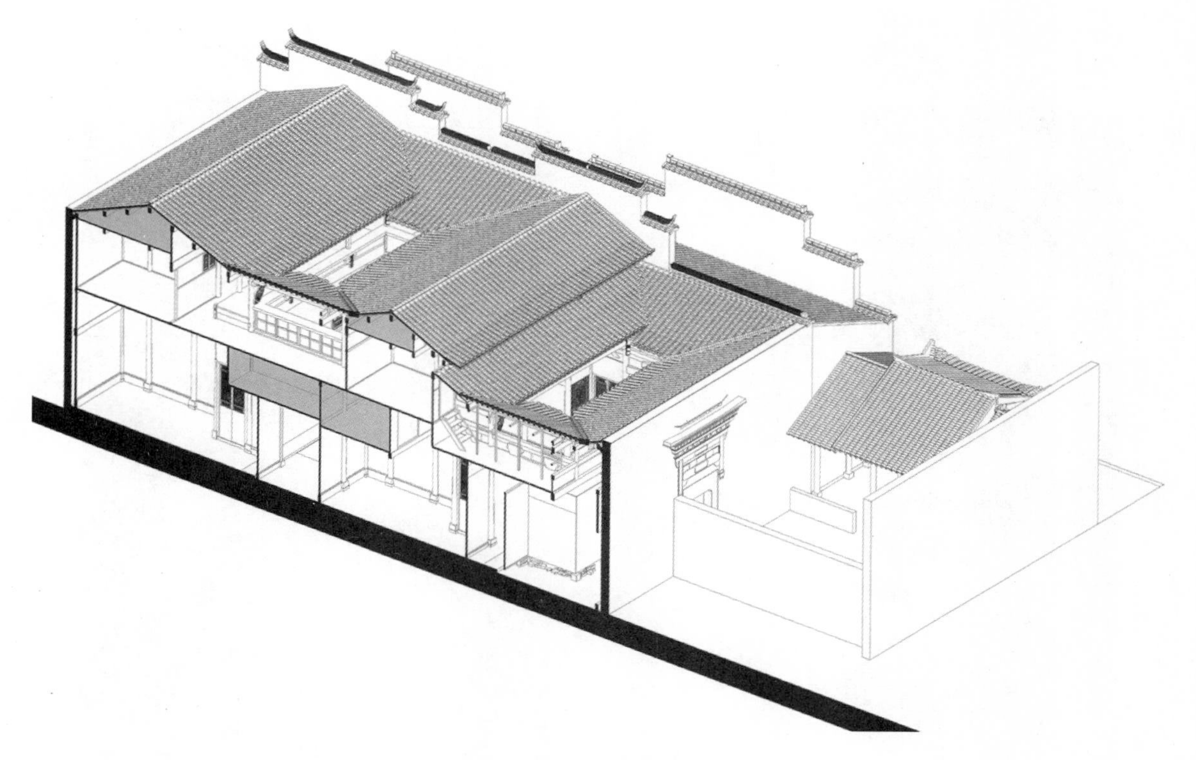

图 4－39　屏山朱氏宅舍剖轴测

三、构件模型

结构体系是古建筑形式美的内因，相对来说古建筑结构体系较为复杂，古建筑实体结构模型能够直观地反映建筑特征。斗栱是最具有代表性的构件模型，如图 4－40 至图 4－44 所示。

图 4－40

图 4 - 41

图 4 - 42

图 4 - 43

图 4 - 44

第五章　徽州古建筑测绘实例

一、徽州地区古建筑测绘实例

1. 安徽黟县屏山村舒氏民居（图 5－1 至图 5－7）

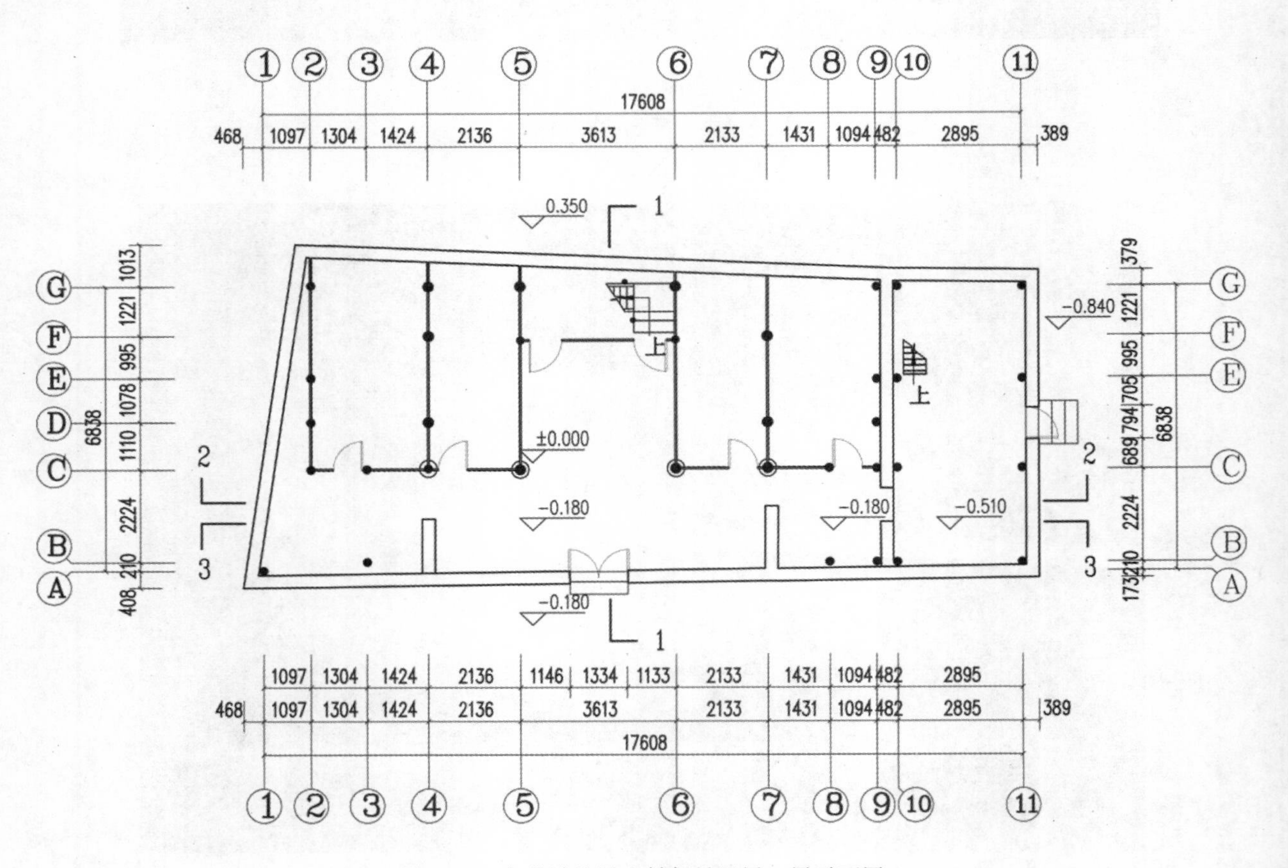

图 5－1　安徽黟县屏山村舒氏民居一层平面图

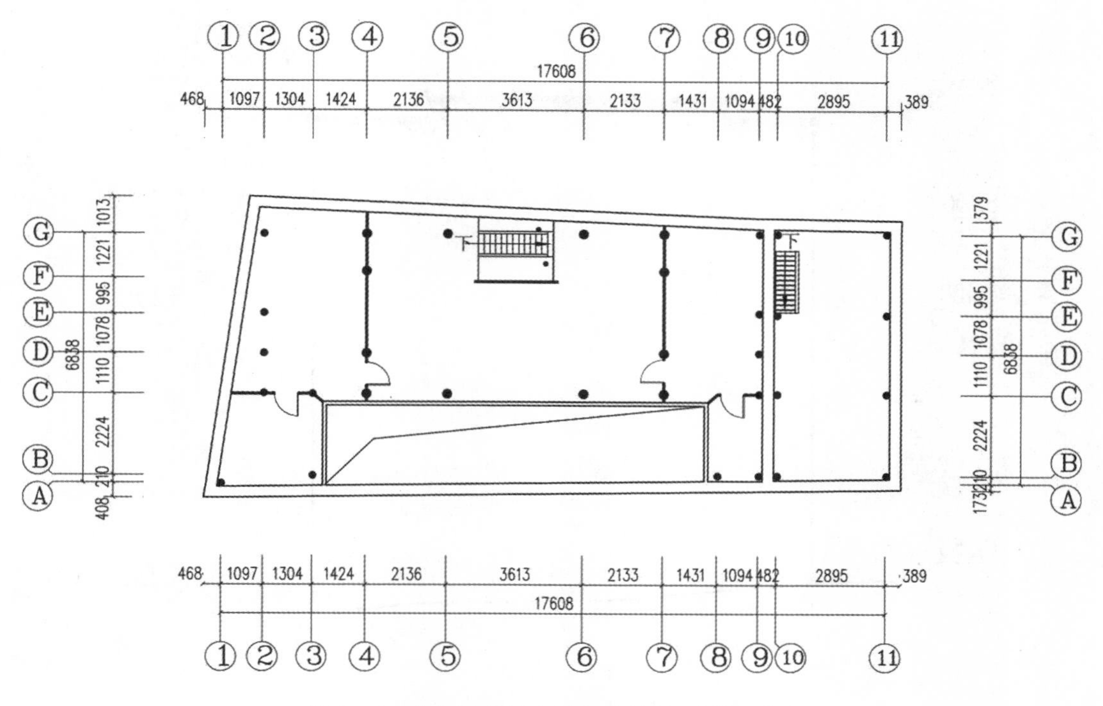

图 5－2　安徽黟县屏山村舒氏民居二层平面图

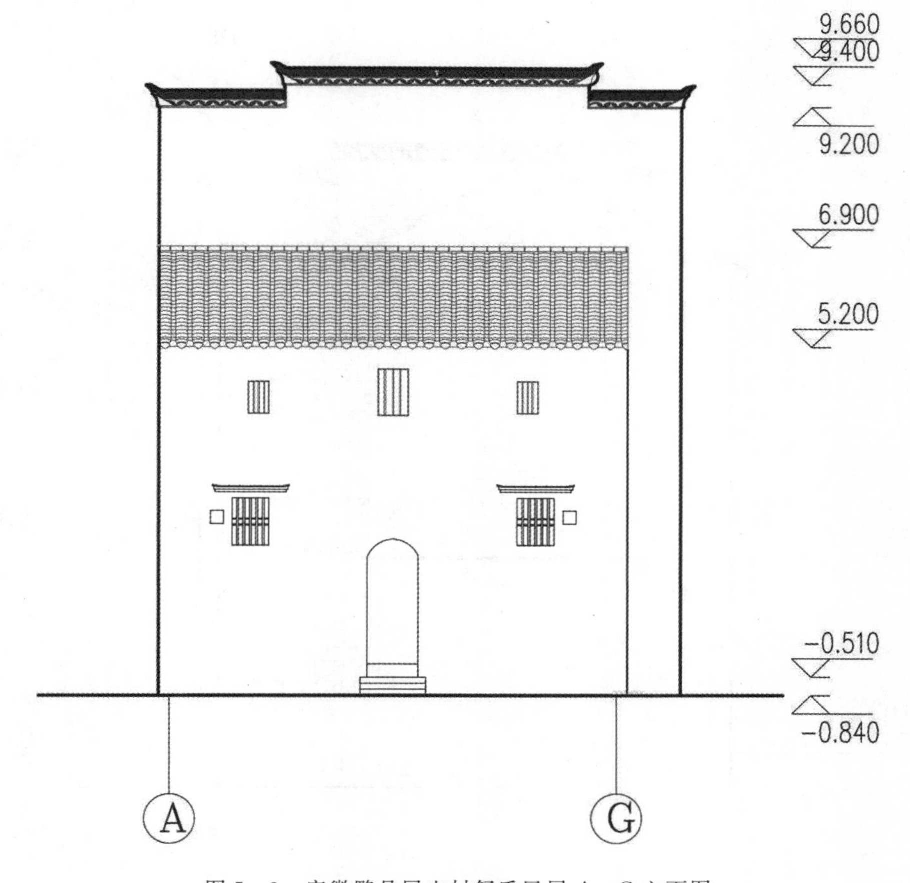

图 5－3　安徽黟县屏山村舒氏民居 A—G 立面图

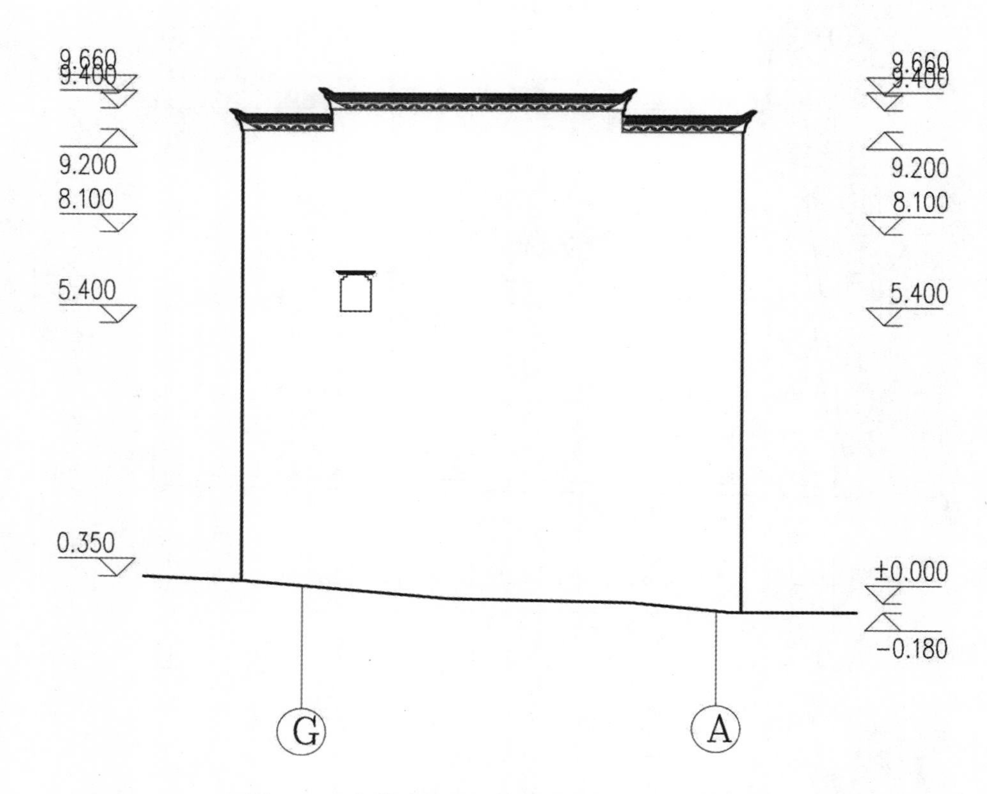

图 5-4　安徽黟县屏山村舒氏民居 G—A 立面图

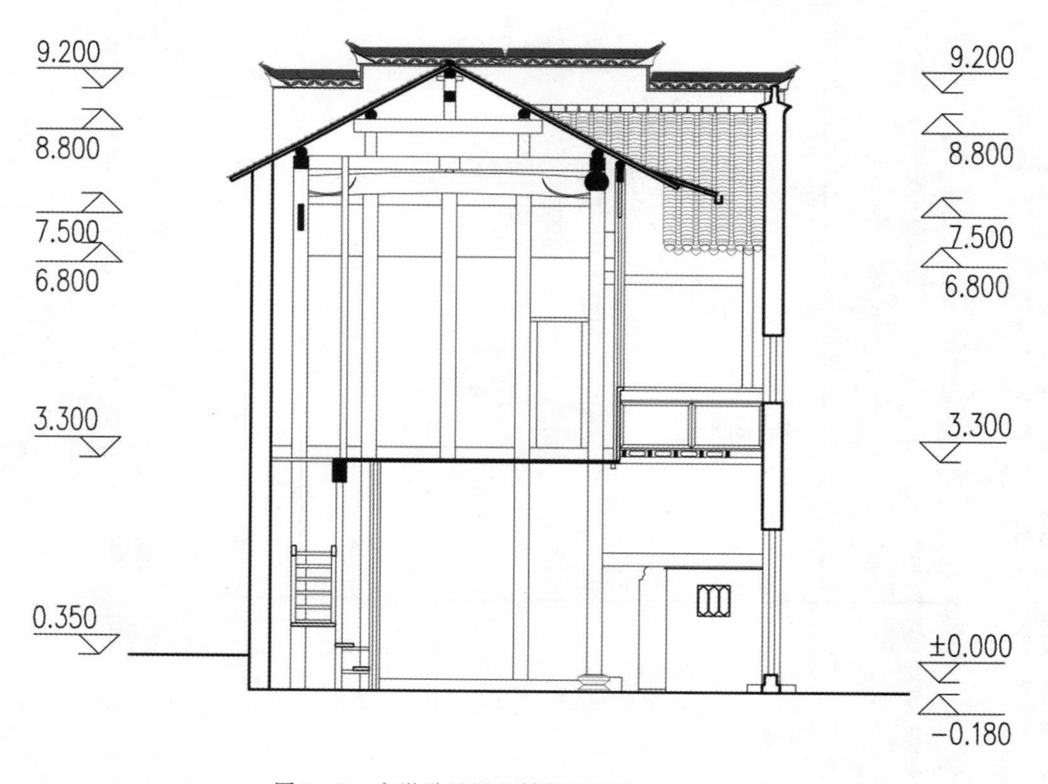

图 5-5　安徽黟县屏山村舒氏民居 1-1 剖面图

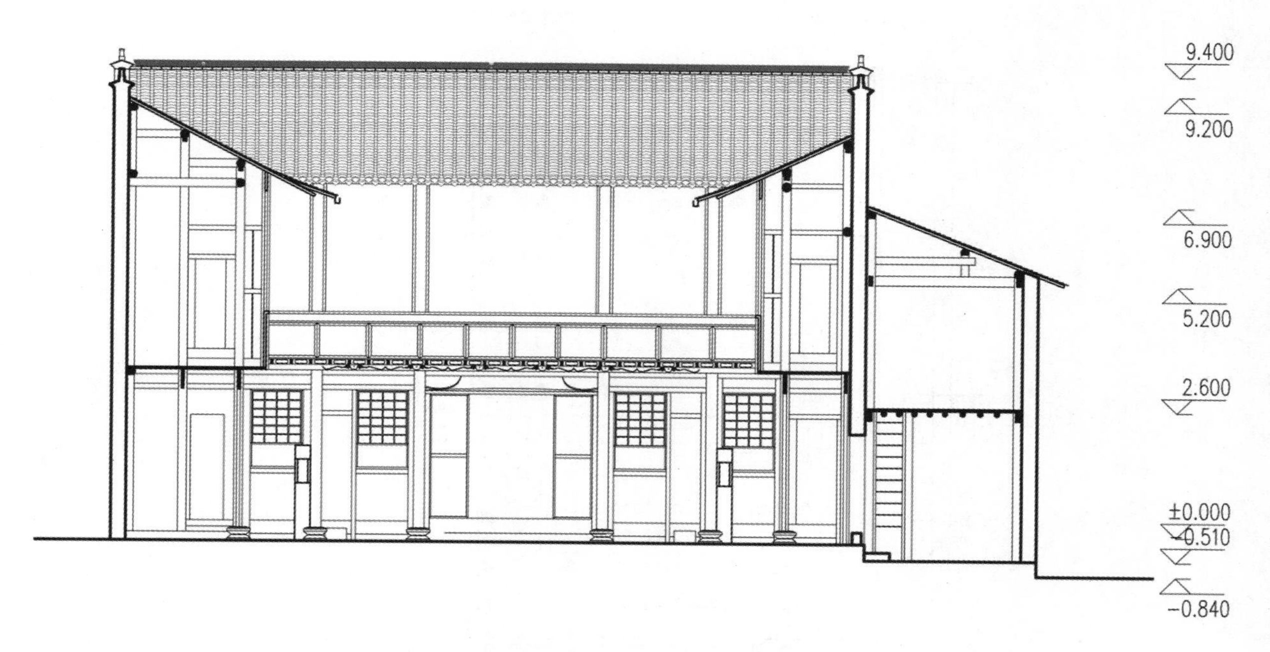

图 5－6　安徽黟县屏山村舒氏民居 2－2 剖面图

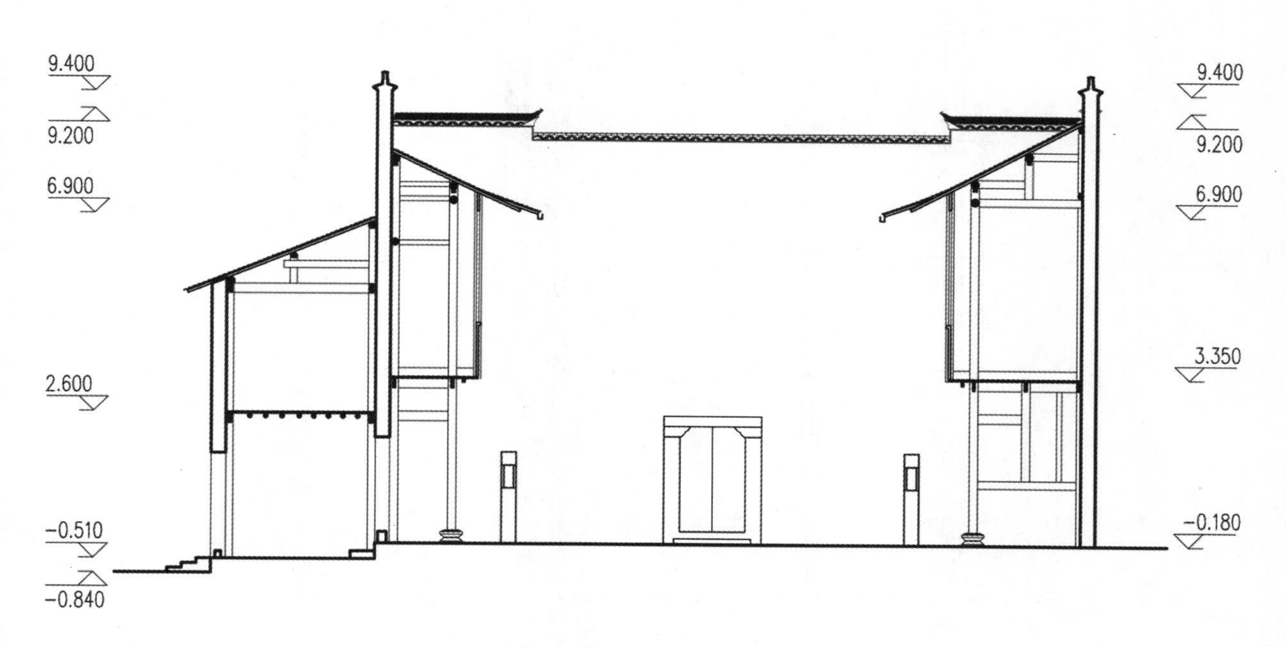

图 5－7　安徽黟县屏山村舒氏民居 3－3 剖面图

2. 安徽黟县屏山村大菩萨厅（图 5－8 至图 5－16）

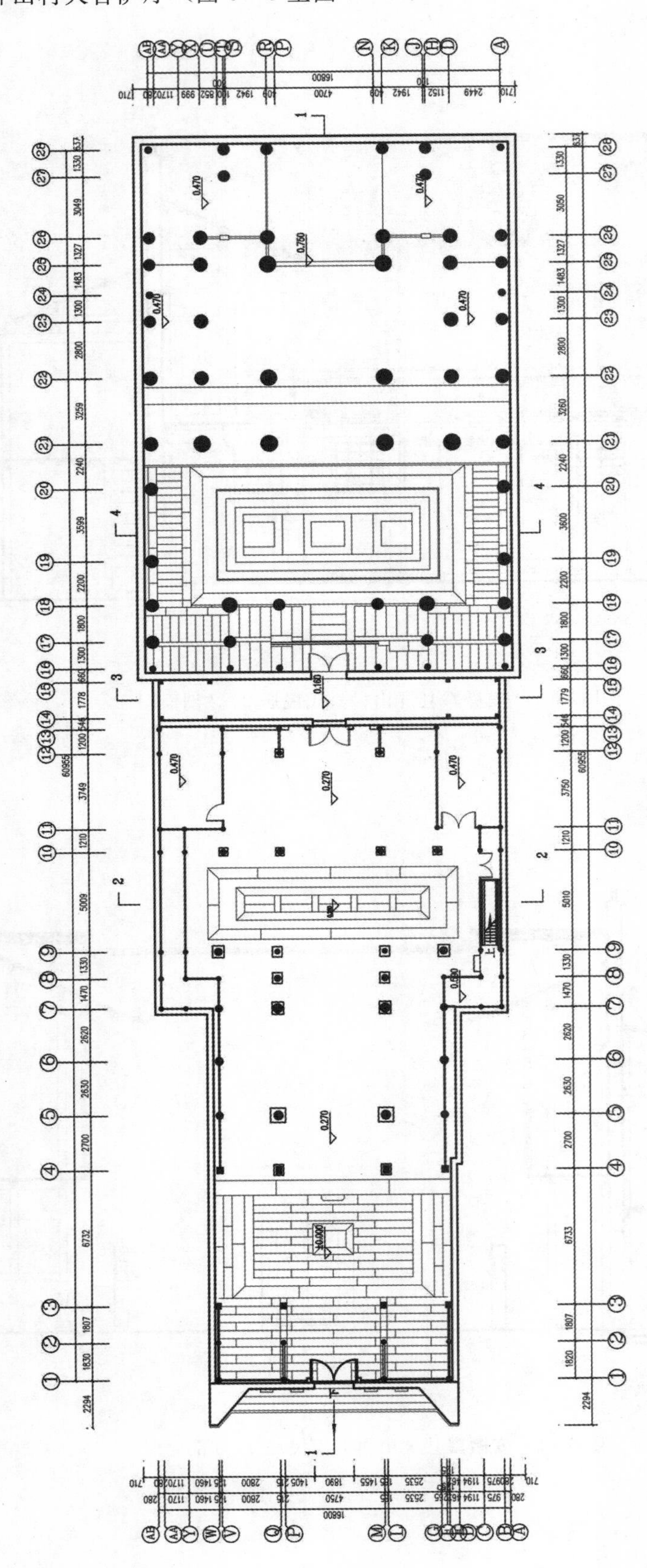

图5-8 安徽黟县屏山村大菩萨厅一层平面图

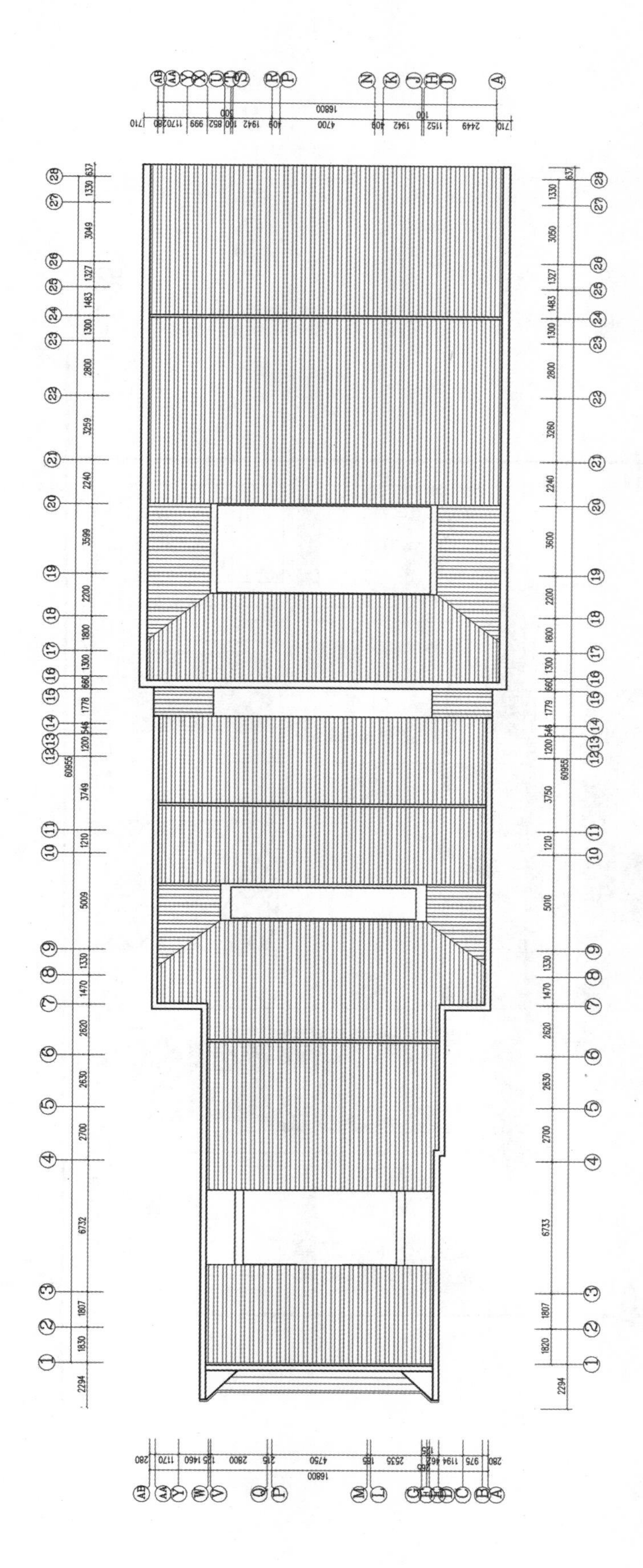

图5-9　安徽黟县屏山村大菩萨厅屋顶平面图

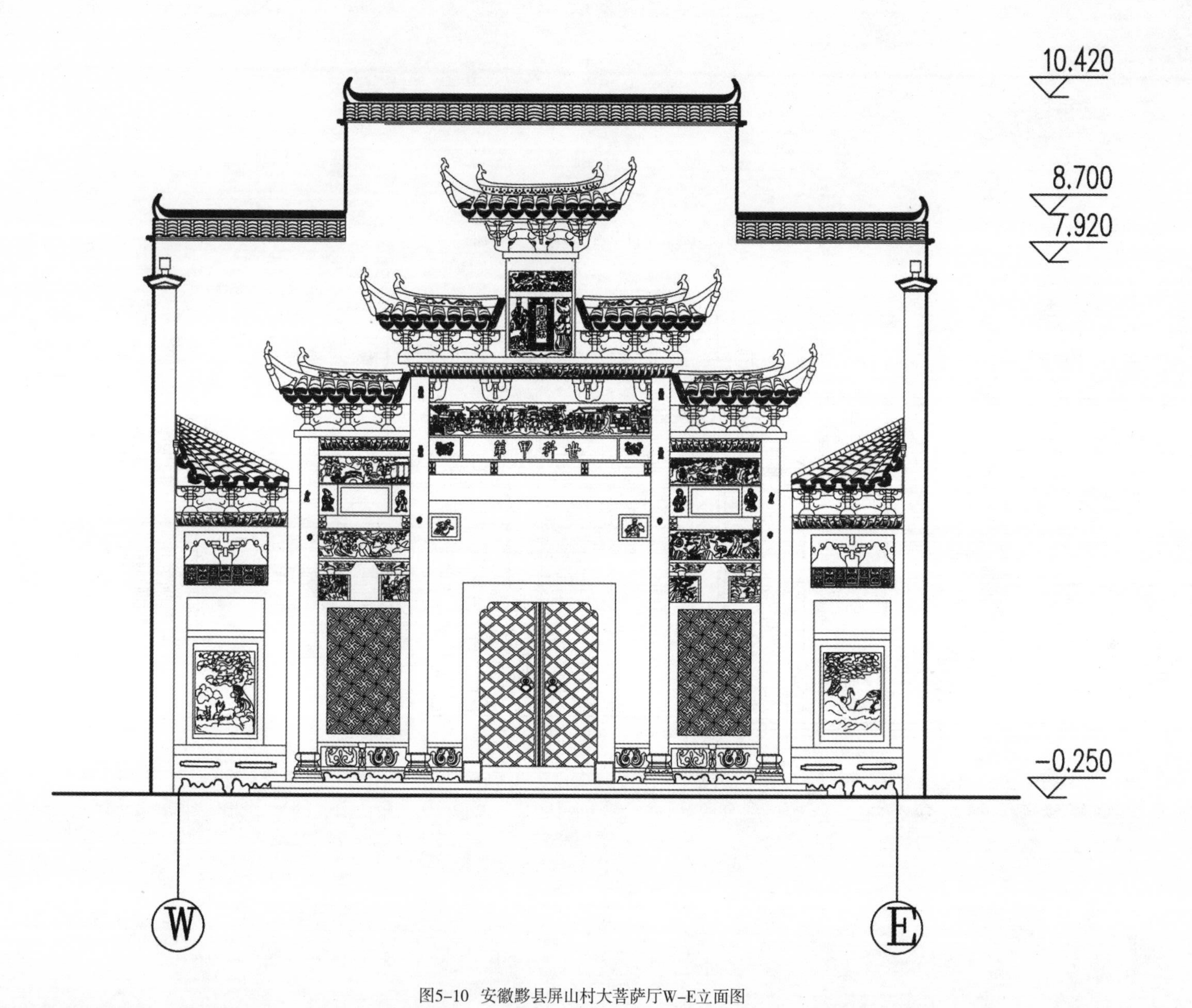

图5-10 安徽黟县屏山村大菩萨厅W-E立面图

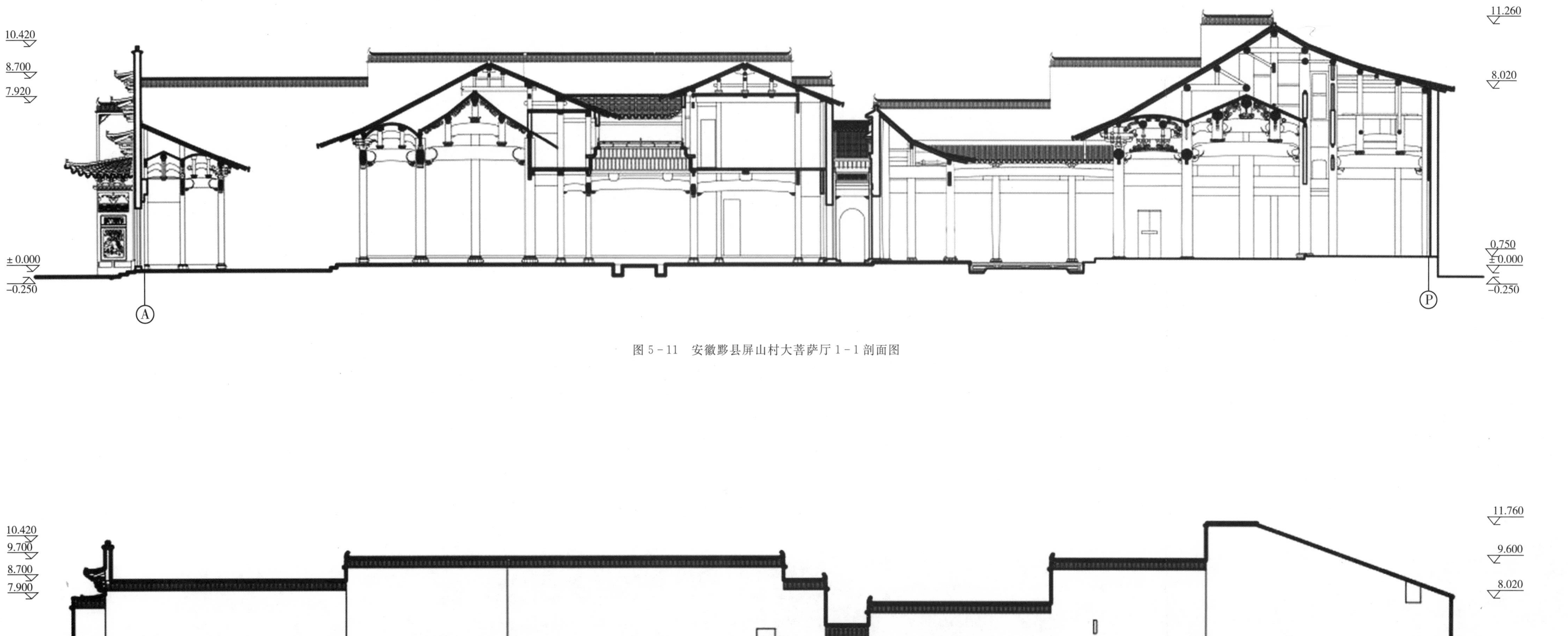

图 5-11　安徽黟县屏山村大菩萨厅 1-1 剖面图

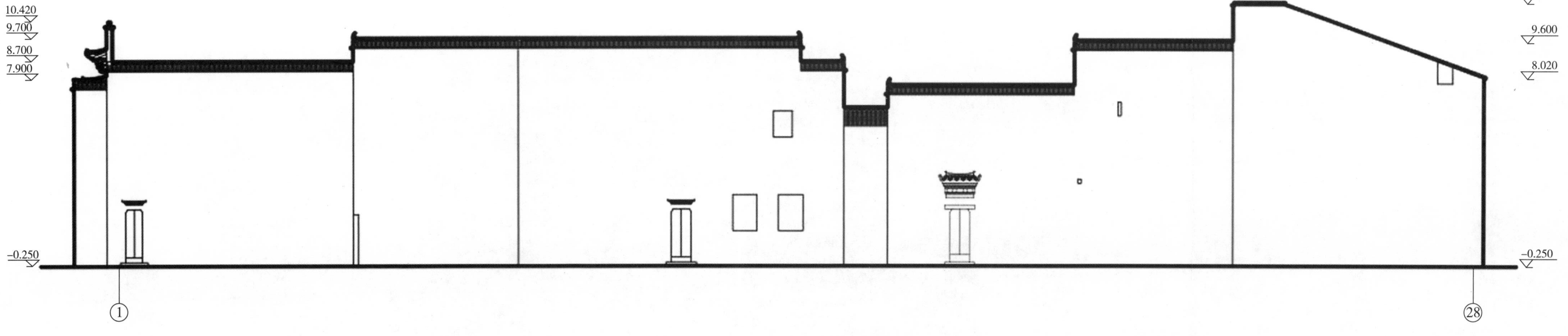

图 5-12　安徽黟县屏山村大菩萨厅 1-26 立面图

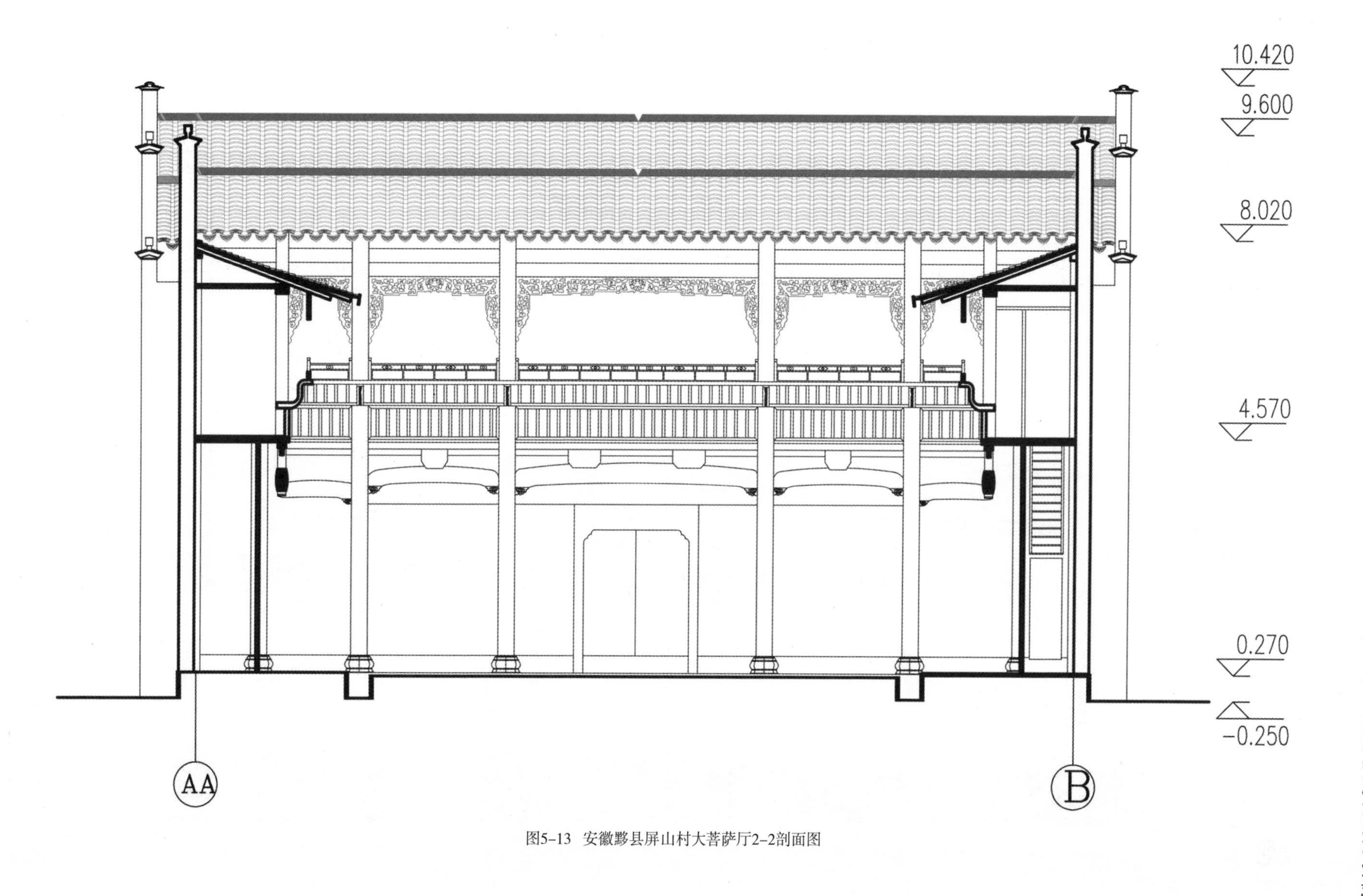

图5-13　安徽黟县屏山村大菩萨厅2-2剖面图

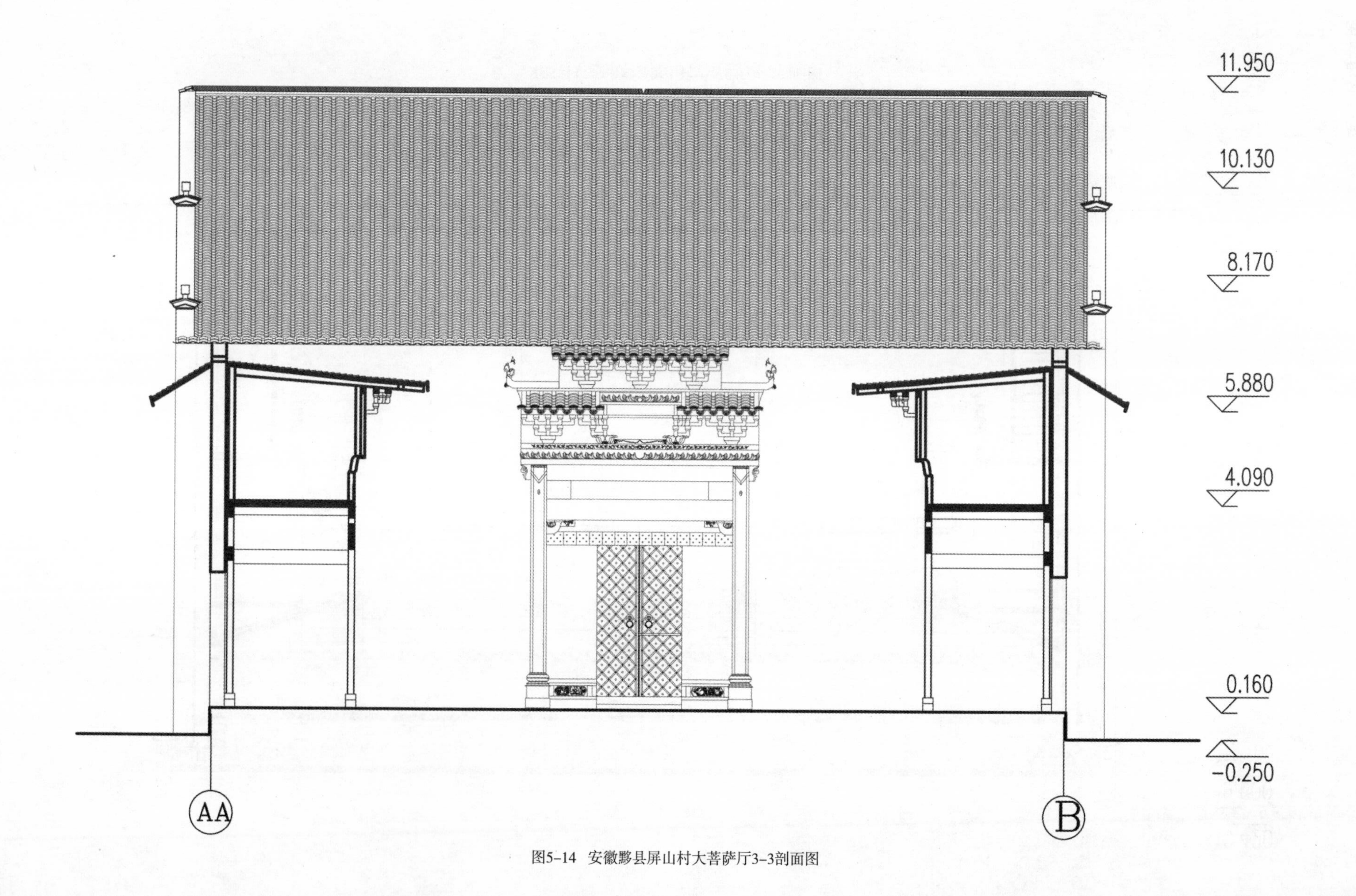

图5-14　安徽黟县屏山村大菩萨厅3-3剖面图

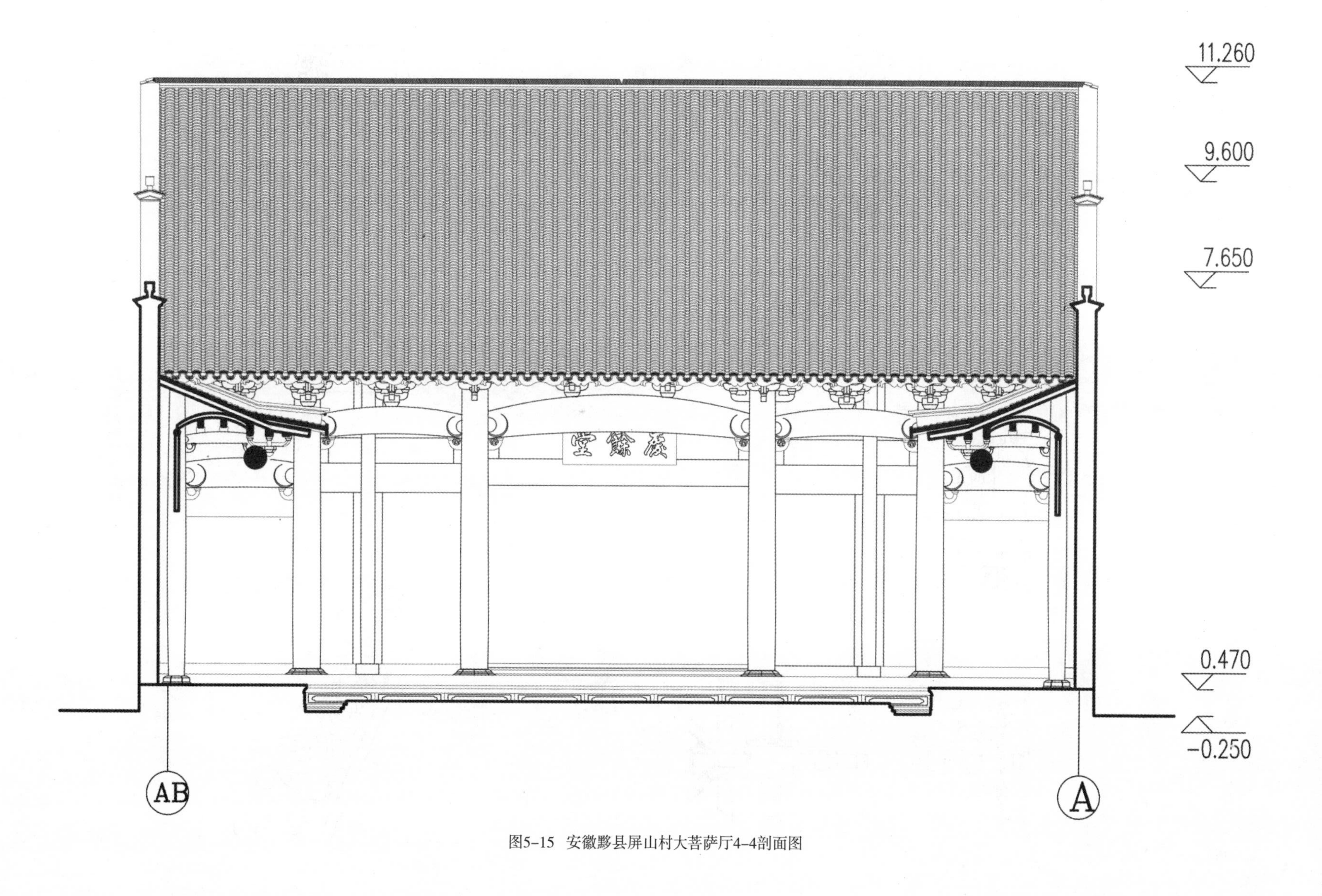

图5-15　安徽黟县屏山村大菩萨厅4-4剖面图

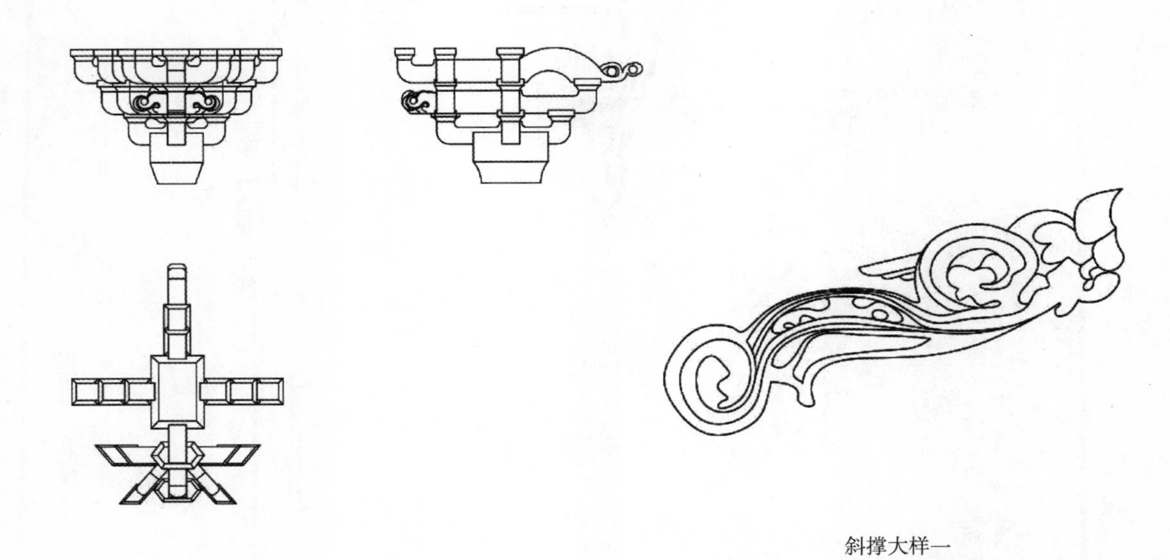

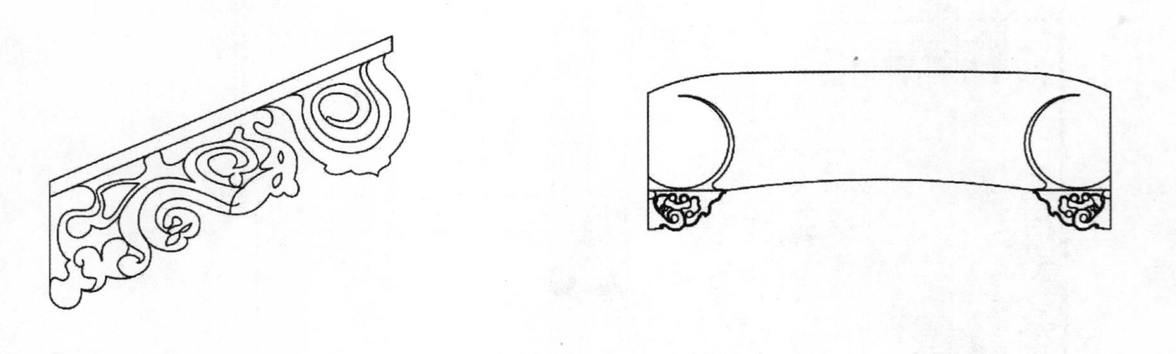

图 5-16　安徽黟县屏山村大菩萨厅局部大样图

3. 安徽黟县卢村木雕楼（图 5－17 至图 5－23）

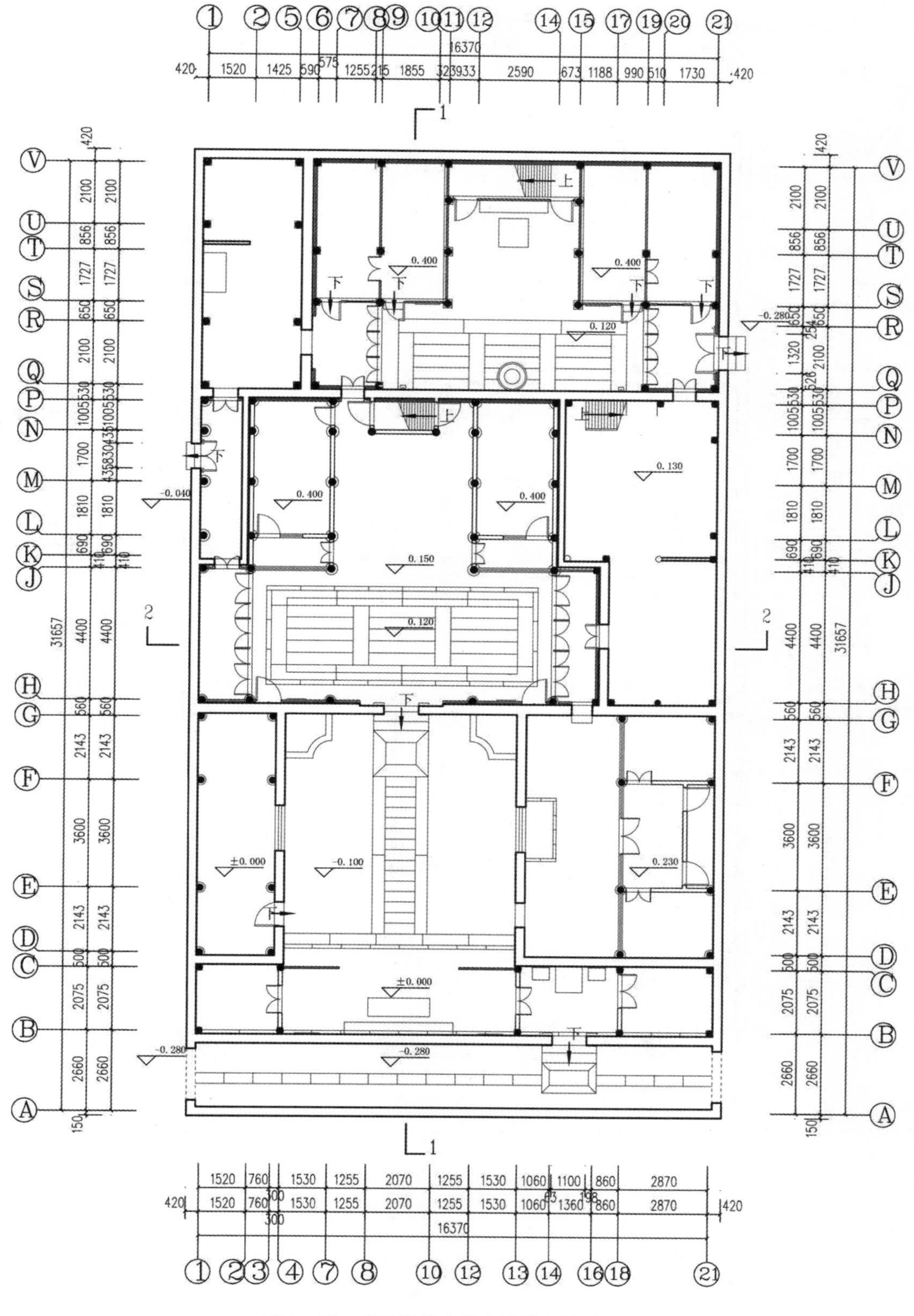

图 5－17　安徽黟县卢村木雕楼一层平面图

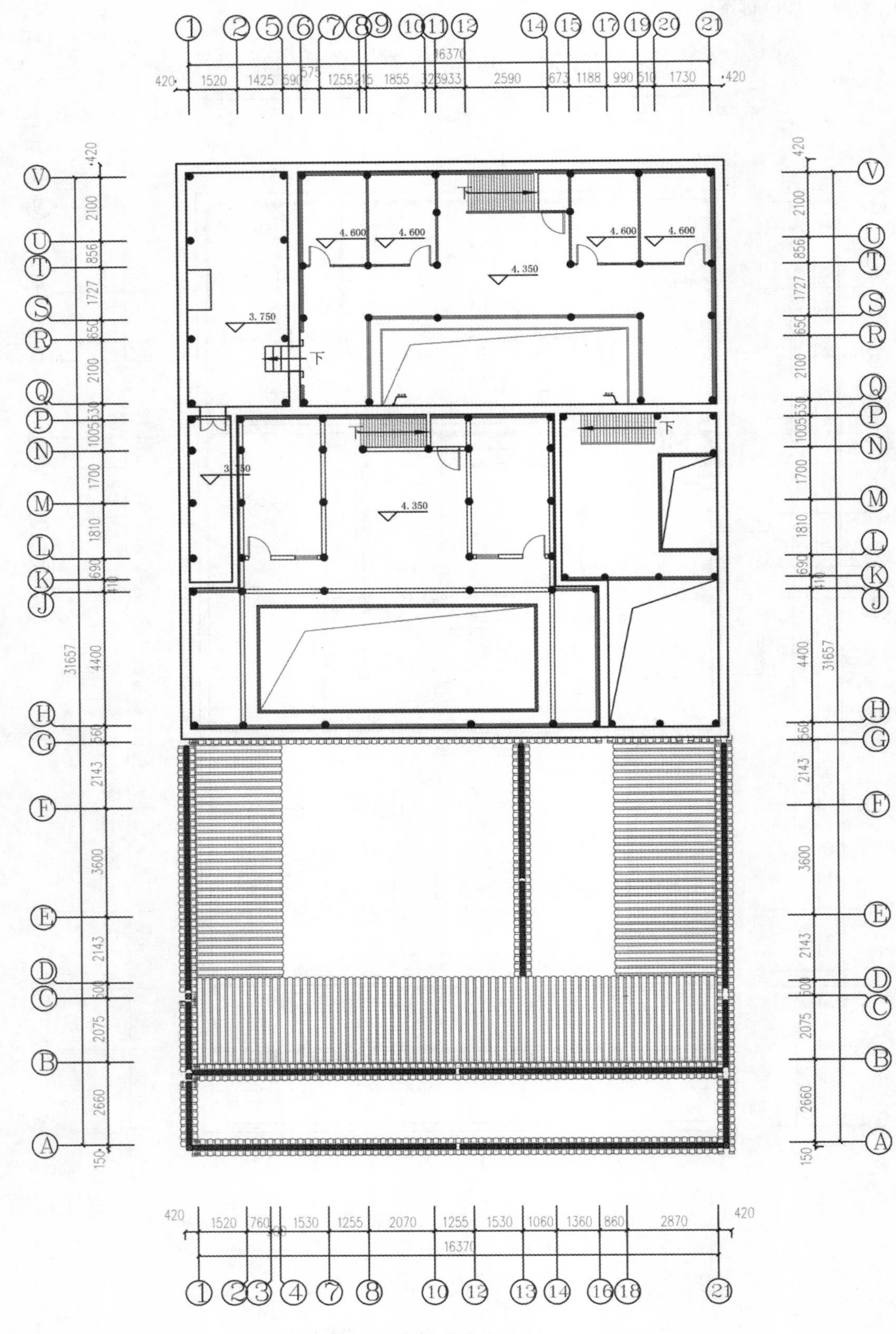

图 5－18　安徽黟县卢村木雕楼二层平面图

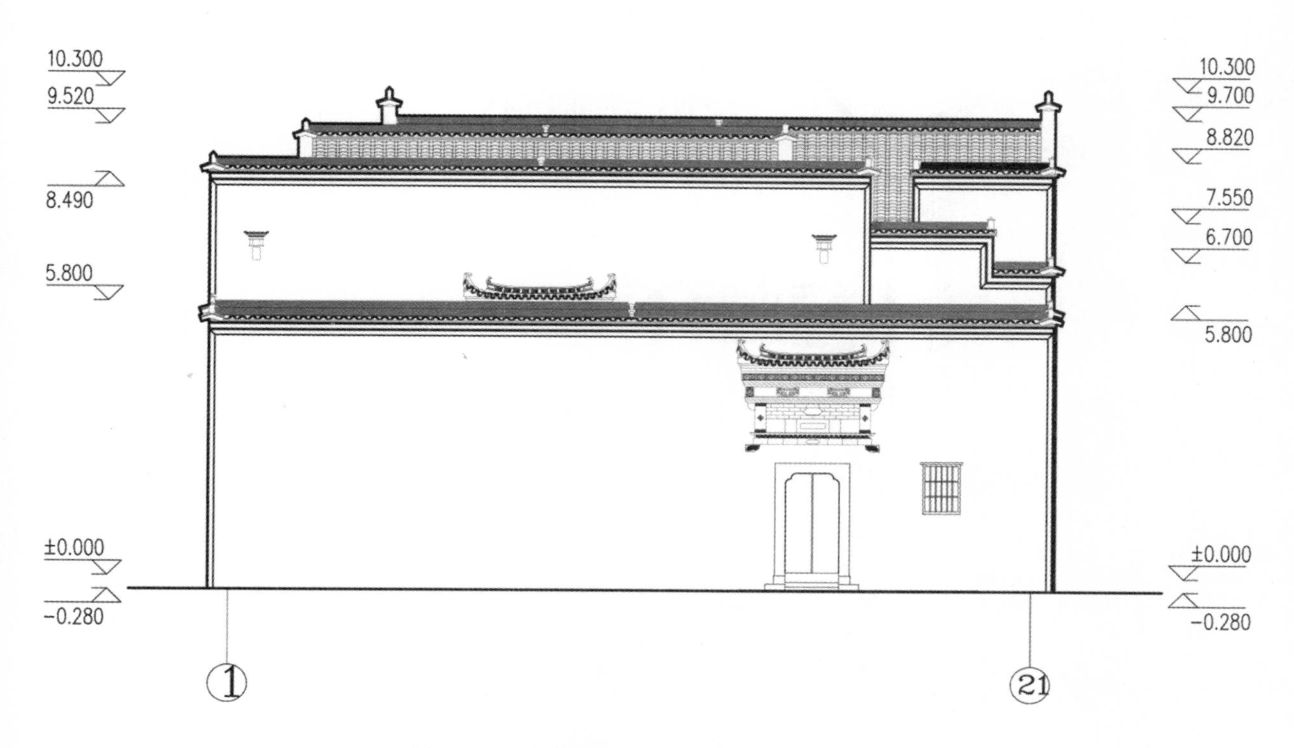

图 5-19　安徽黟县卢村木雕楼 1-21 立面图

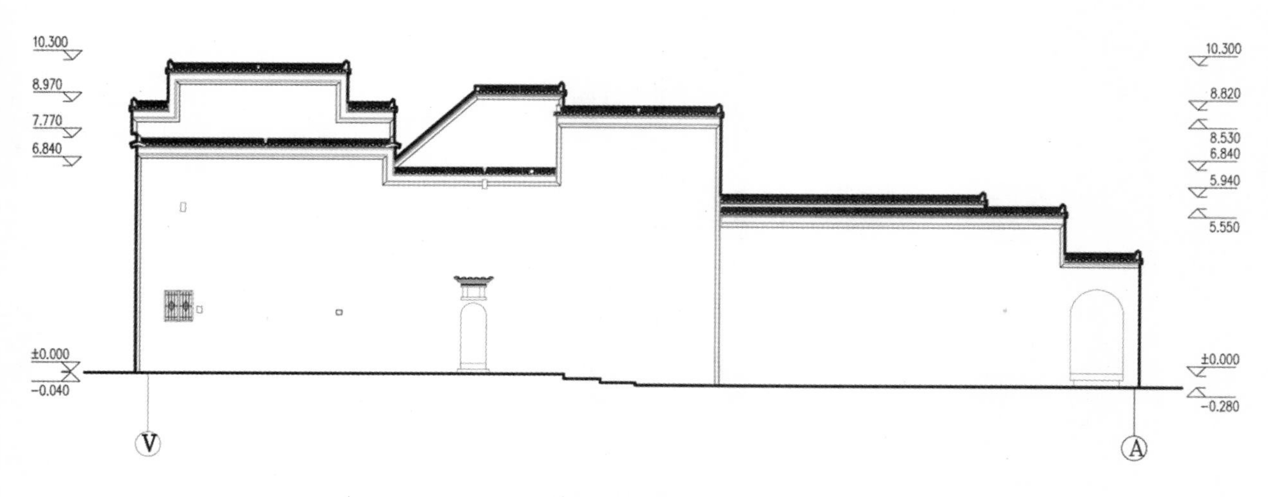

图 5-20　安徽黟县卢村木雕楼 V—A 立面图

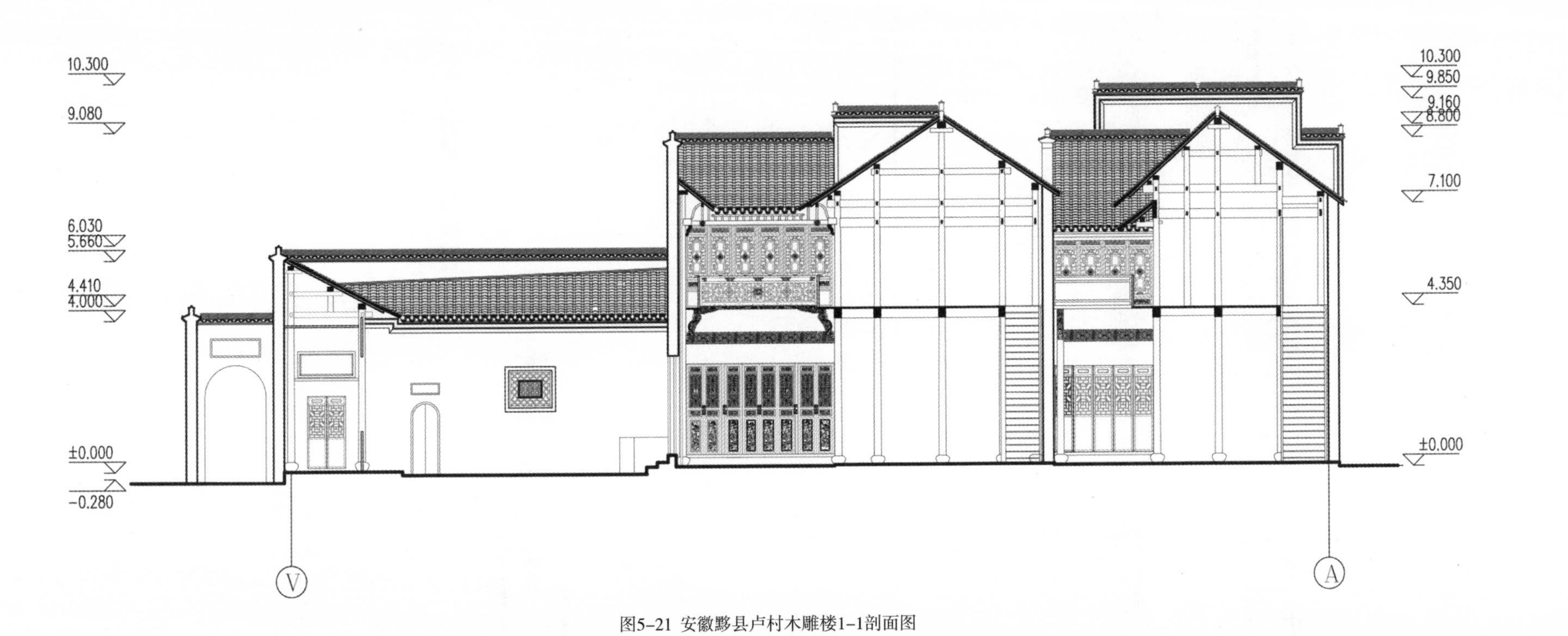

图5-21 安徽黟县卢村木雕楼1-1剖面图

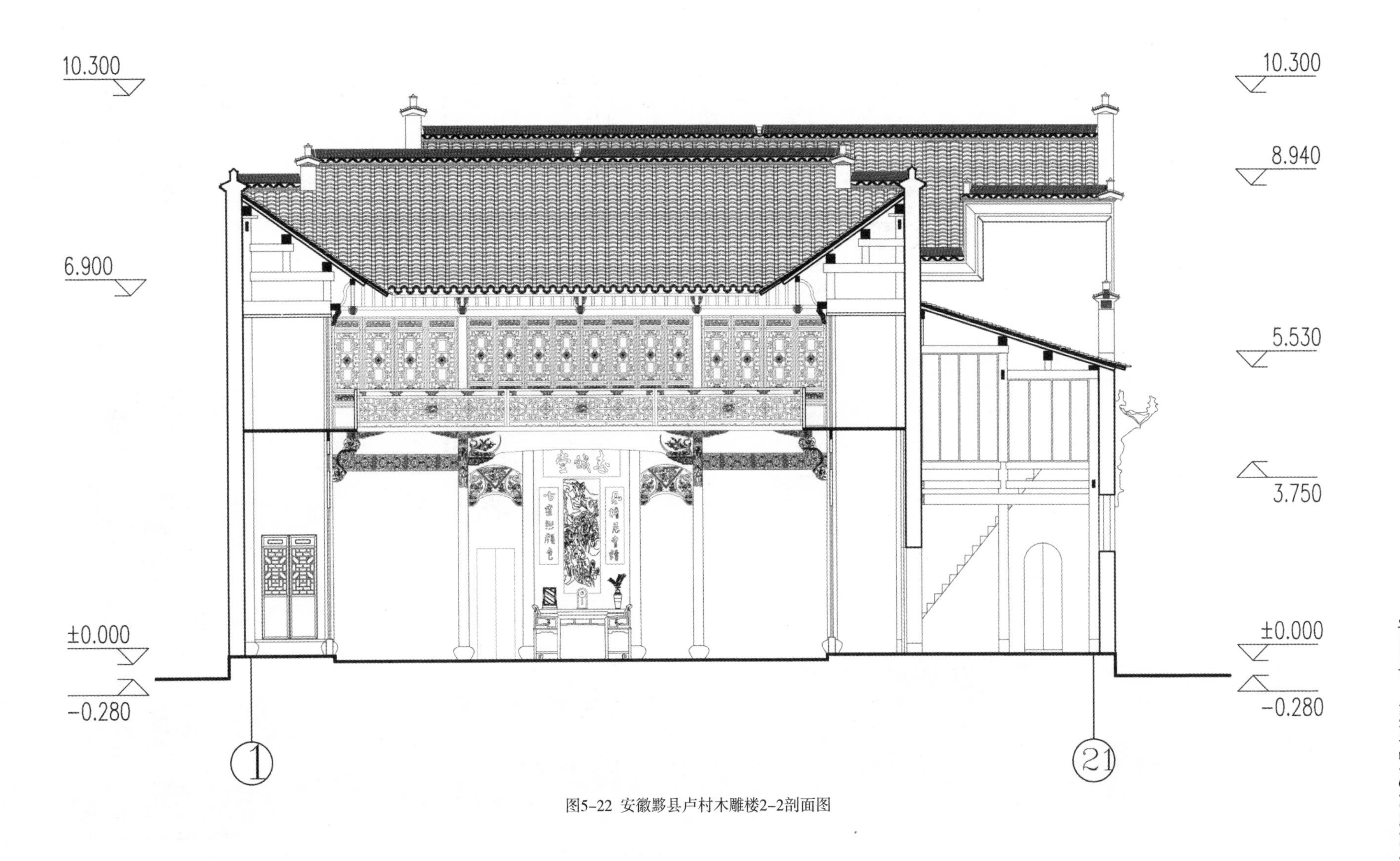

图5-22 安徽黟县卢村木雕楼2-2剖面图

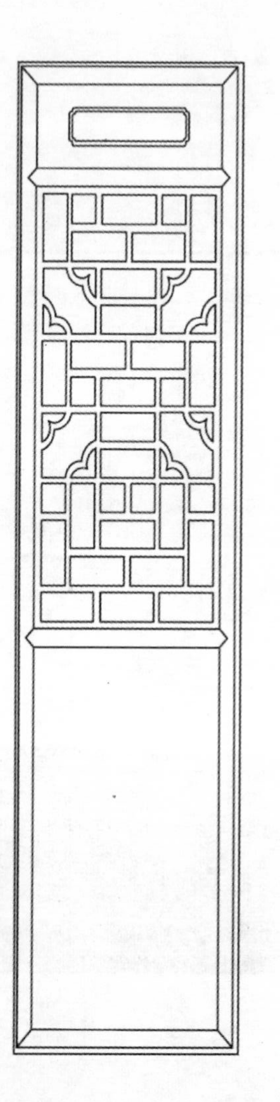

槅扇门大样

槛窗大样一

槛窗大样二

栏杆大样

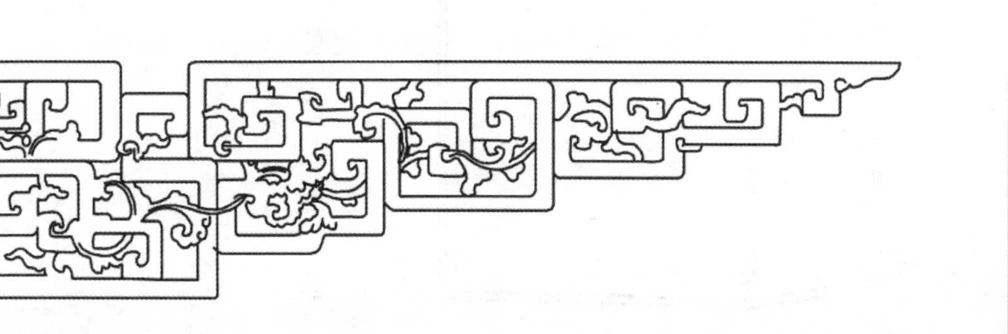

雀替大样

元宝门大样

图5–23 安徽黟县木雕楼局部大样

4. 安徽绩溪县上庄村胡适故居（图 5 - 24 至图 5 - 32）

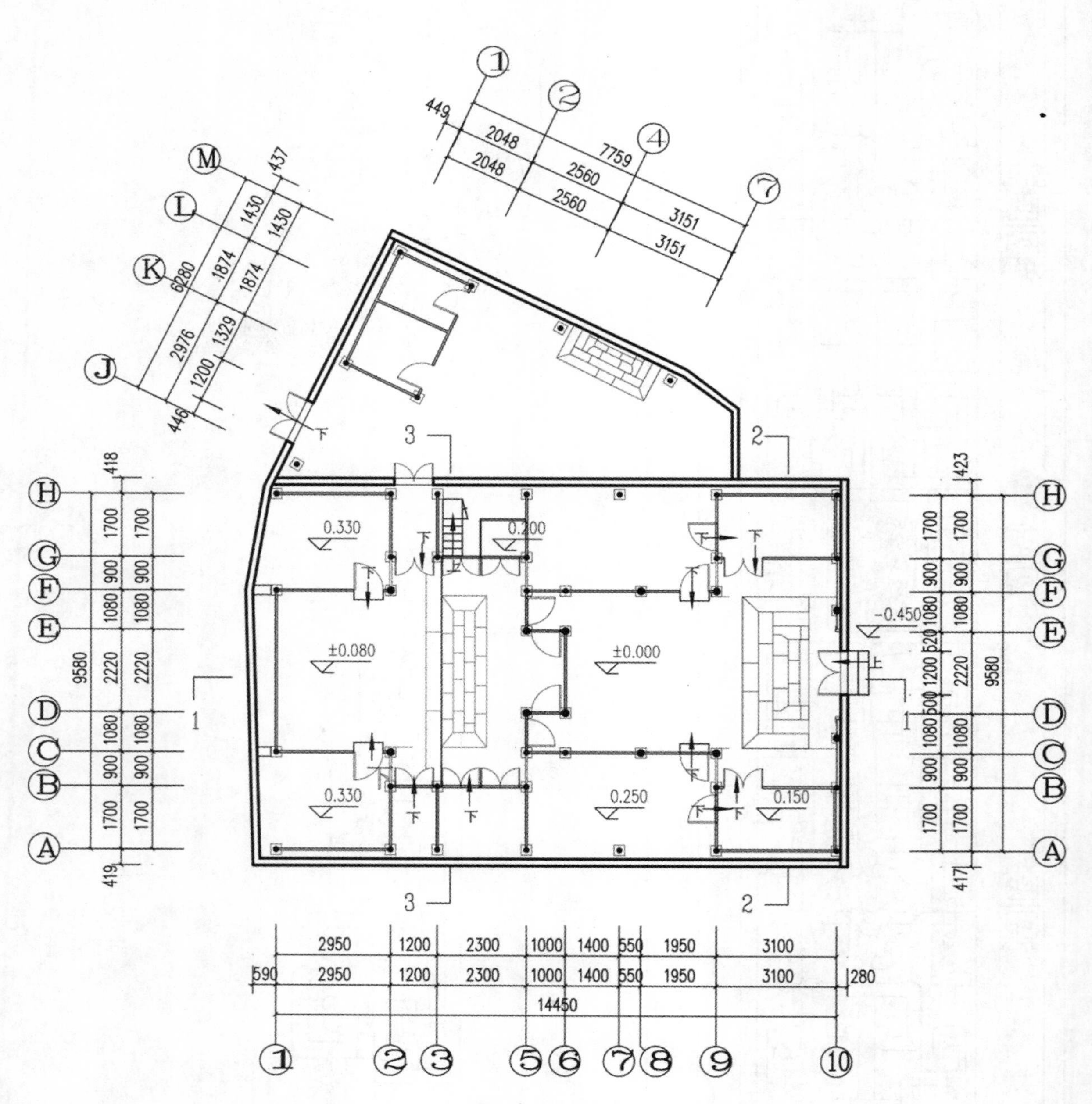

图 5 - 24　安徽绩溪县上庄村胡适故居一层平面图

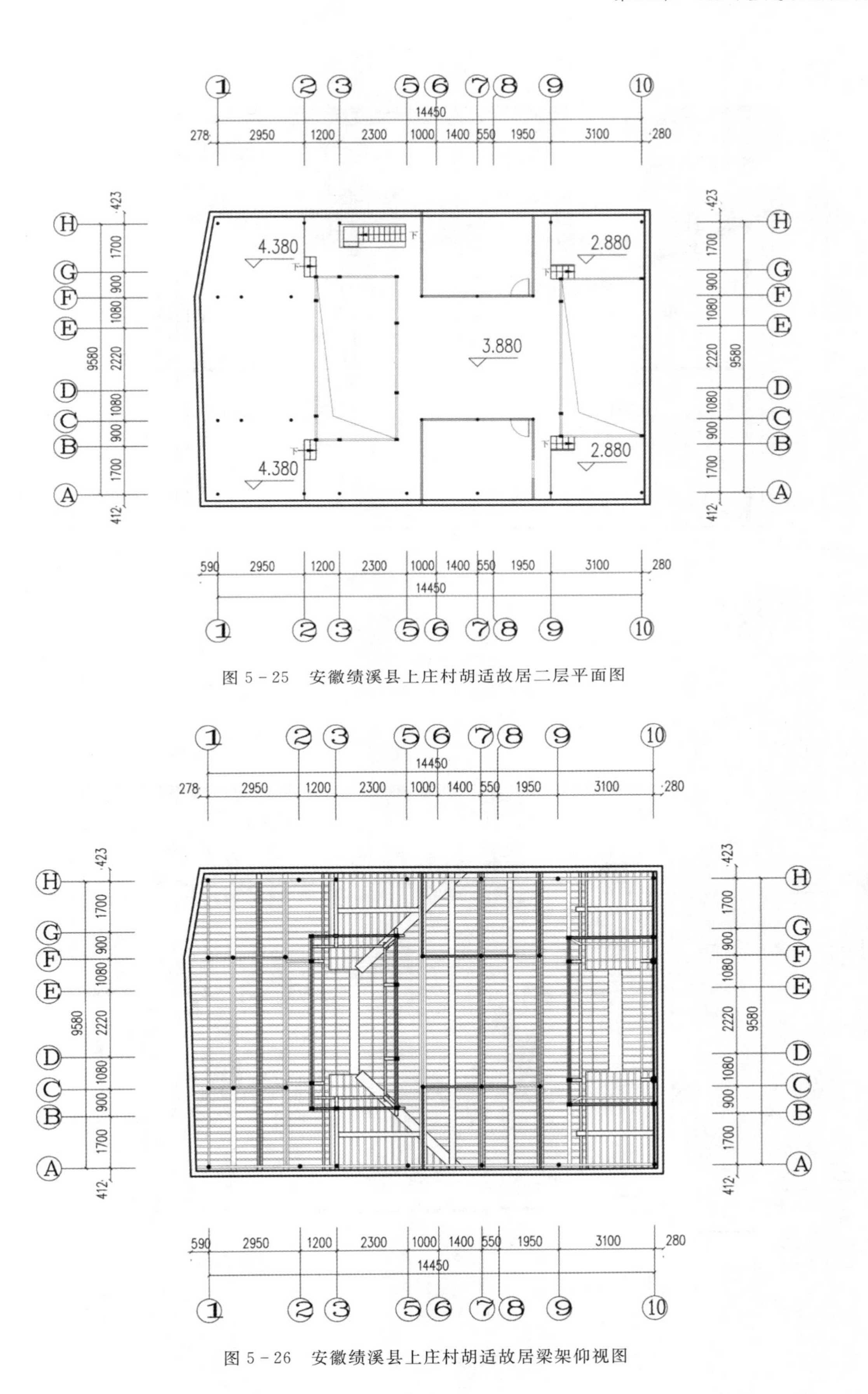

图 5－25　安徽绩溪县上庄村胡适故居二层平面图

图 5－26　安徽绩溪县上庄村胡适故居梁架仰视图

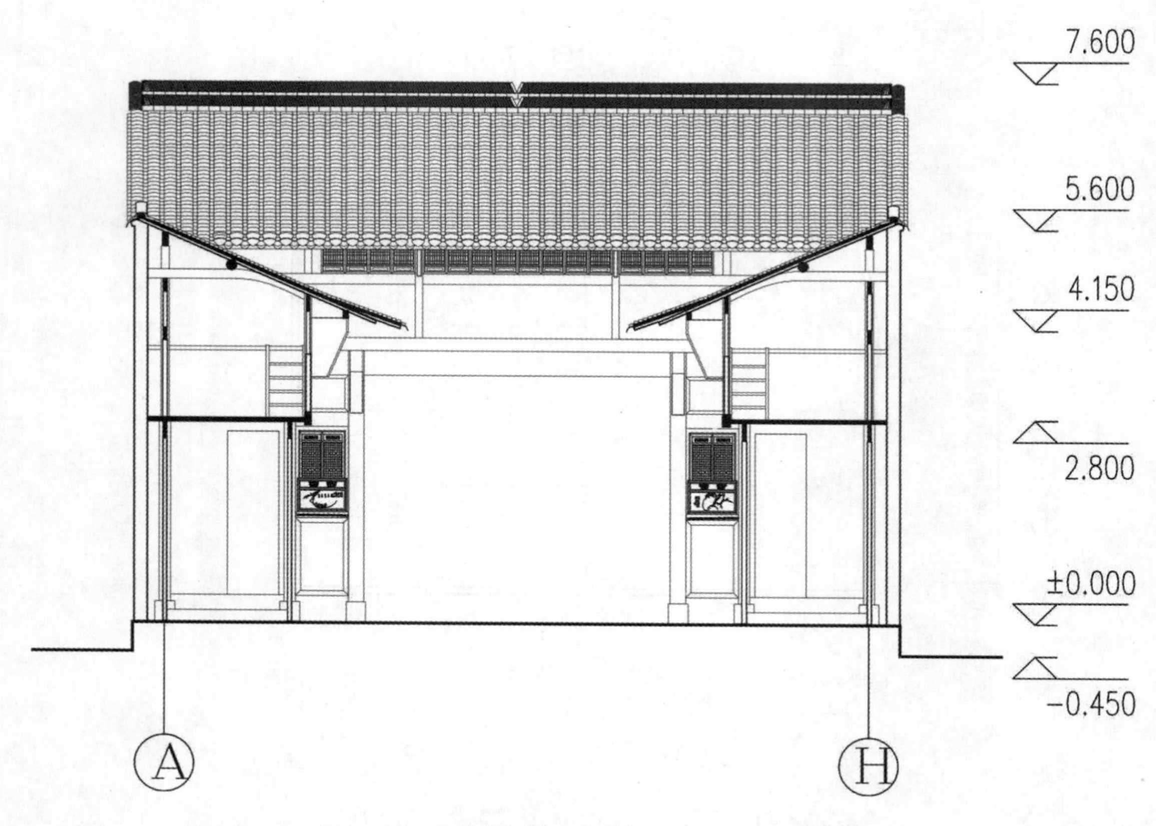

图 5-27　安徽绩溪县上庄村胡适故居 2-2 剖面图

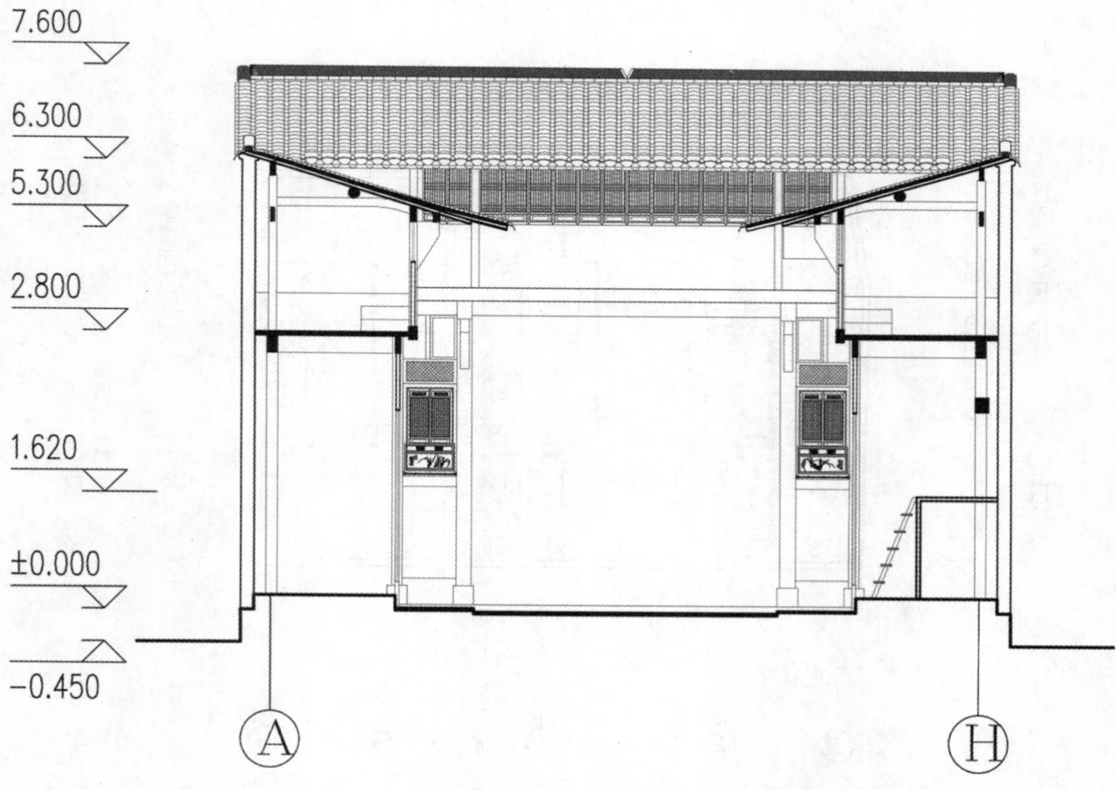

图 5-28　安徽绩溪县上庄村胡适故居 3-3 剖面图

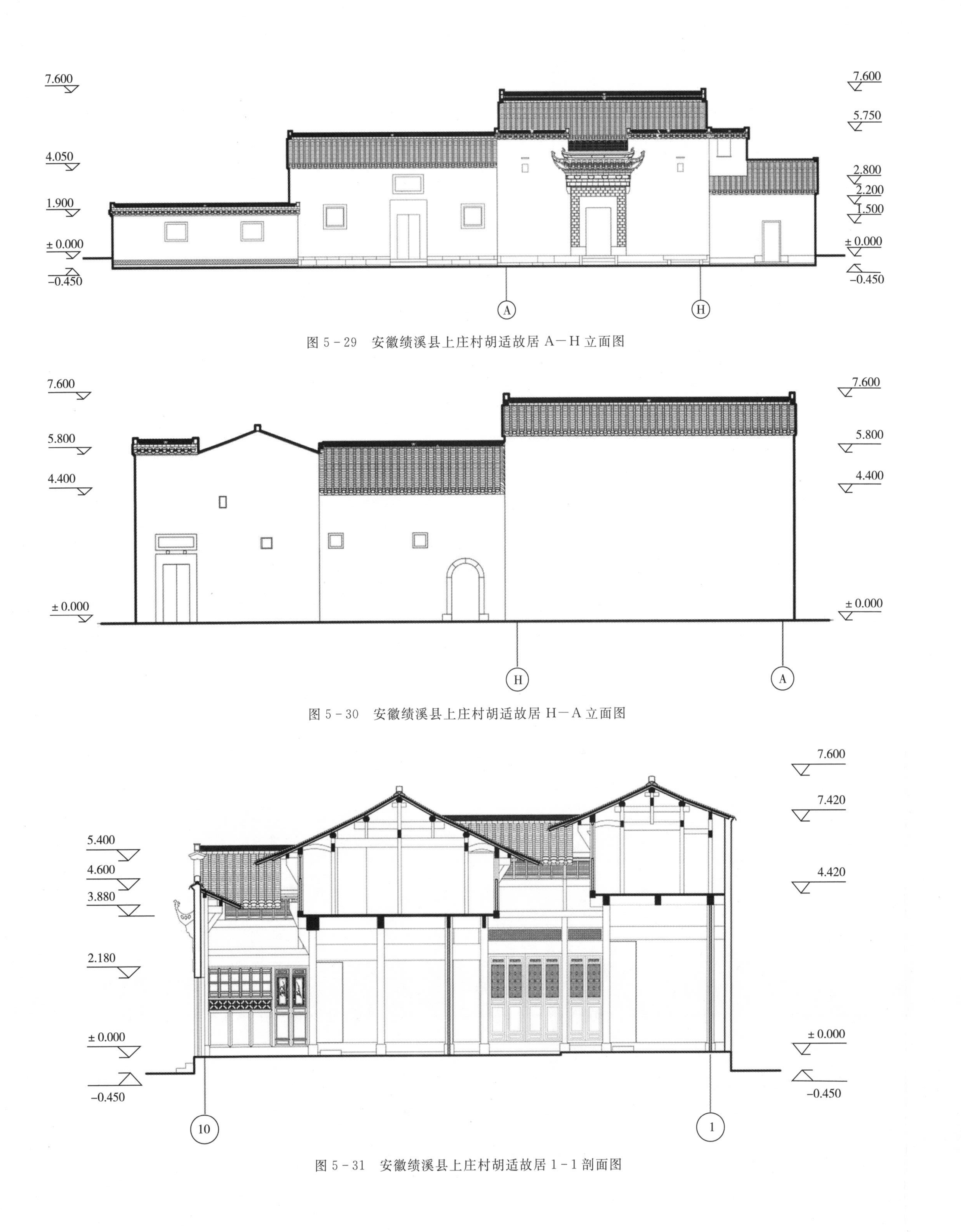

图 5－29　安徽绩溪县上庄村胡适故居 A－H 立面图

图 5－30　安徽绩溪县上庄村胡适故居 H－A 立面图

图 5－31　安徽绩溪县上庄村胡适故居 1－1 剖面图

槛窗大样二

槛窗大样一

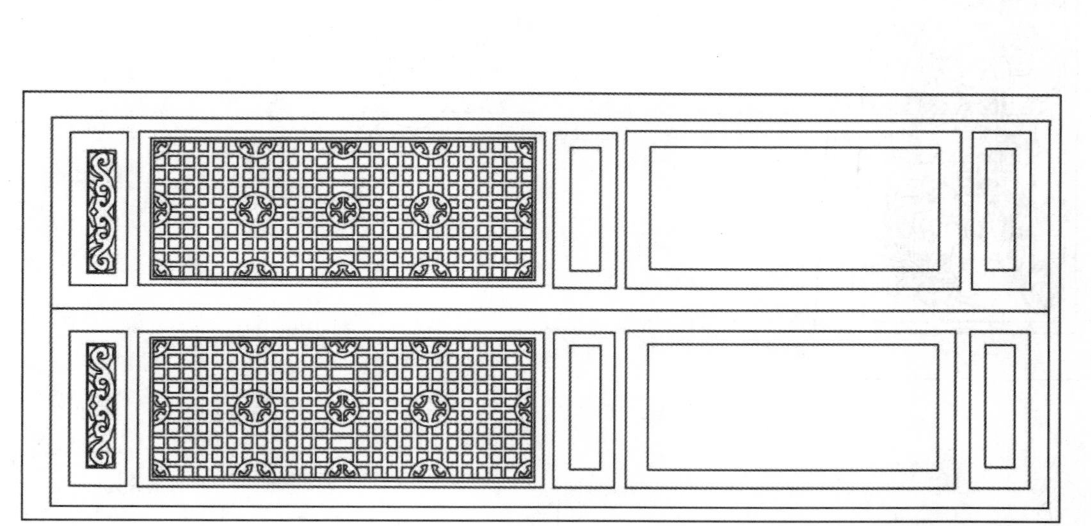

槅扇门大样二

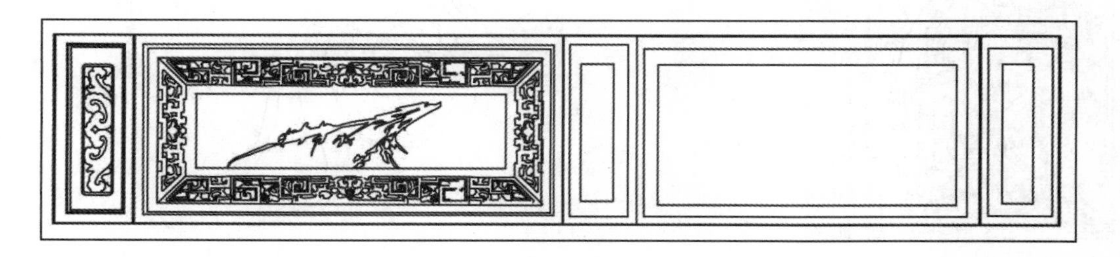

槅扇门大样一

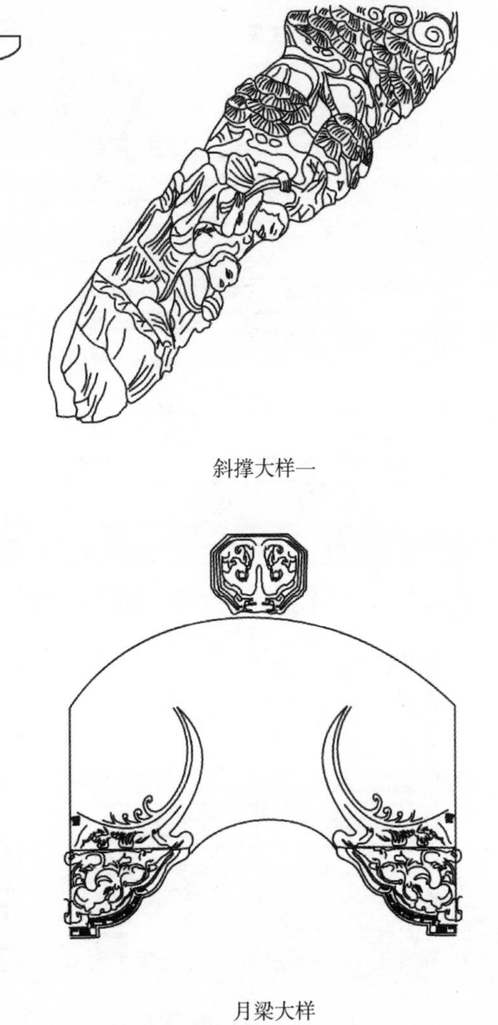
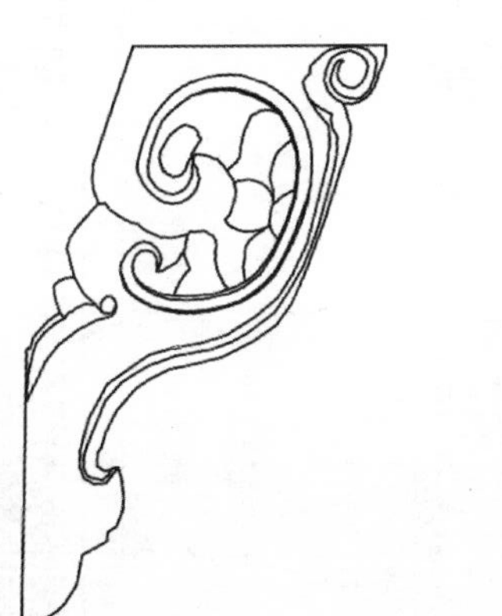
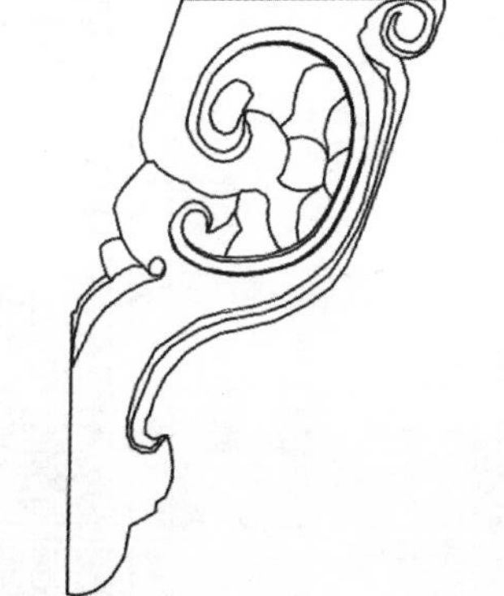
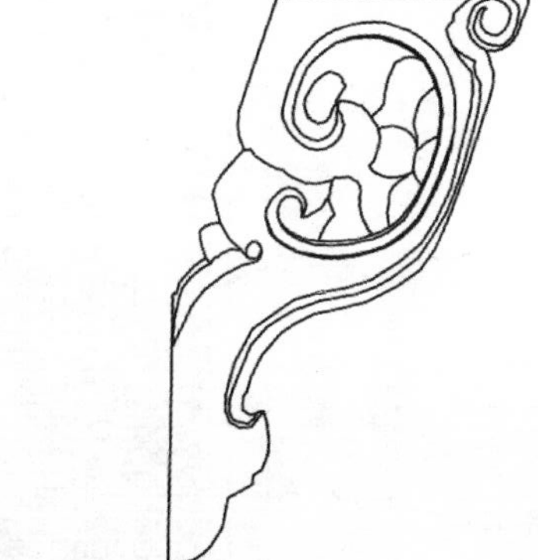
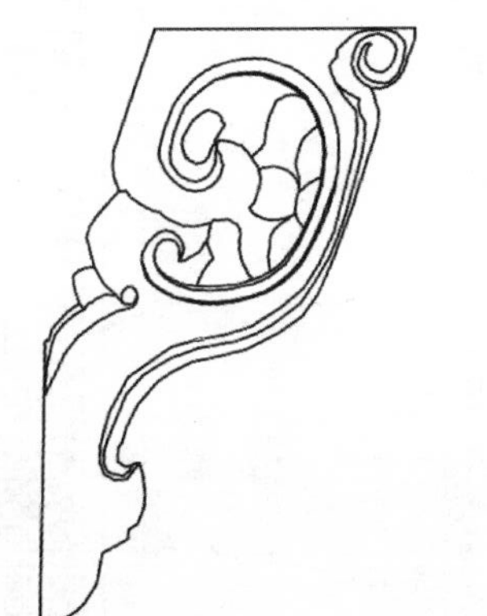
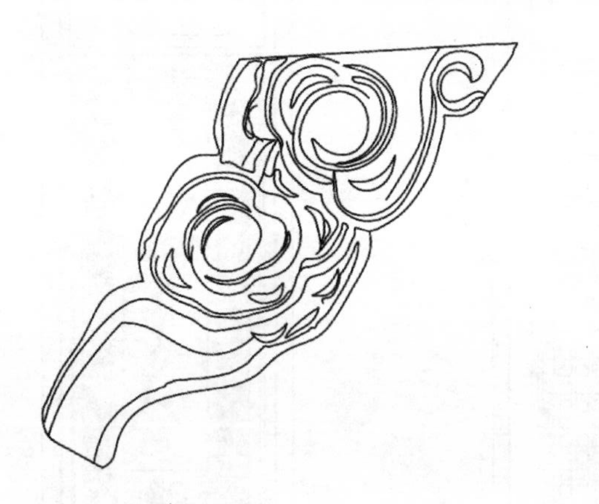

雀替大样一

雀替大样二

斜撑大样一

斜撑大样二

斜撑大样三

月梁大样

图5-32 安徽绩溪县上庄村胡适故居局部大样

5. 安徽绩溪县上庄村适之路25号（图5－33至图5－40）

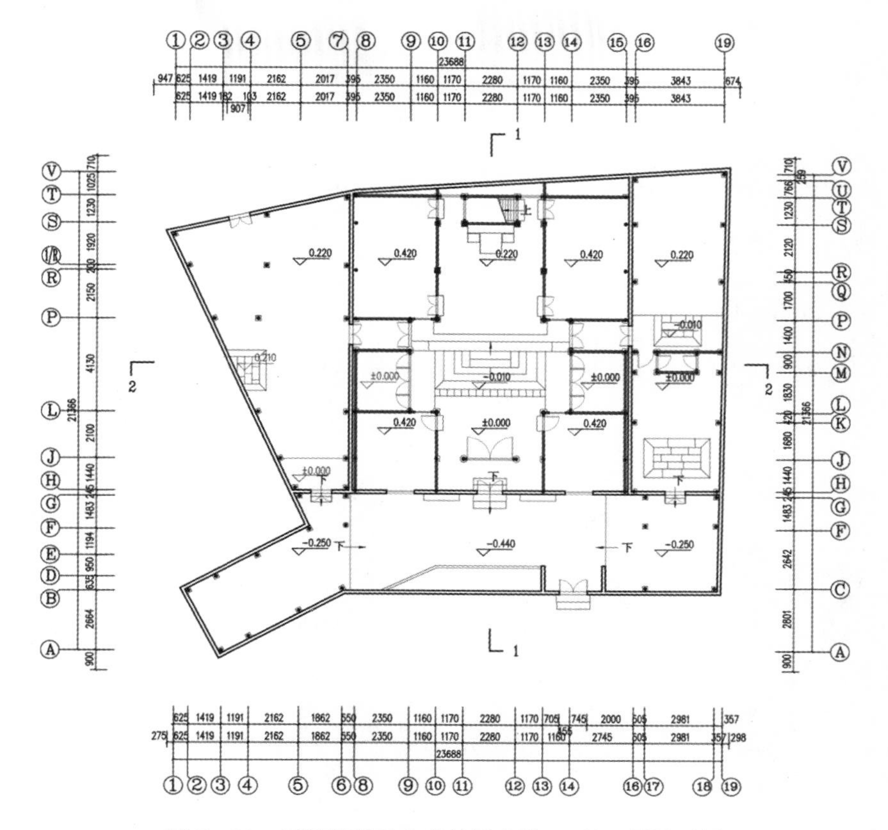

图5－33 安徽绩溪县上庄村适之路25号一层平面图

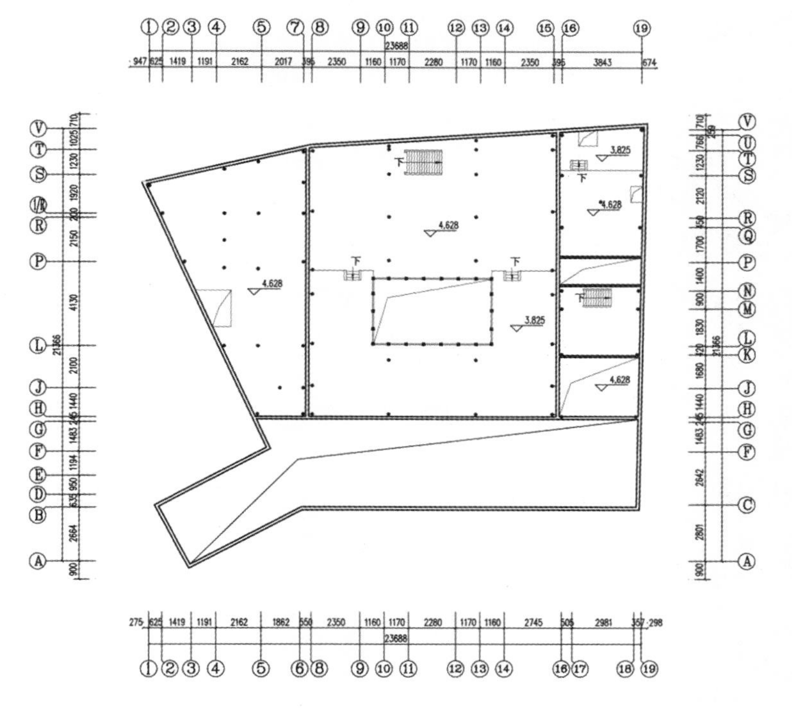

图5－34 安徽绩溪县上庄村适之路25号二层平面图

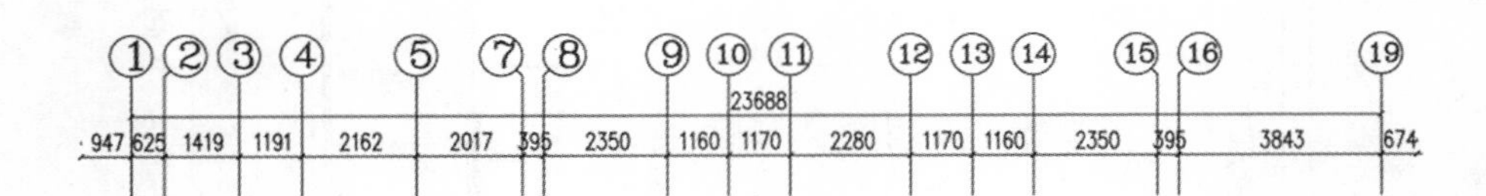

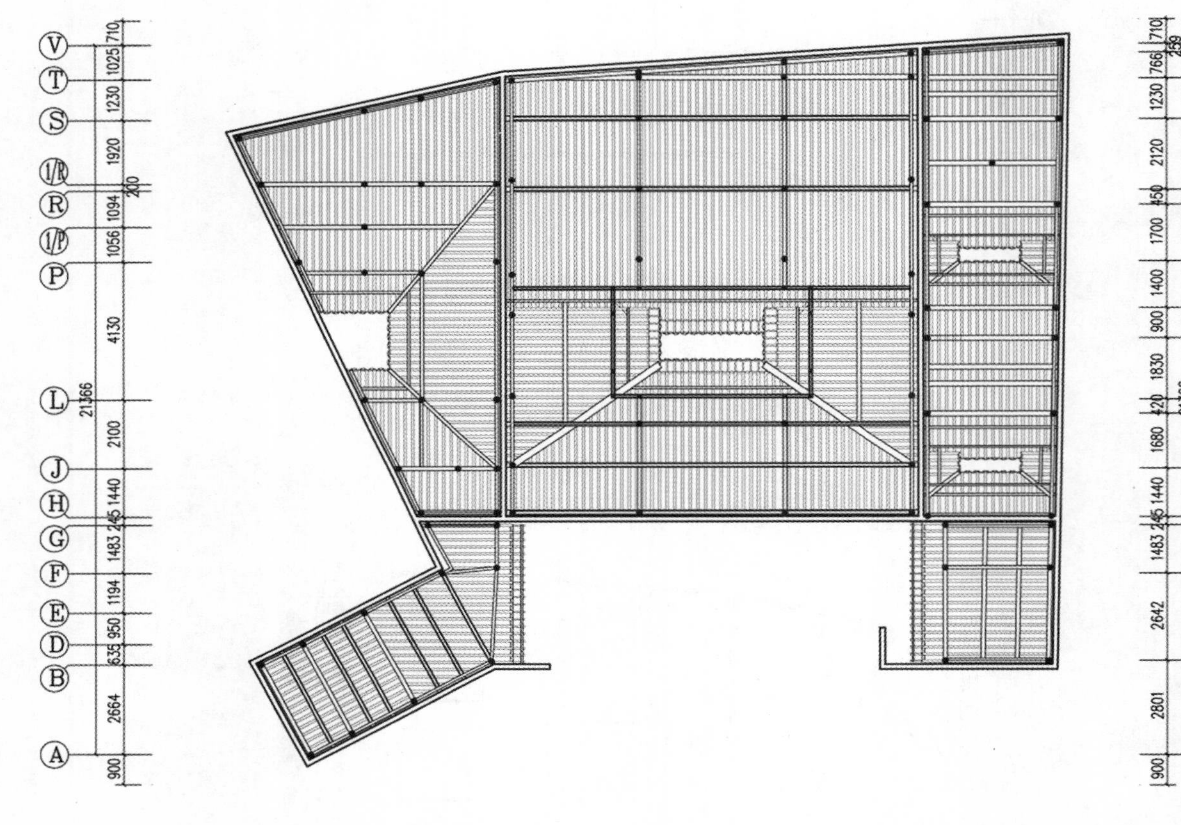

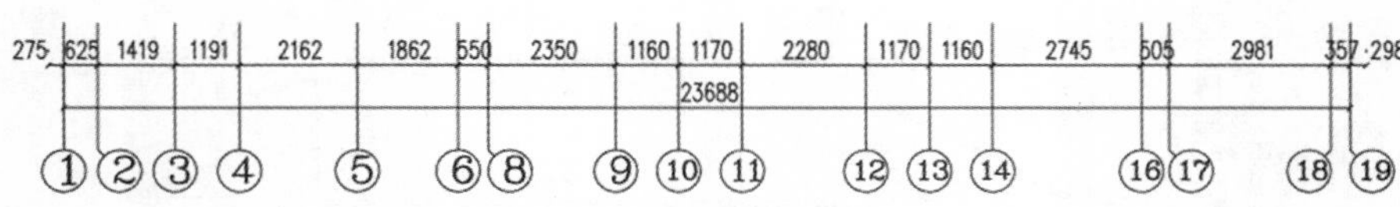

图 5－35　安徽绩溪县上庄村适之路 25 号梁架仰视图

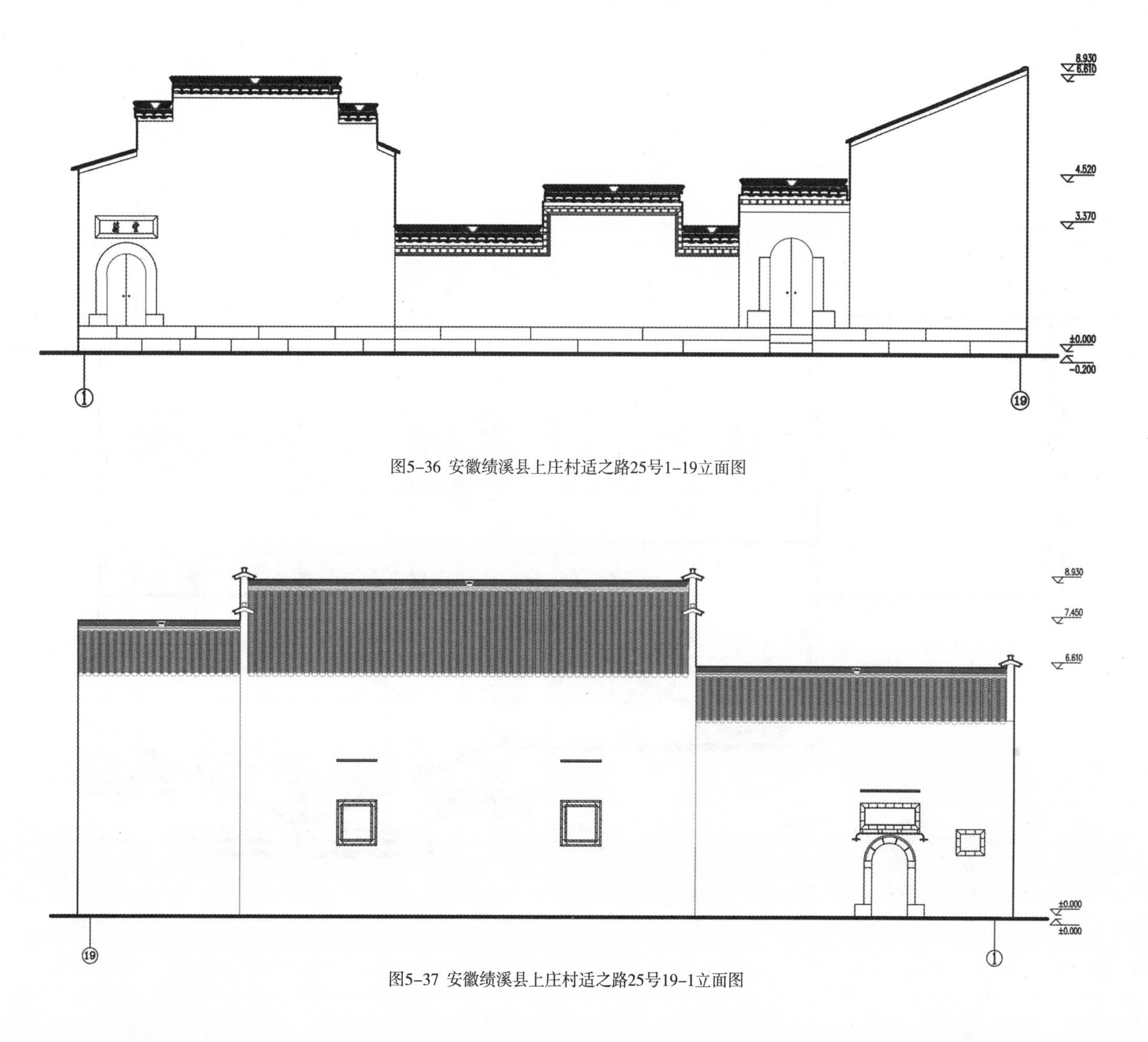

图5-36 安徽绩溪县上庄村适之路25号1-19立面图

图5-37 安徽绩溪县上庄村适之路25号19-1立面图

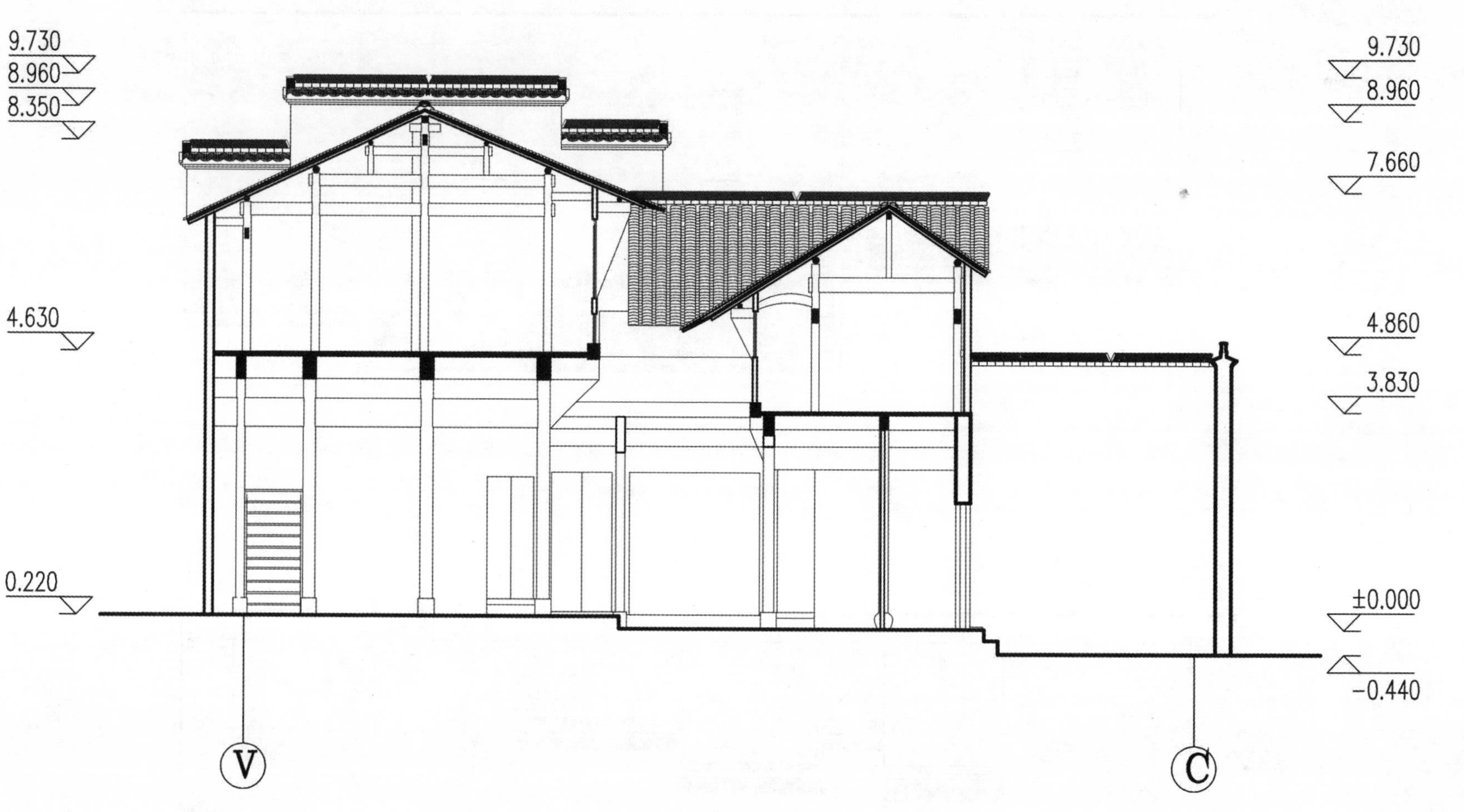

图5-38 安徽绩溪县上庄村适之路25号1-1剖面图

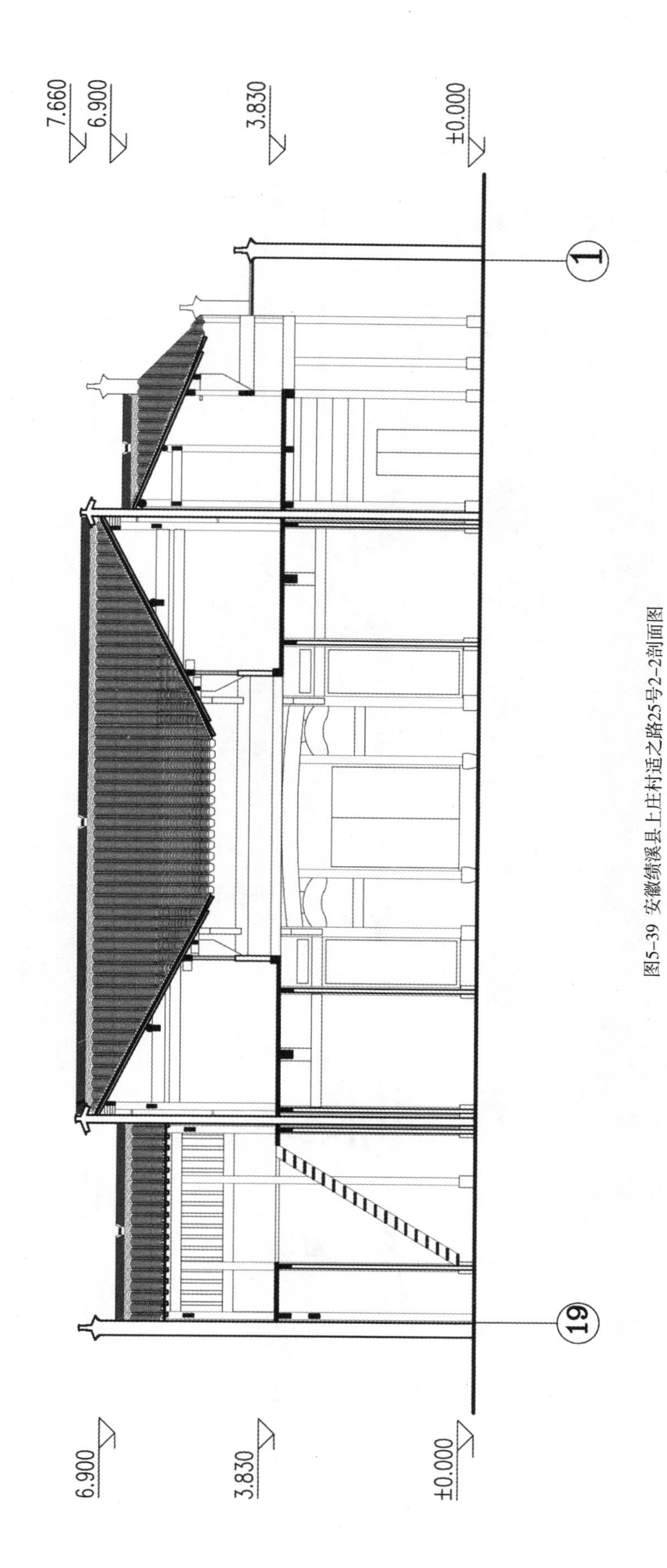

图5-39 安徽绩溪县上庄村适之路25号2-2剖面图

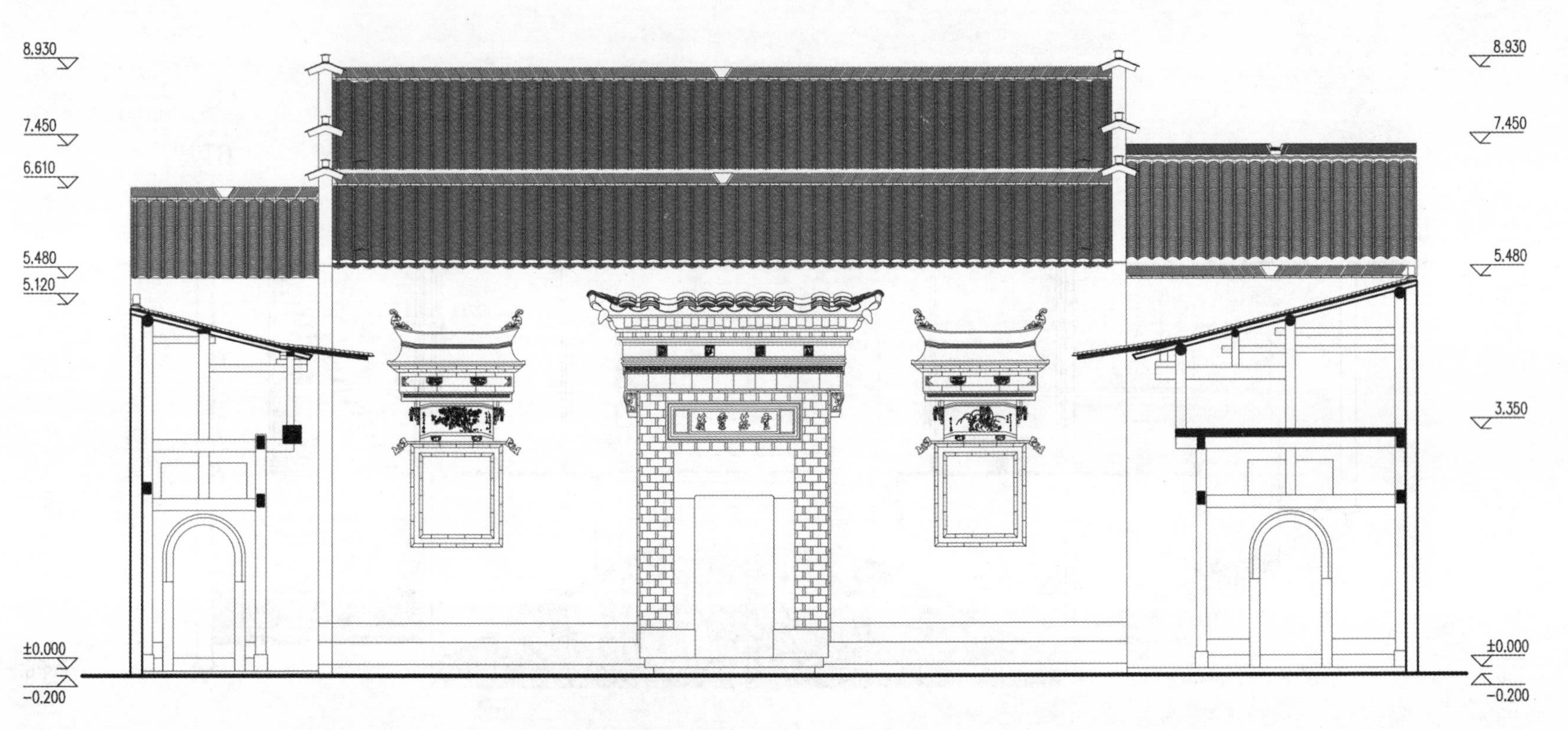

图5-40 安徽绩溪县上庄村适之路25号3-3剖面图

6. 安徽黟县西递村胡贯三故居（图 5－41 至图 5－47）

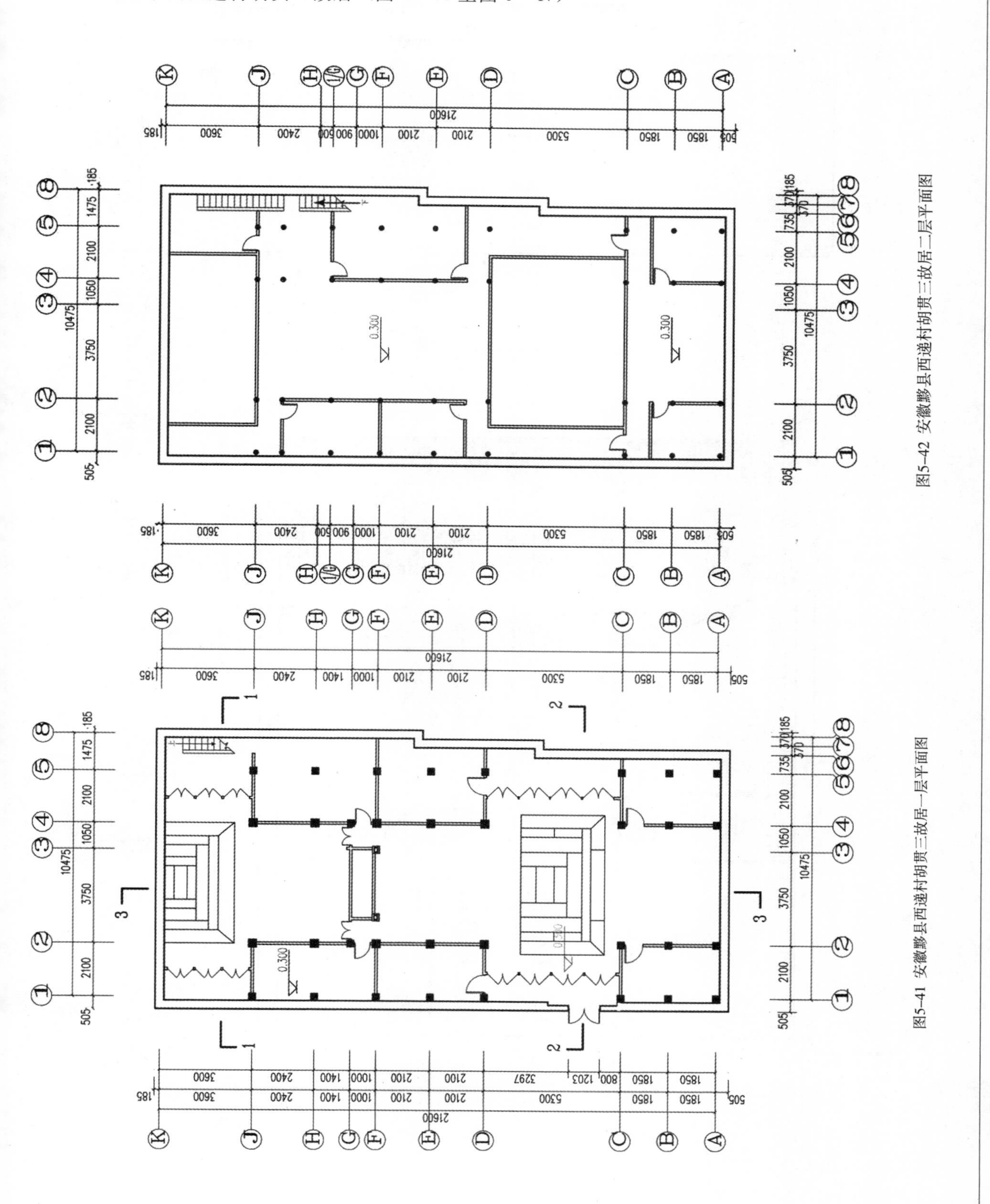

图5-42 安徽黟县西递村胡贯三故居二层平面图

图5-41 安徽黟县西递村胡贯三故居一层平面图

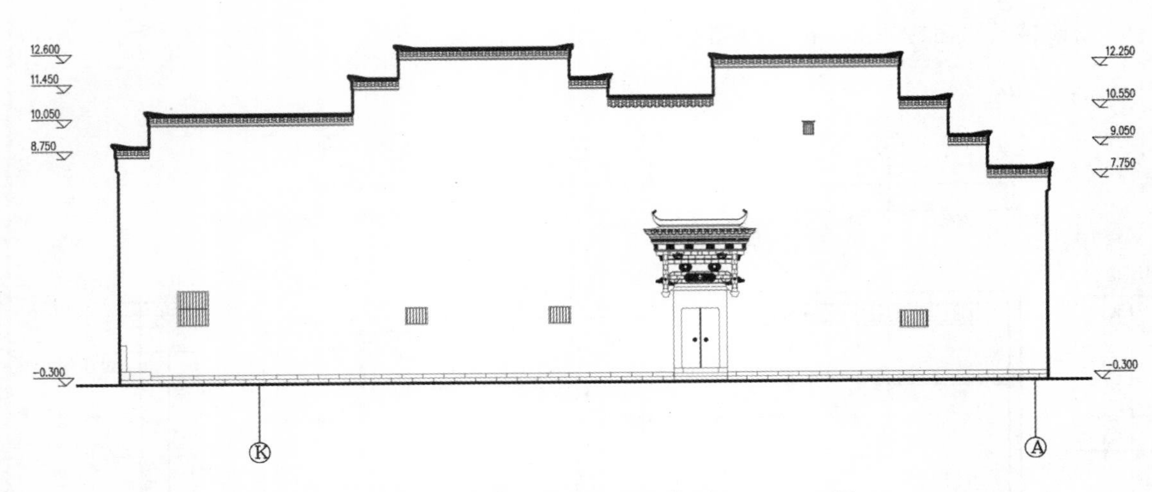

图 5－43　安徽黟县西递村胡贯三故居 K－A 立面图

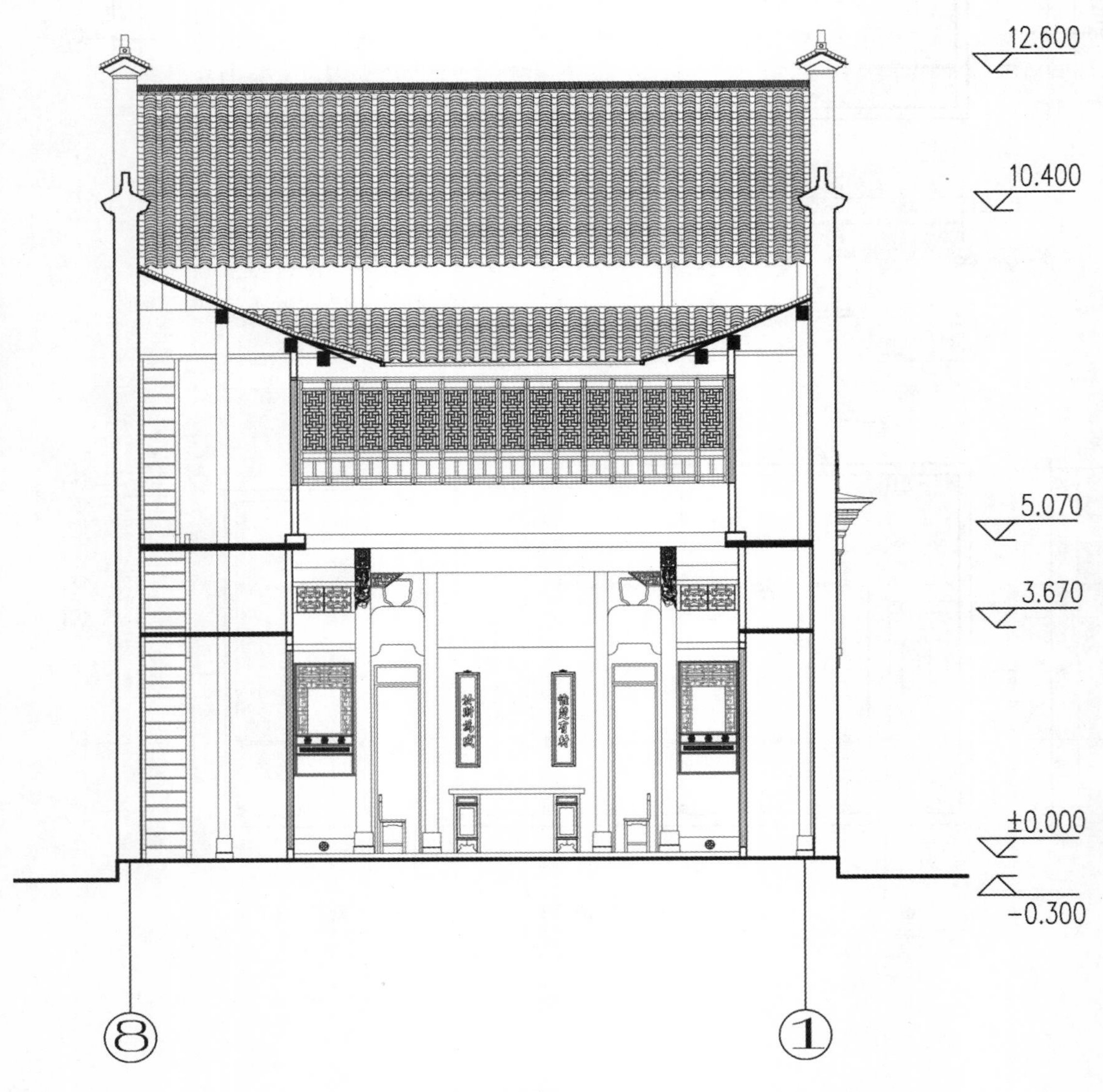

图 5－44　安徽黟县西递村胡贯三故居 1－1 剖面图

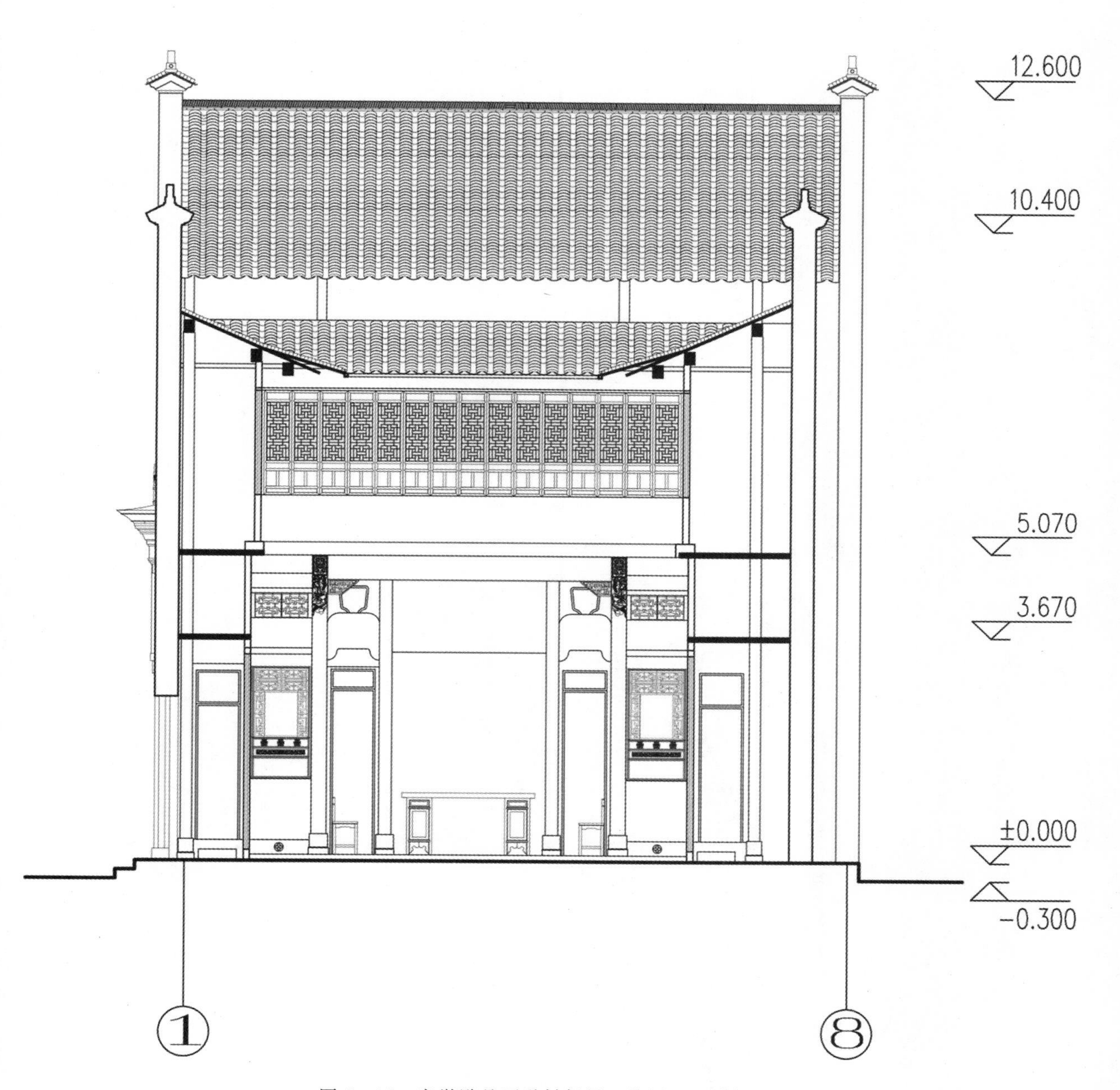

图 5－45　安徽黟县西递村胡贯三故居 2－2 剖面图

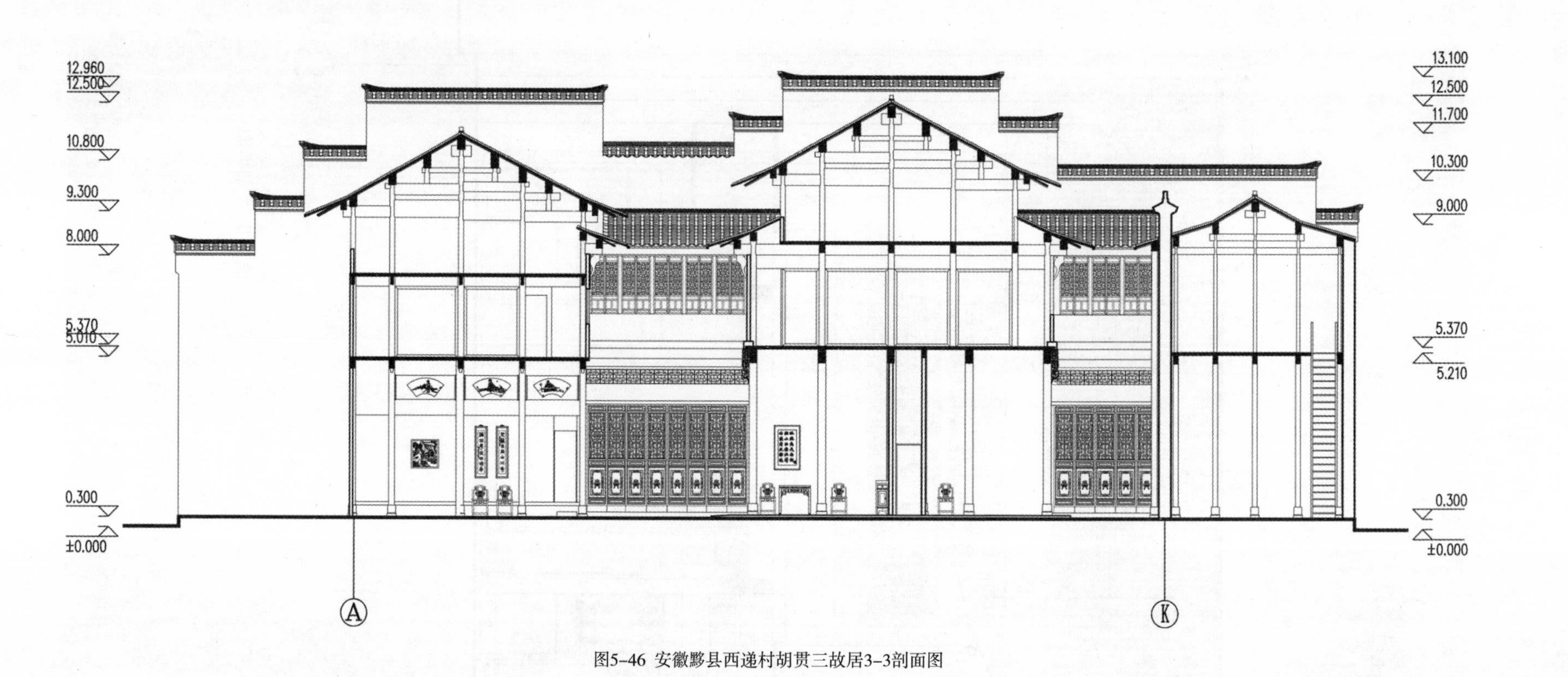

图5-46 安徽黟县西递村胡贯三故居3-3剖面图

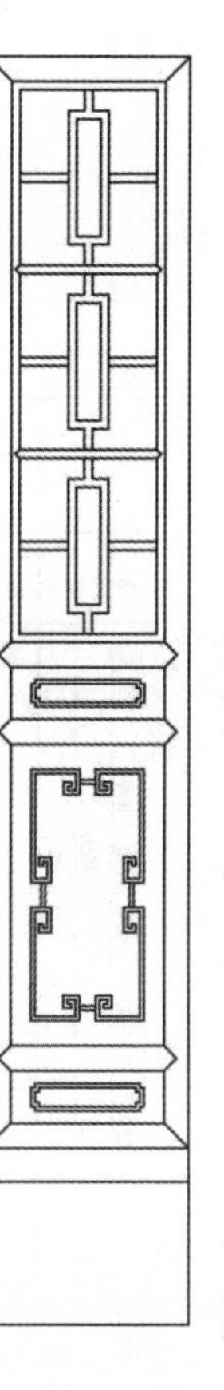

槅扇门大样

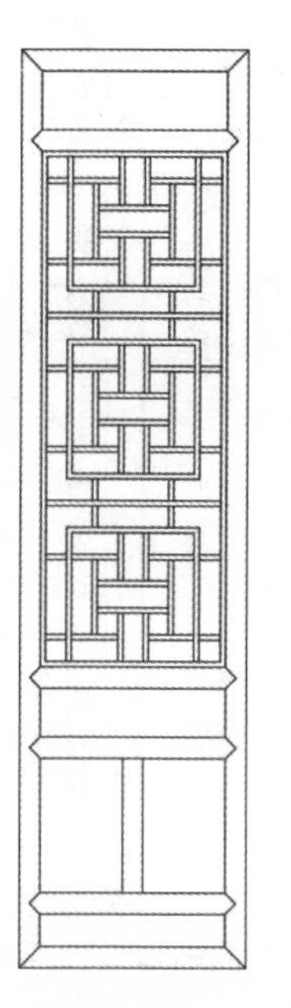

槛窗大样

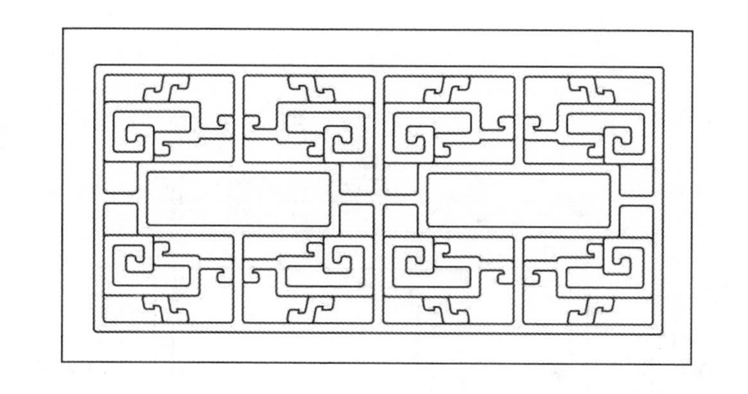

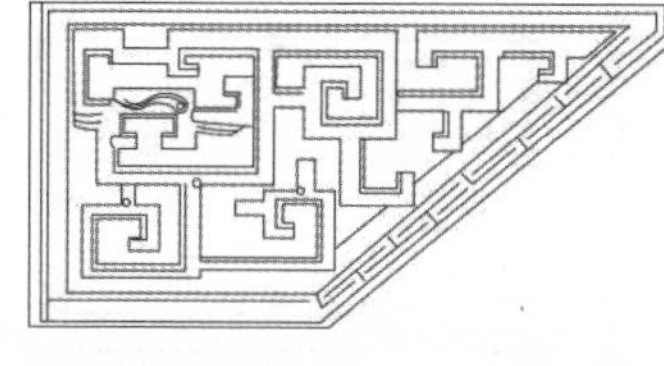

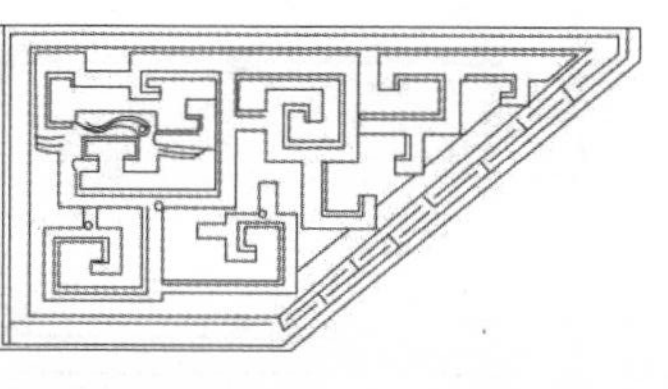

雀替大样

斜撑大样

图5-47 安徽黟县西递村胡贯三故居局部大样

7. 安徽黟县西递村村旷古斋（图 5 - 48 至图 5 - 55）

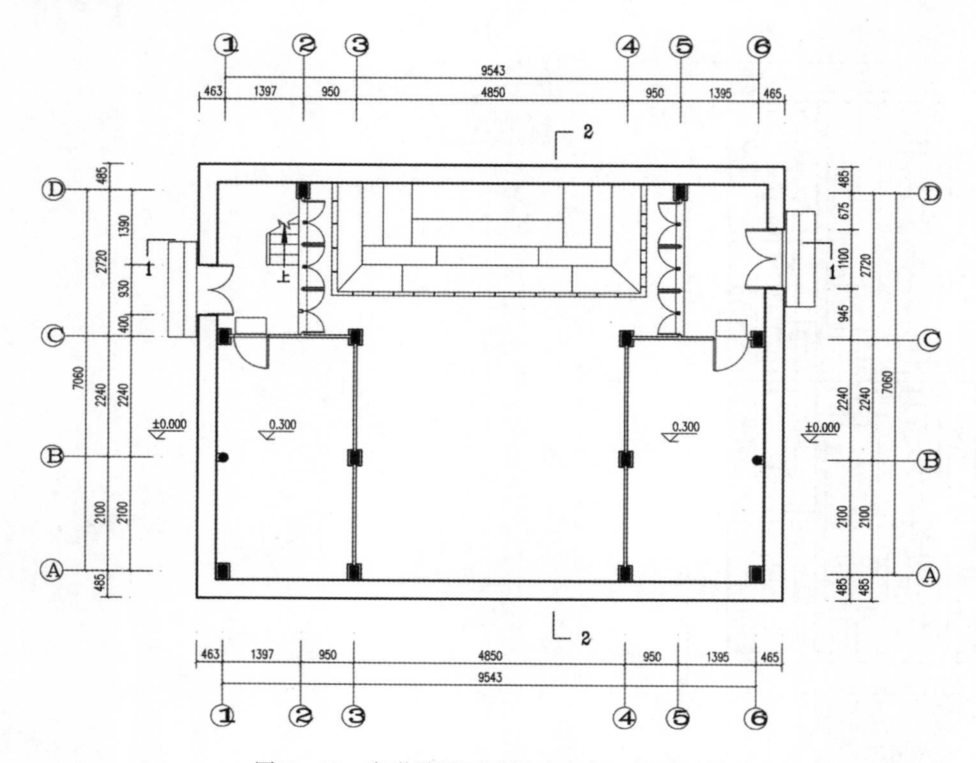

图 5 - 48　安徽黟县西递村旷古斋一层平面图

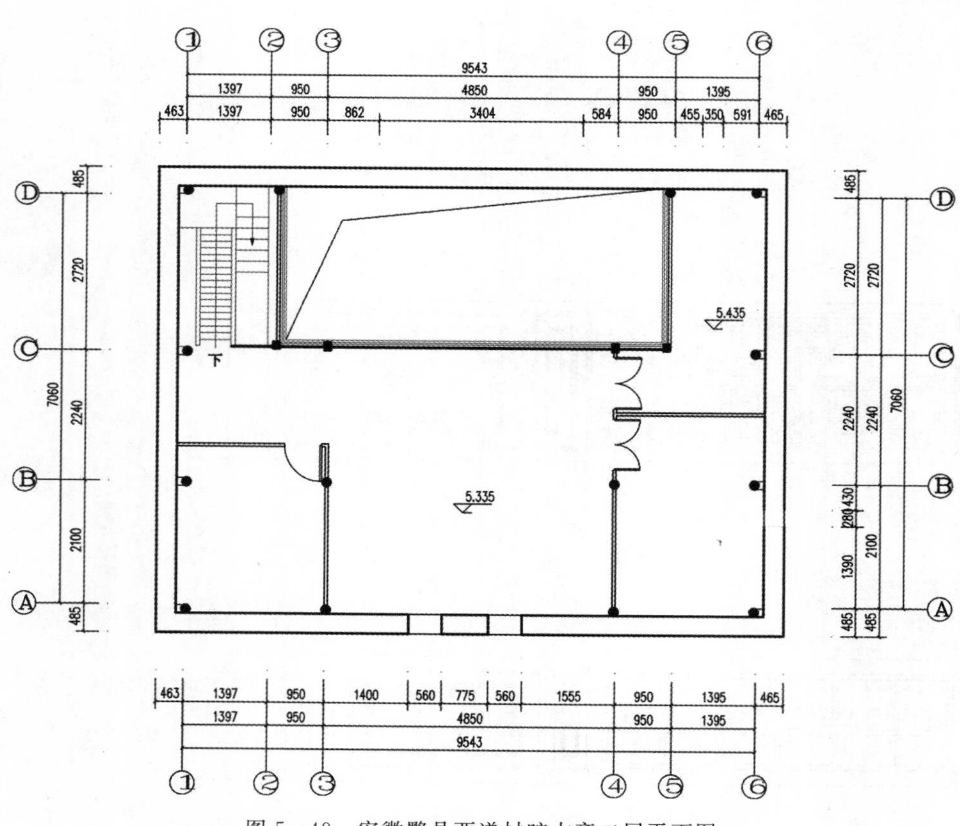

图 5 - 49　安徽黟县西递村旷古斋二层平面图

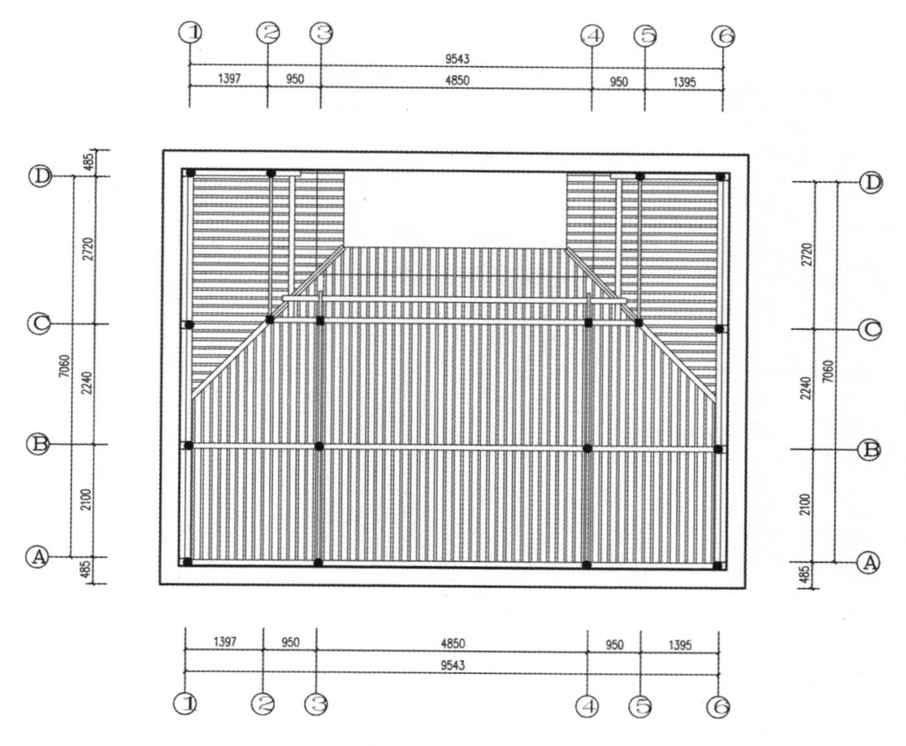

图 5－50　安徽黟县西递村旷古斋梁架仰视图

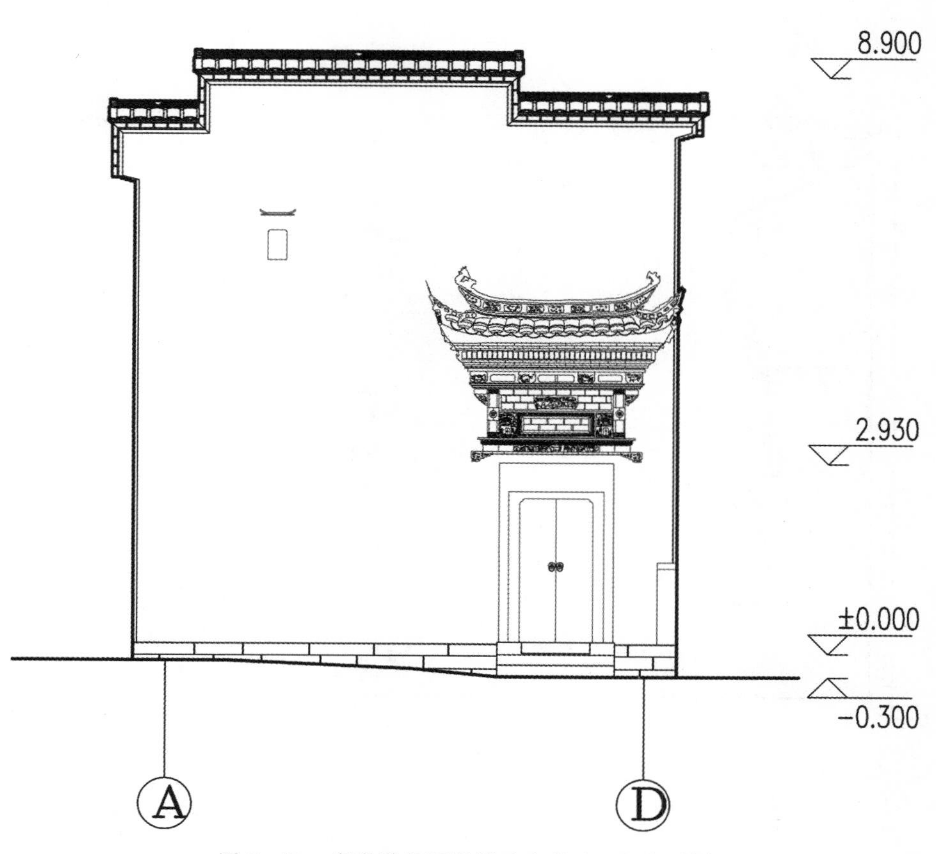

图 5－51　安徽黟县西递村旷古斋 A－D 立面图

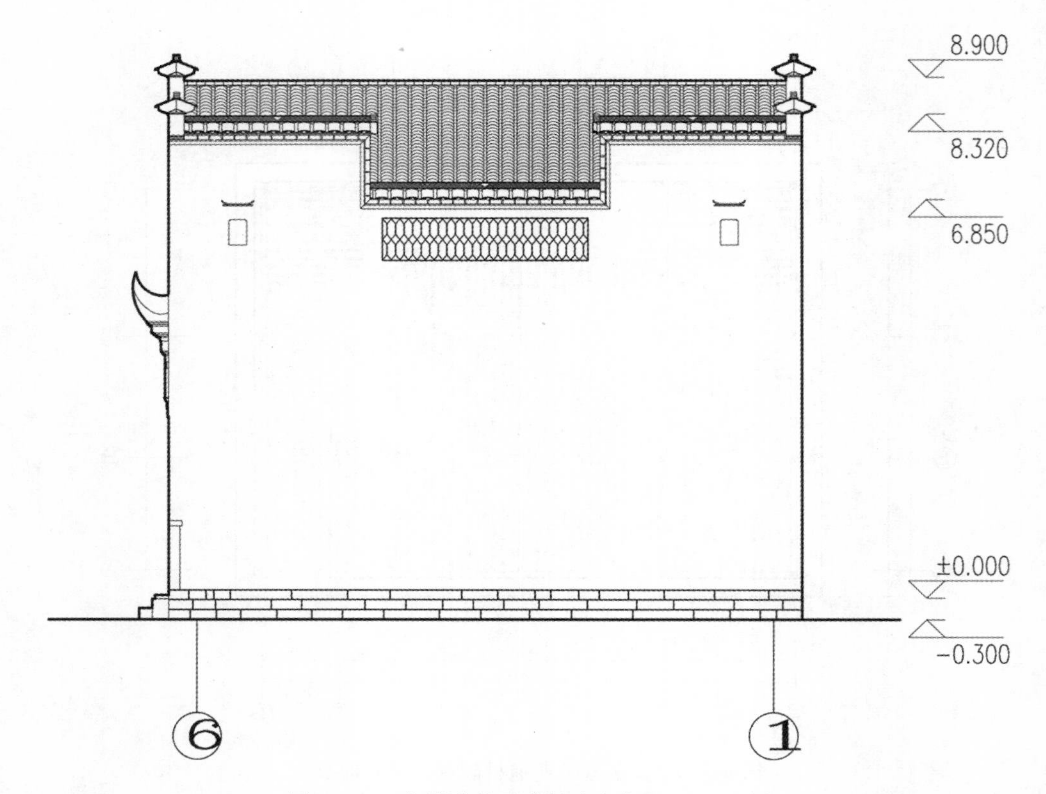

图 5－52　安徽黟县西递村旷古斋 6－1 立面图

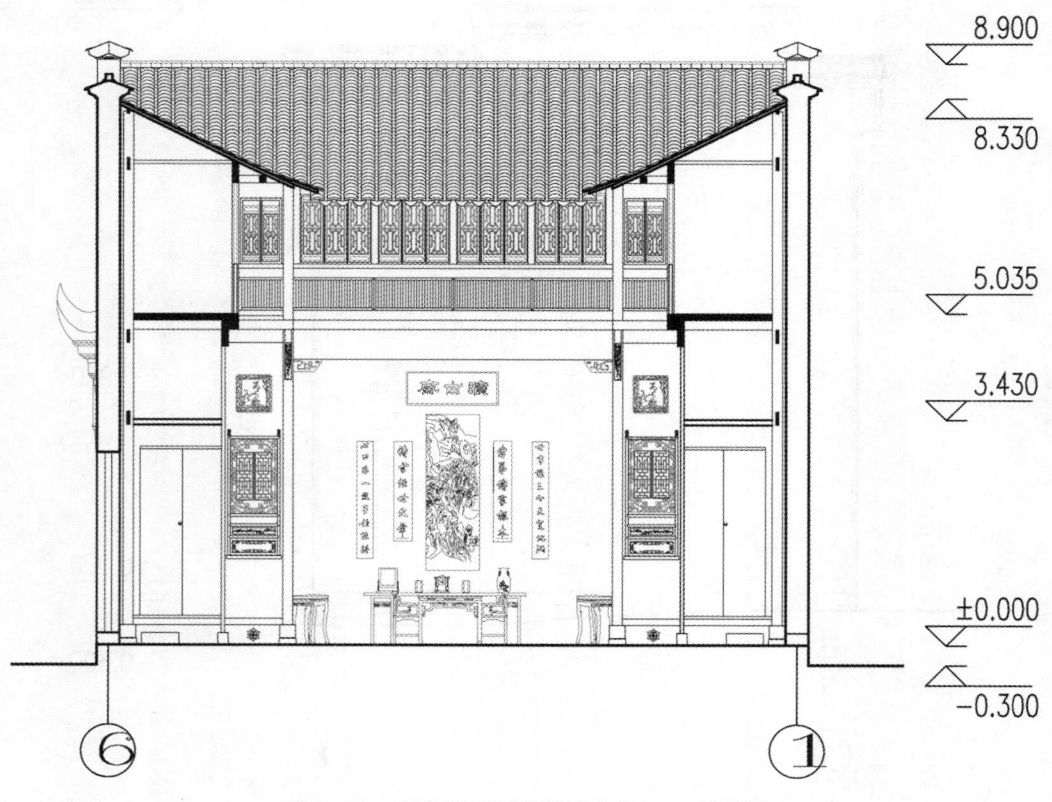

图 5－53　安徽黟县西递村旷古斋 1－1 剖面图

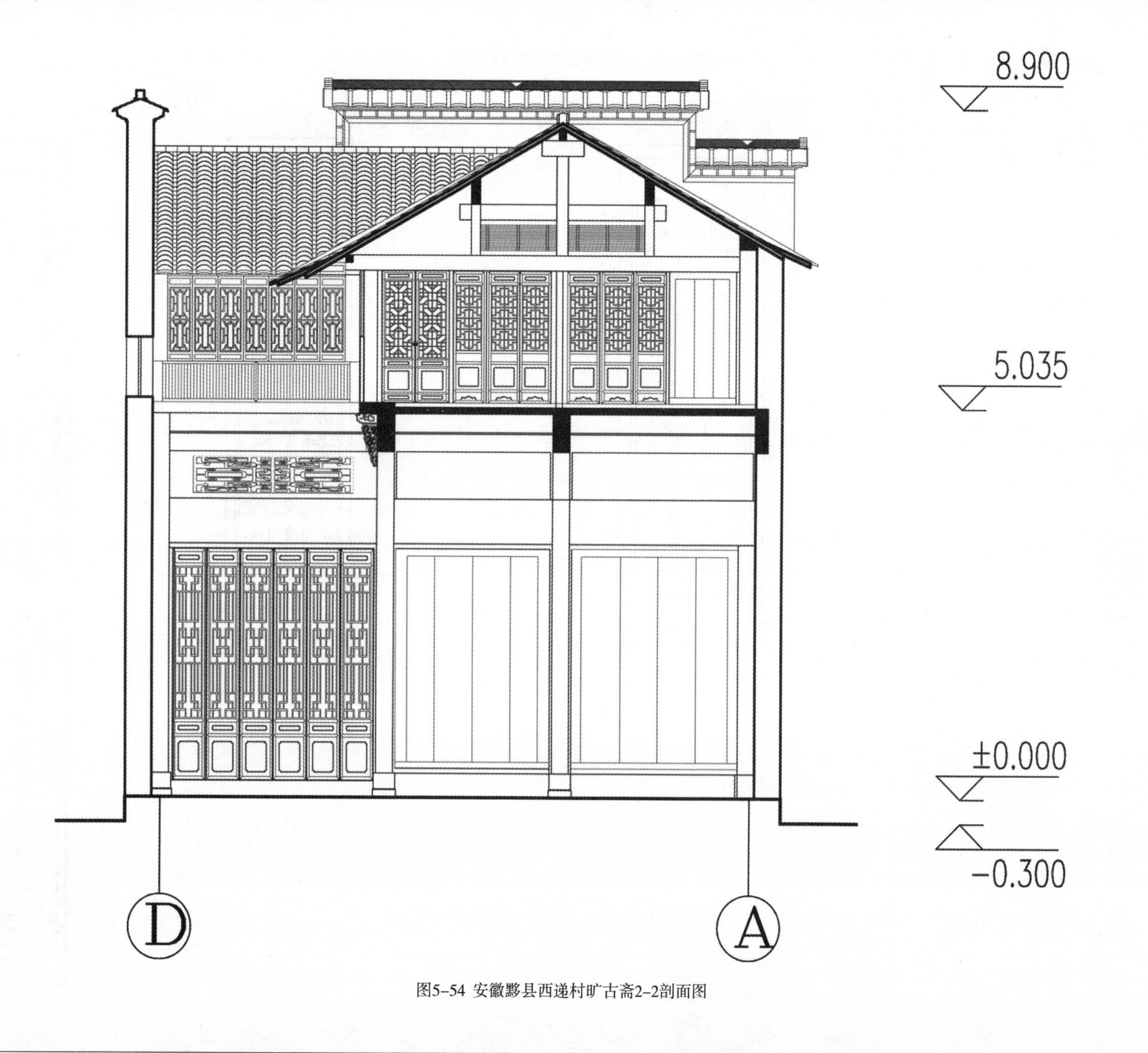

图5-54 安徽黟县西递村旷古斋2-2剖面图

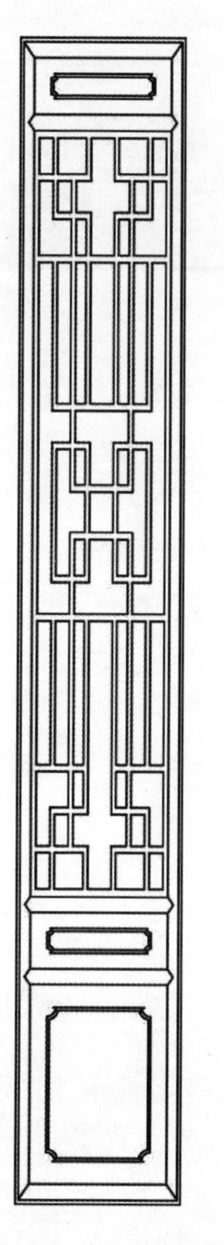

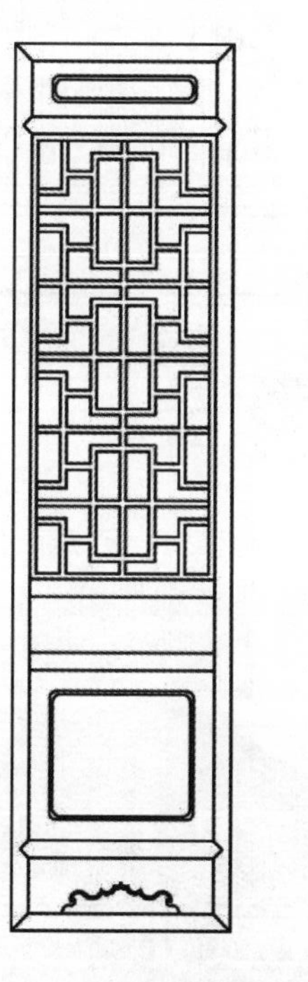

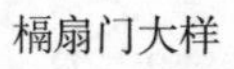

槅扇门大样

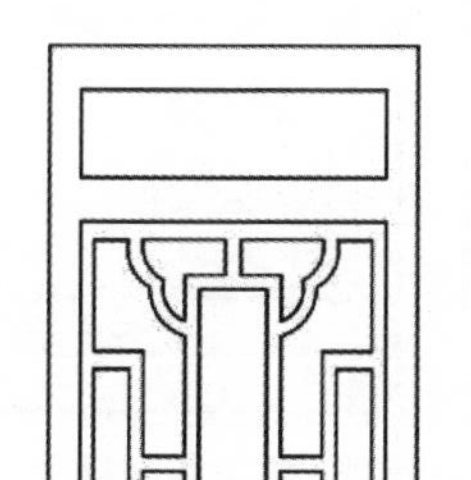

槛窗大样

斜撑大样

图5-55 安徽黟县西递村旷古斋局部大样

二、徽州古建筑影响下的其他地区古建筑实例

1. 安徽青阳县所村村团结 36 号（图 5－56 至图 5－66）

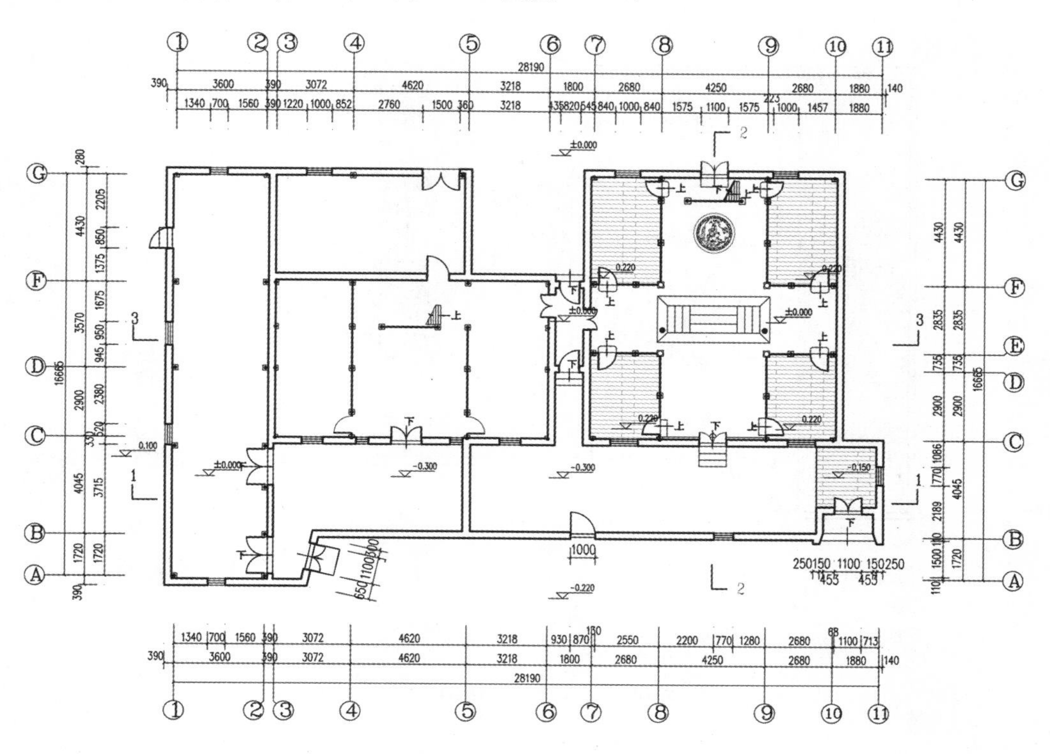

图 5－56　安徽青阳县所村村团结 36 号一层平面图

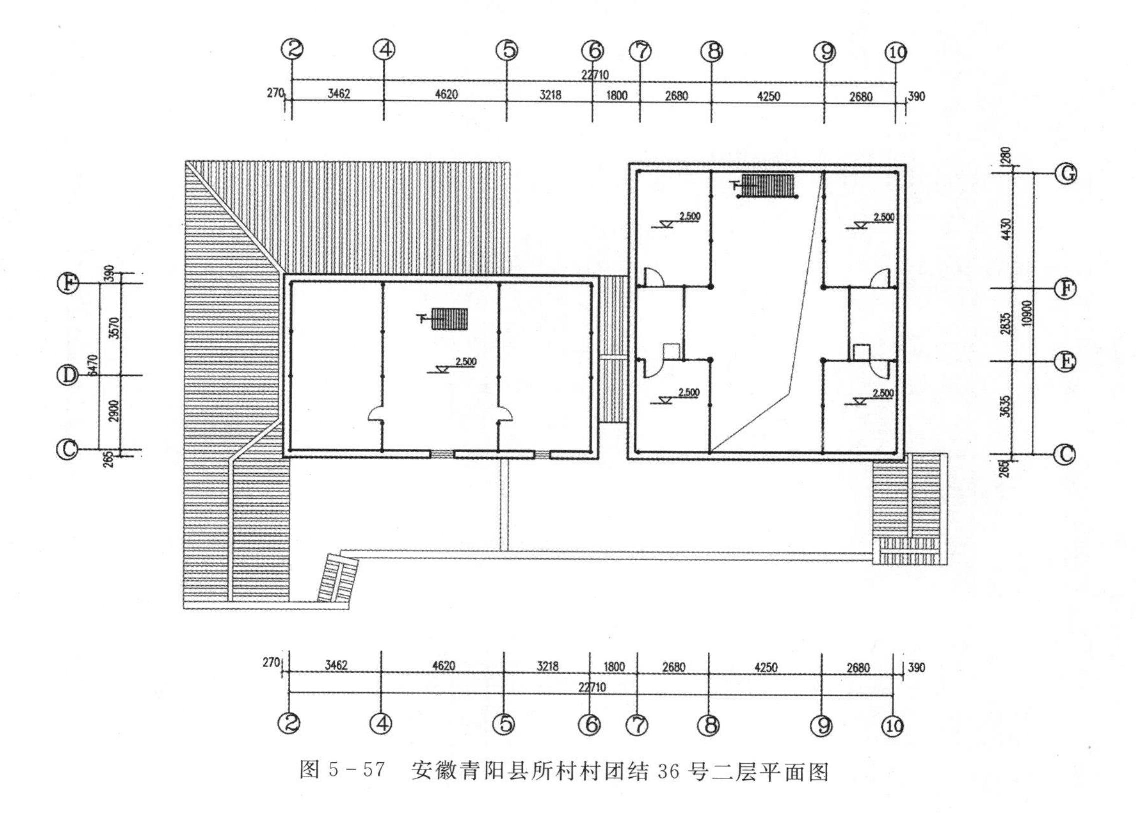

图 5－57　安徽青阳县所村村团结 36 号二层平面图

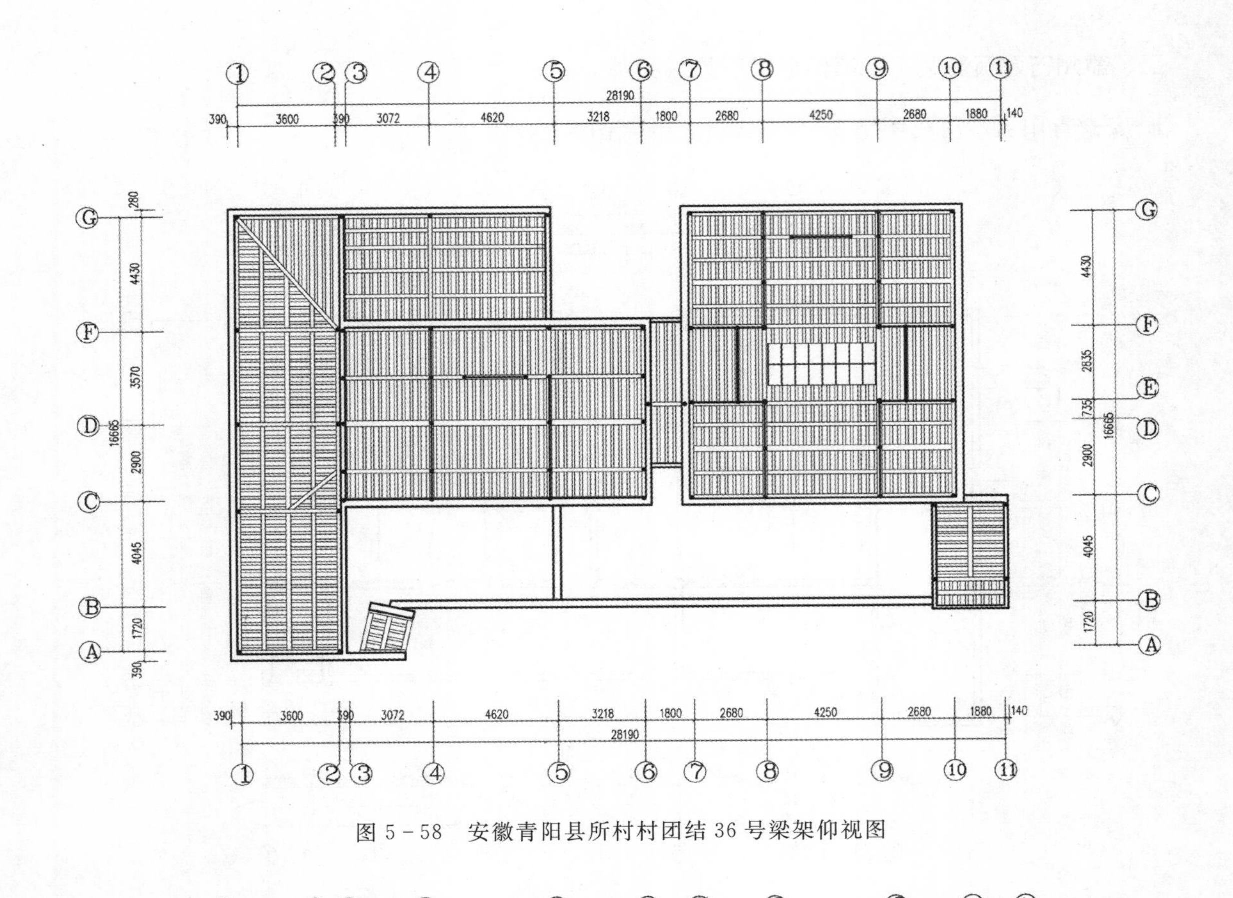

图 5－58　安徽青阳县所村村团结 36 号梁架仰视图

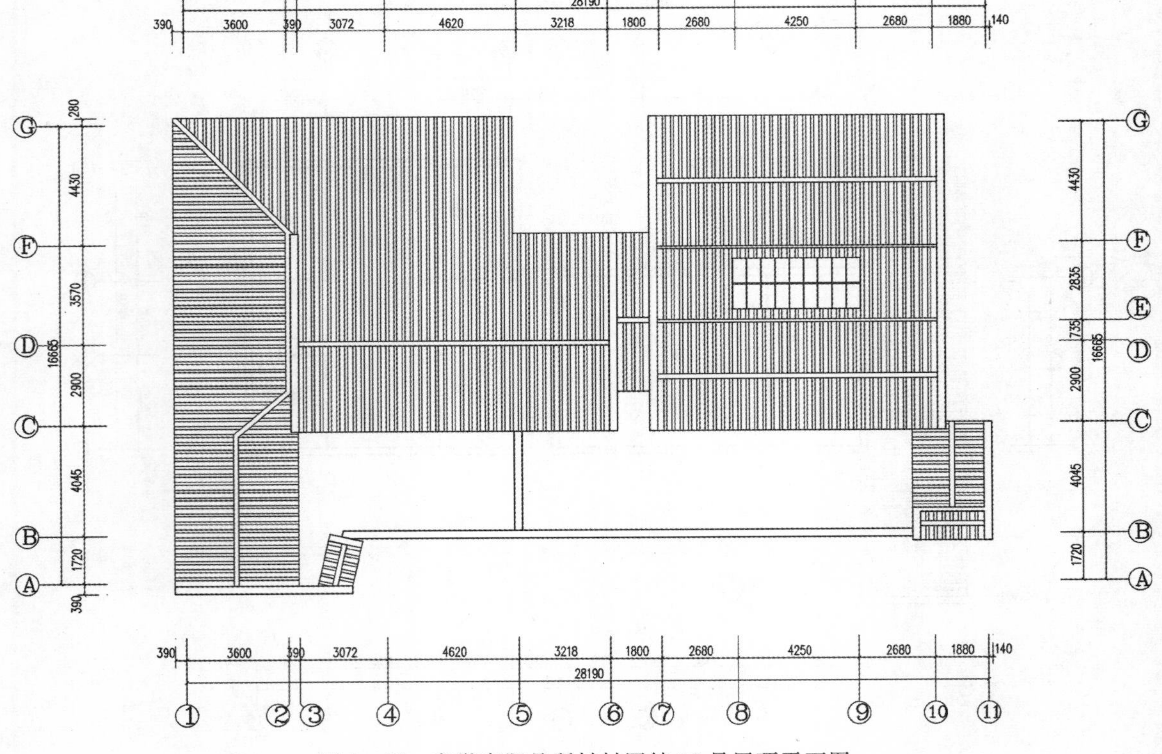

图 5－59　安徽青阳县所村村团结 36 号屋顶平面图

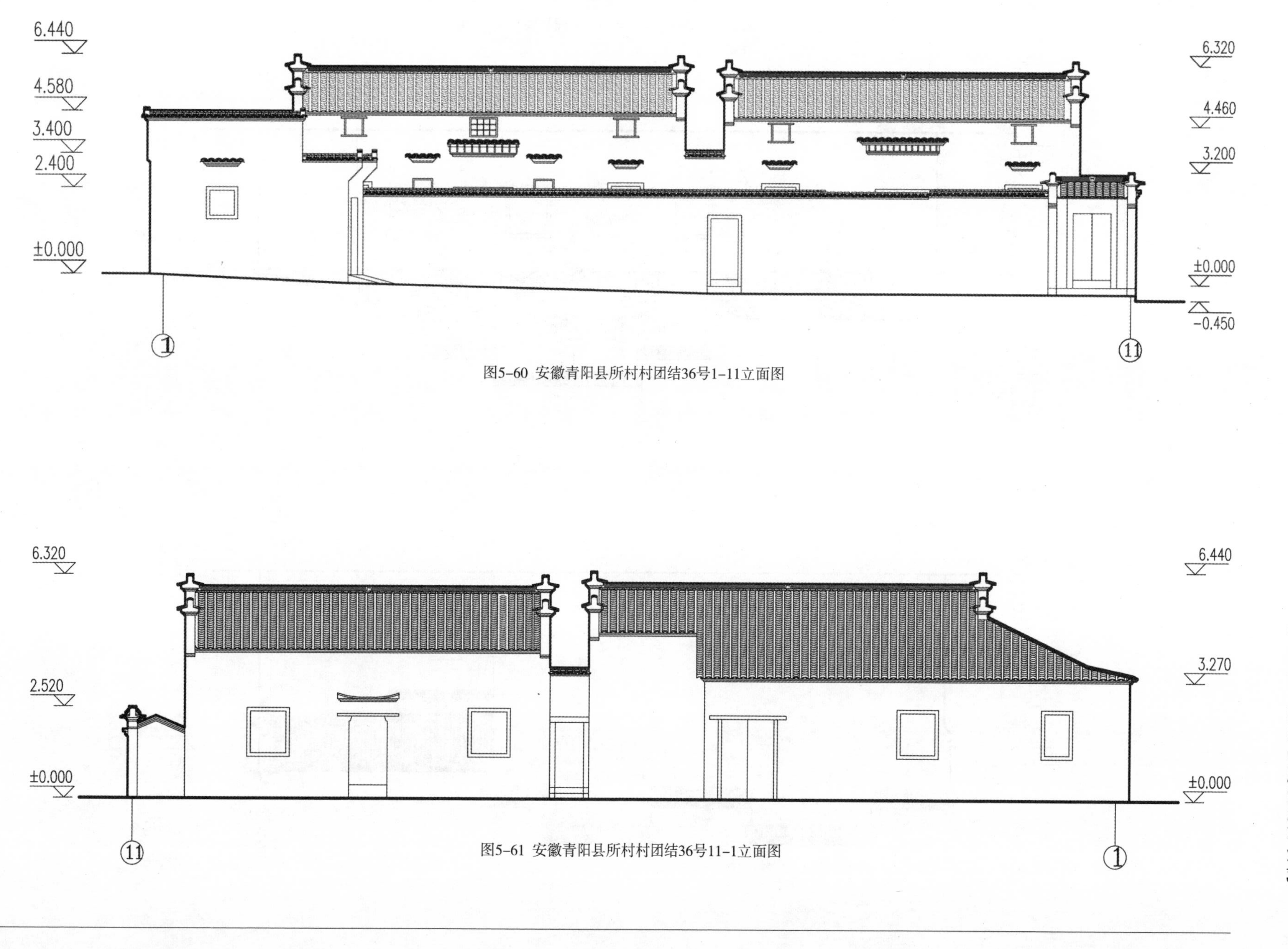

图5-60 安徽青阳县所村村团结36号1-11立面图

图5-61 安徽青阳县所村村团结36号11-1立面图

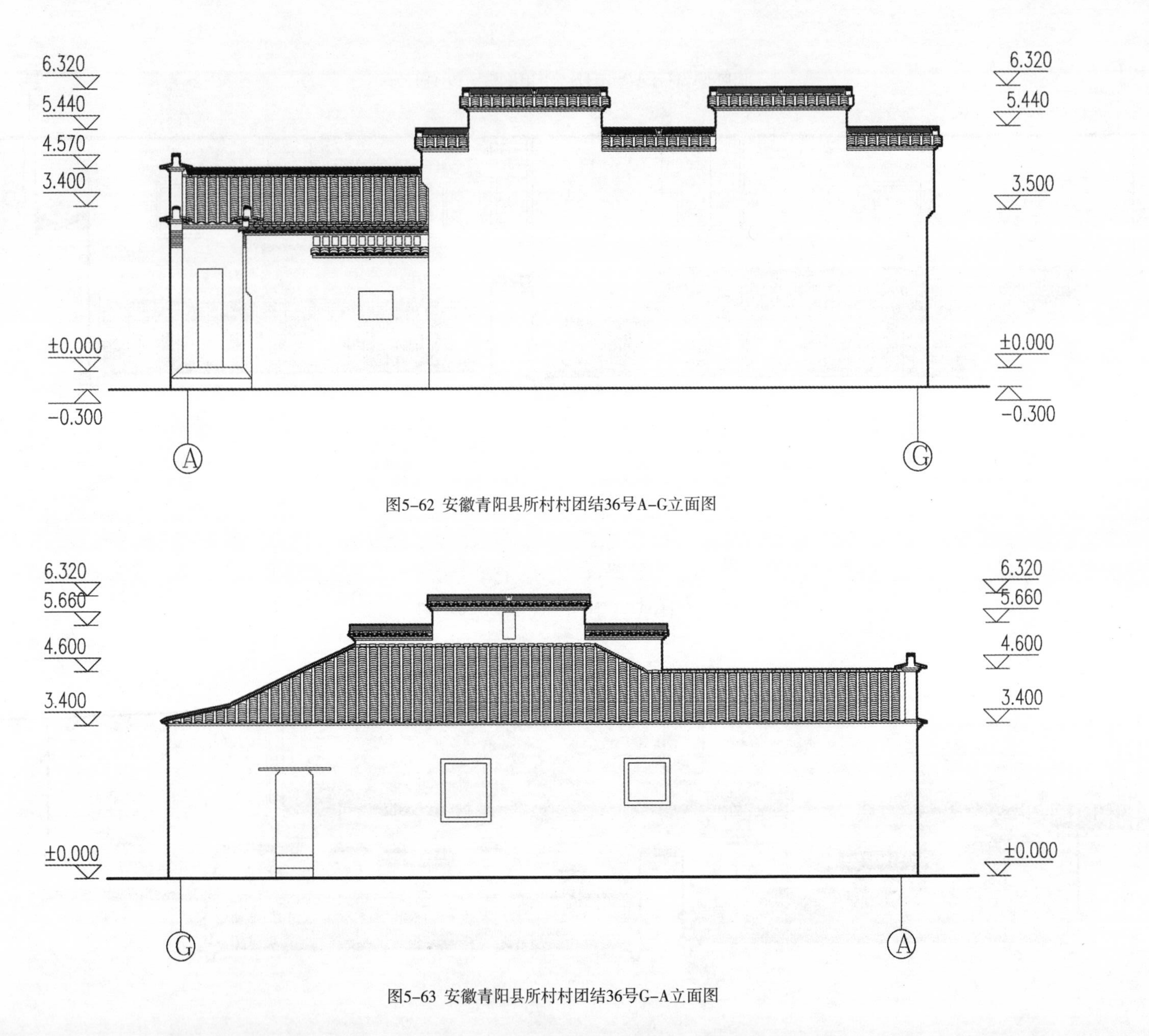

图5-62 安徽青阳县所村村团结36号A-G立面图

图5-63 安徽青阳县所村村团结36号G-A立面图

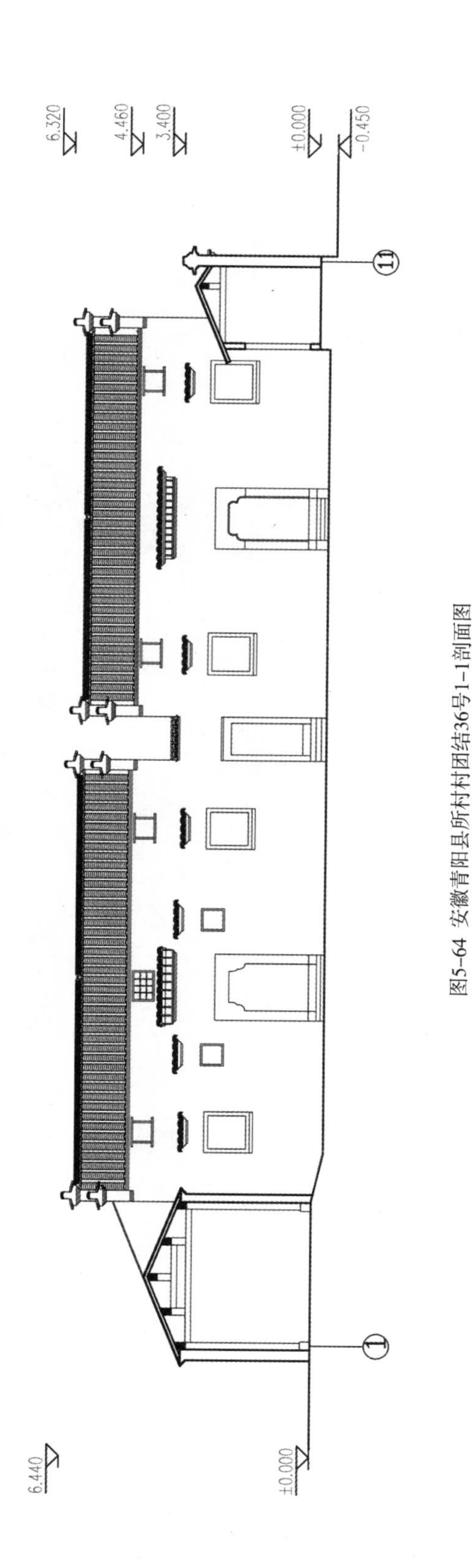

图5-64 安徽青阳县所村村团结36号1-1剖面图

图5-65 安徽青阳县所村村团结36号2-2剖面图

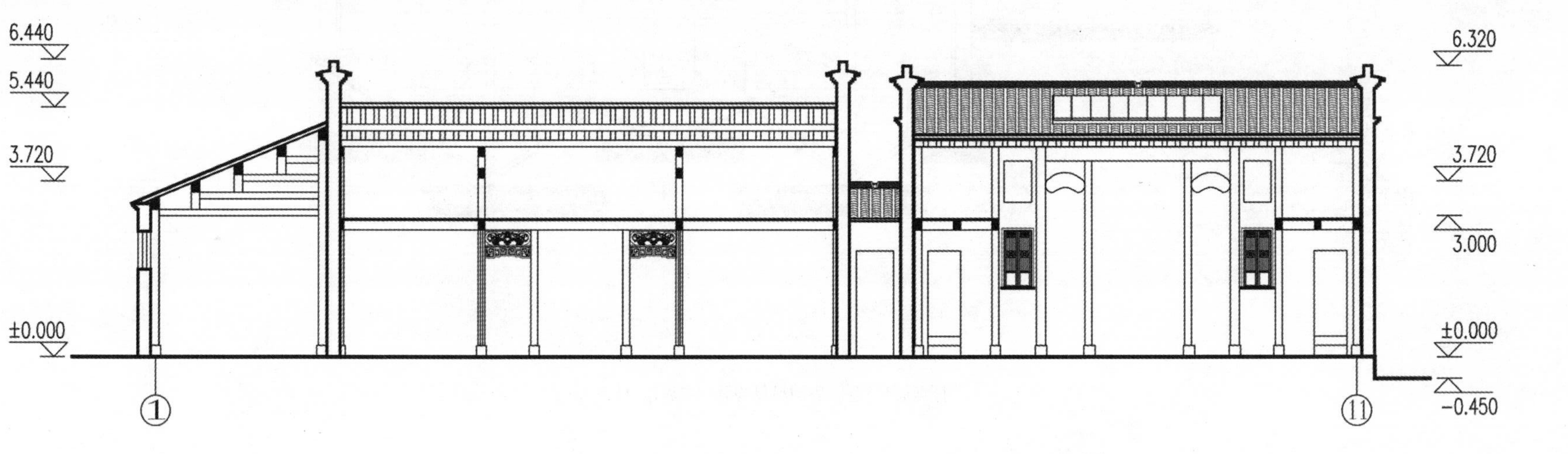

图5-66 安徽青阳县所村村团结36号3-3剖面

2. 安徽青阳县所村东边组 20、21 号（图 5－67 至图 5－75）

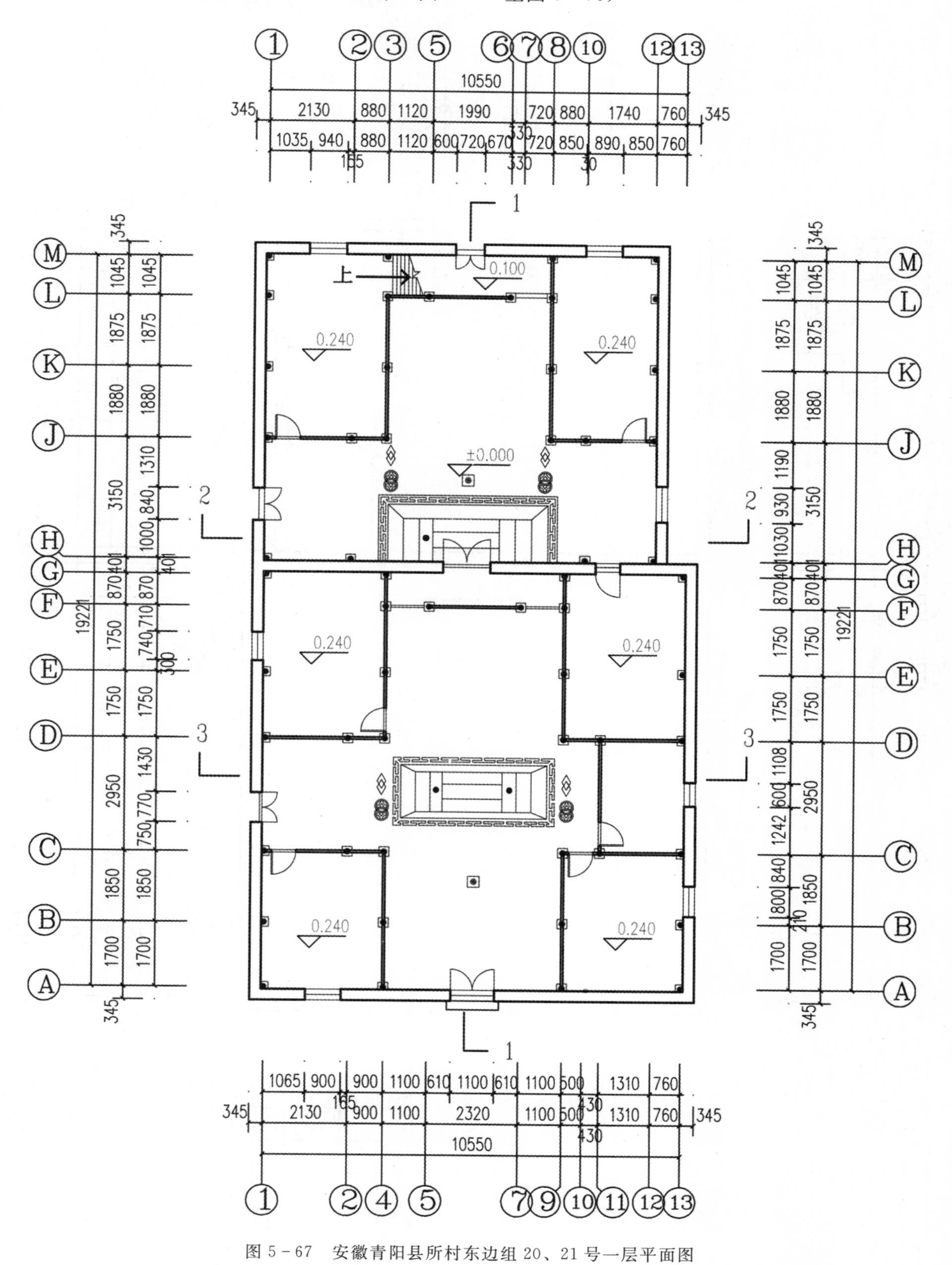

图 5－67　安徽青阳县所村东边组 20、21 号一层平面图

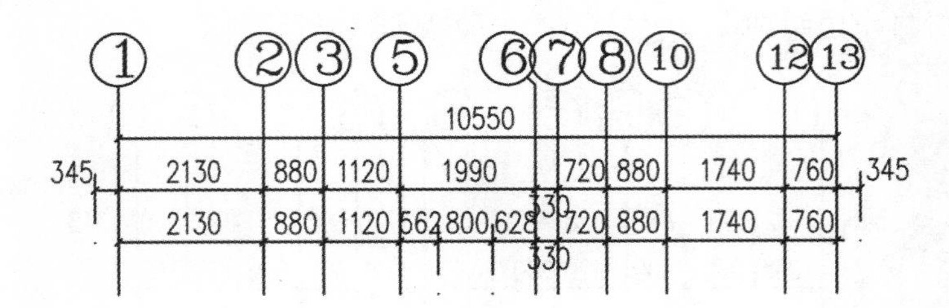

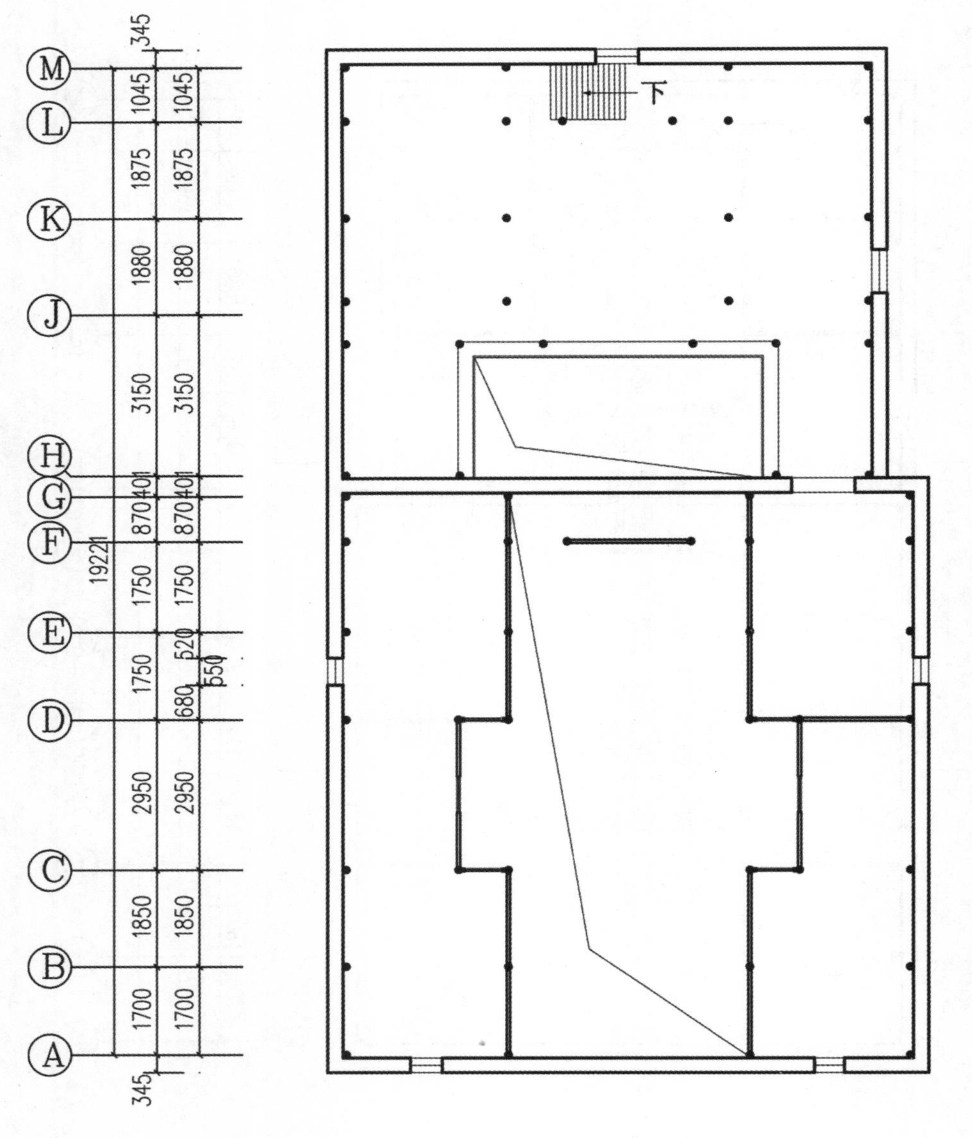

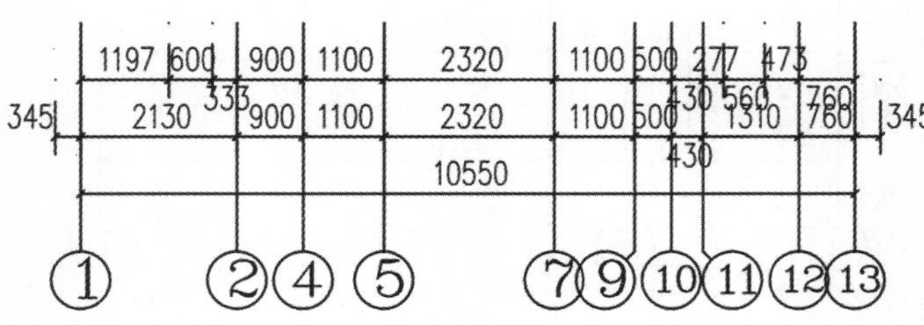

图 5－68　安徽青阳县所村东边组 20、21 号二层平面图

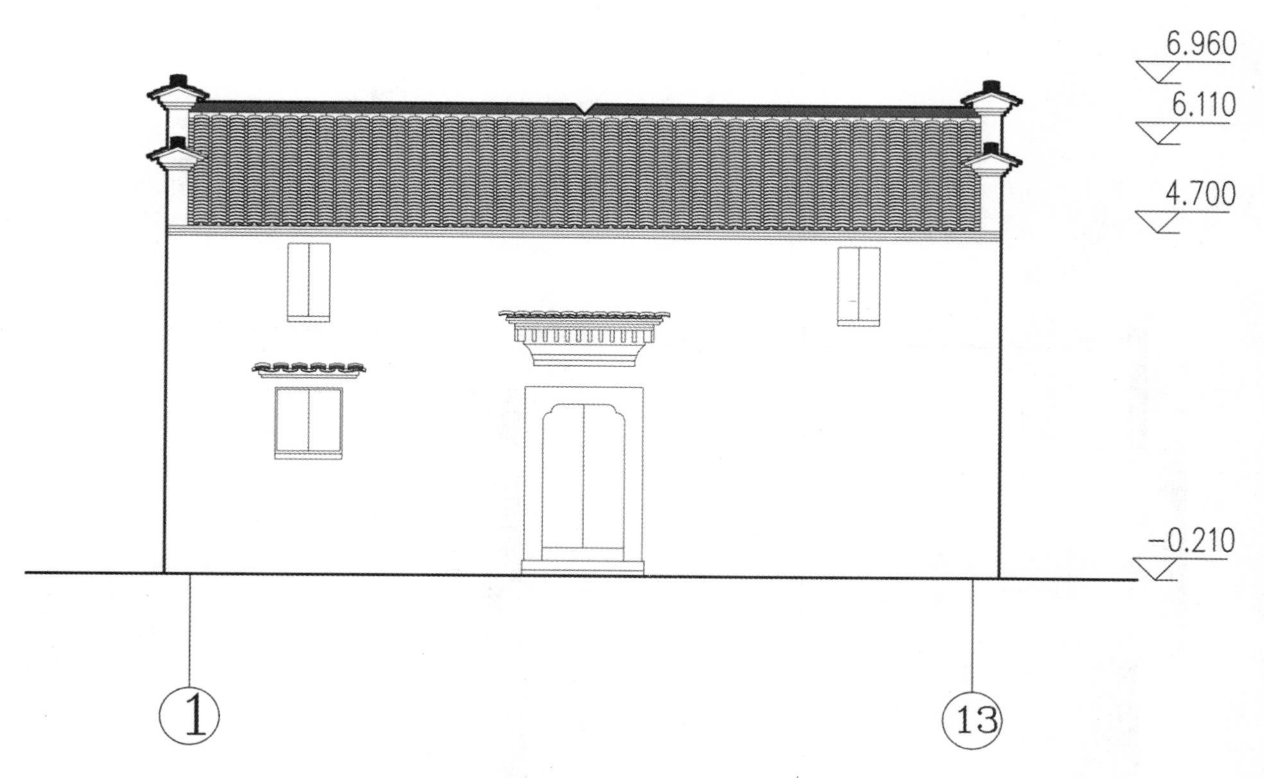

图 5-69　安徽青阳县所村东边组 20、21 号 1-13 立面图

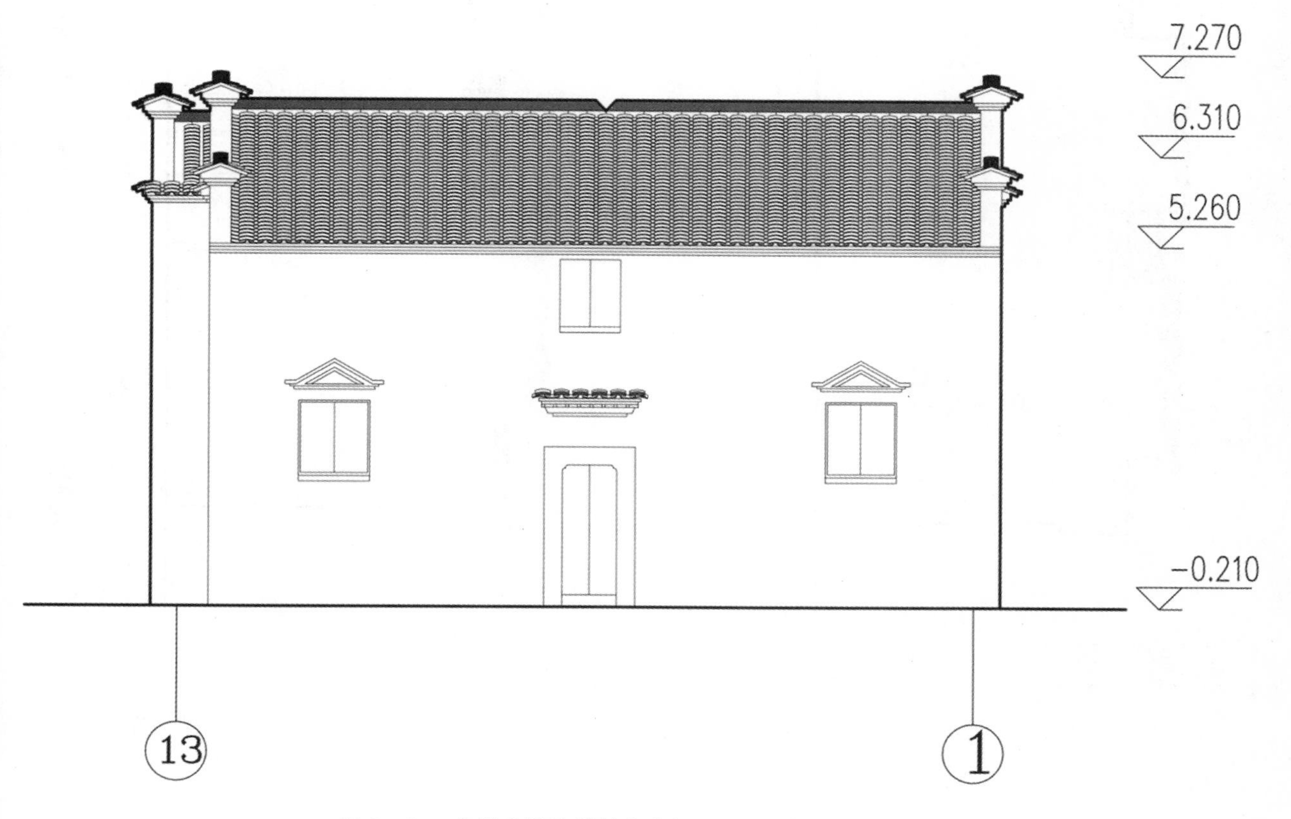

图 5-70　安徽青阳县所村东边组 20、21 号 13-1 立面图

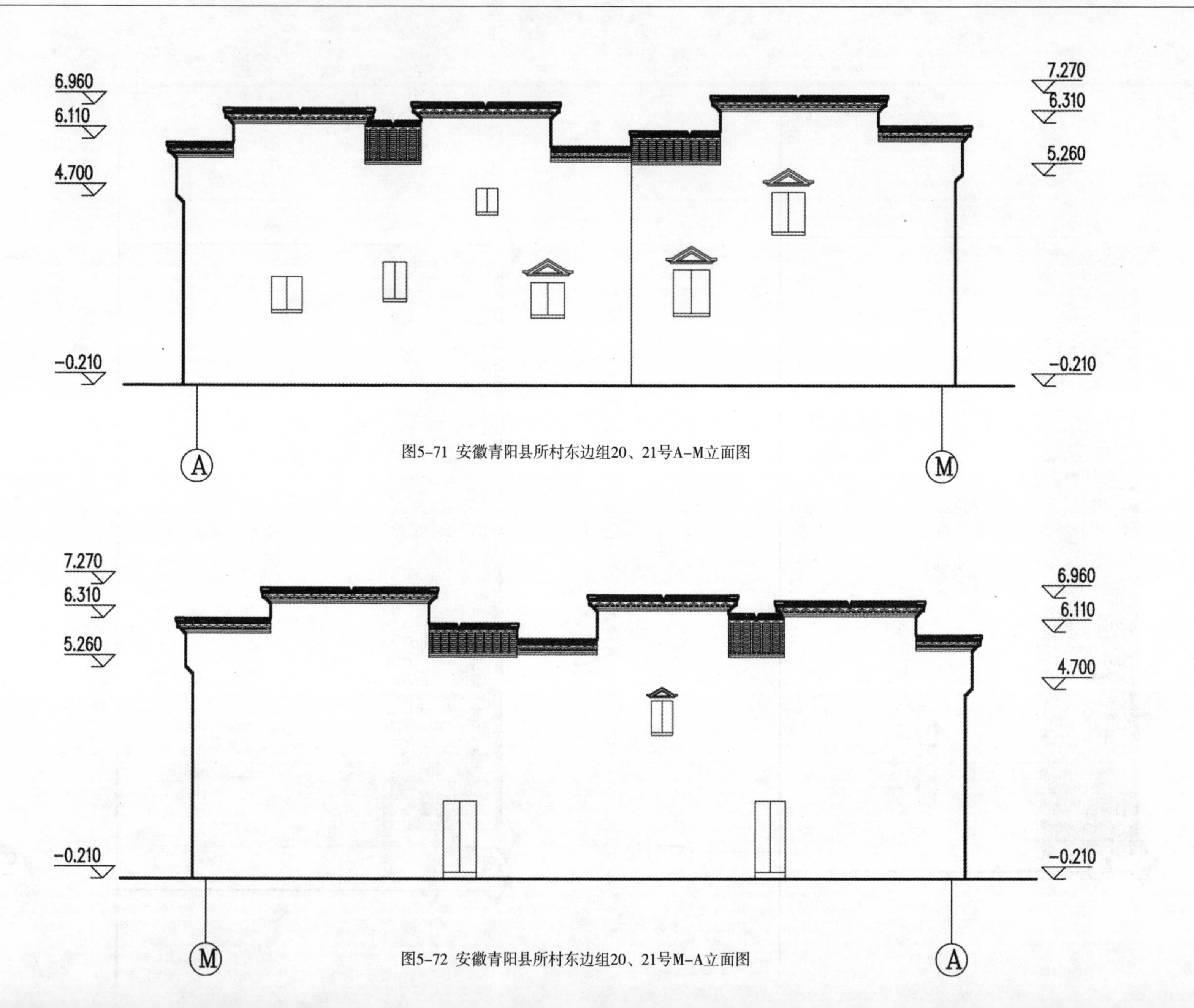

图5-71 安徽青阳县所村东边组20、21号A-M立面图

图5-72 安徽青阳县所村东边组20、21号M-A立面图

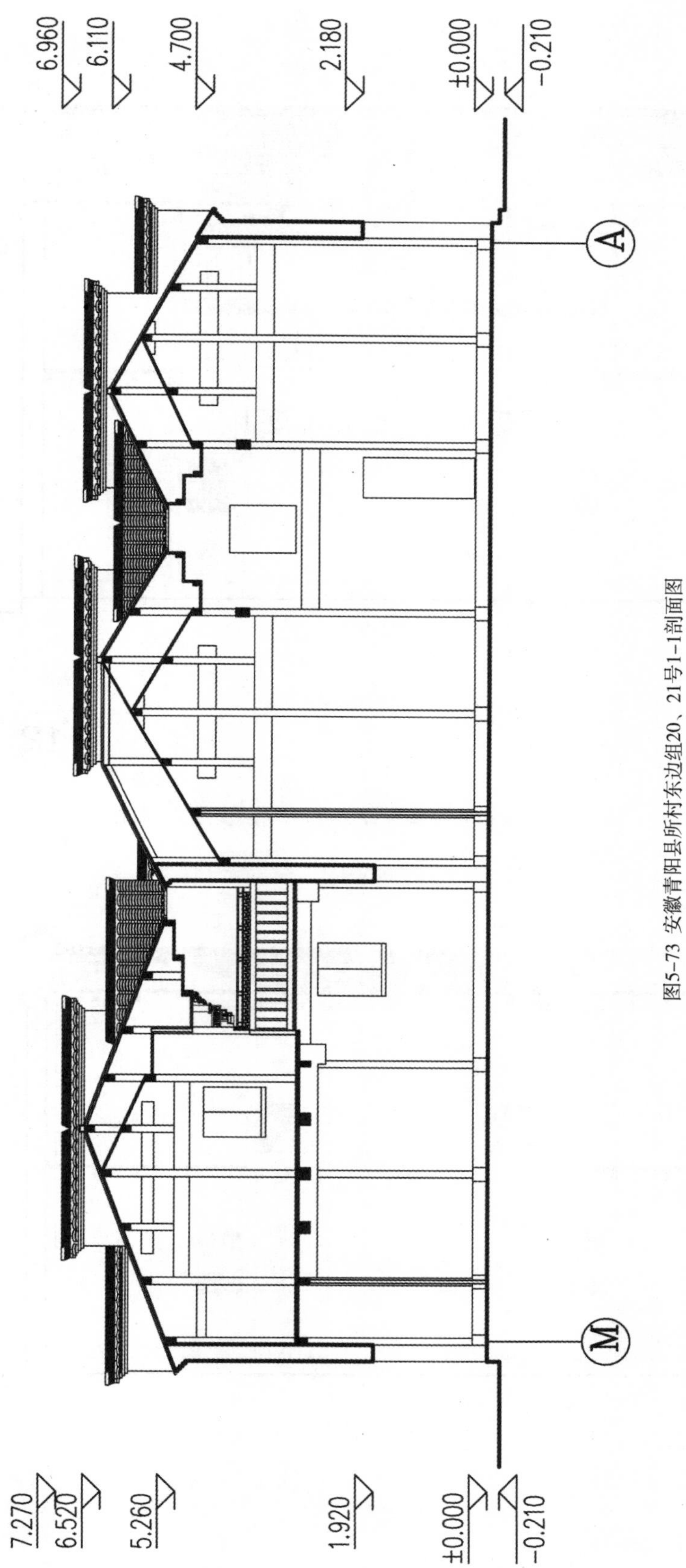

图5-73 安徽青阳县所村东边组20、21号1-1剖面图

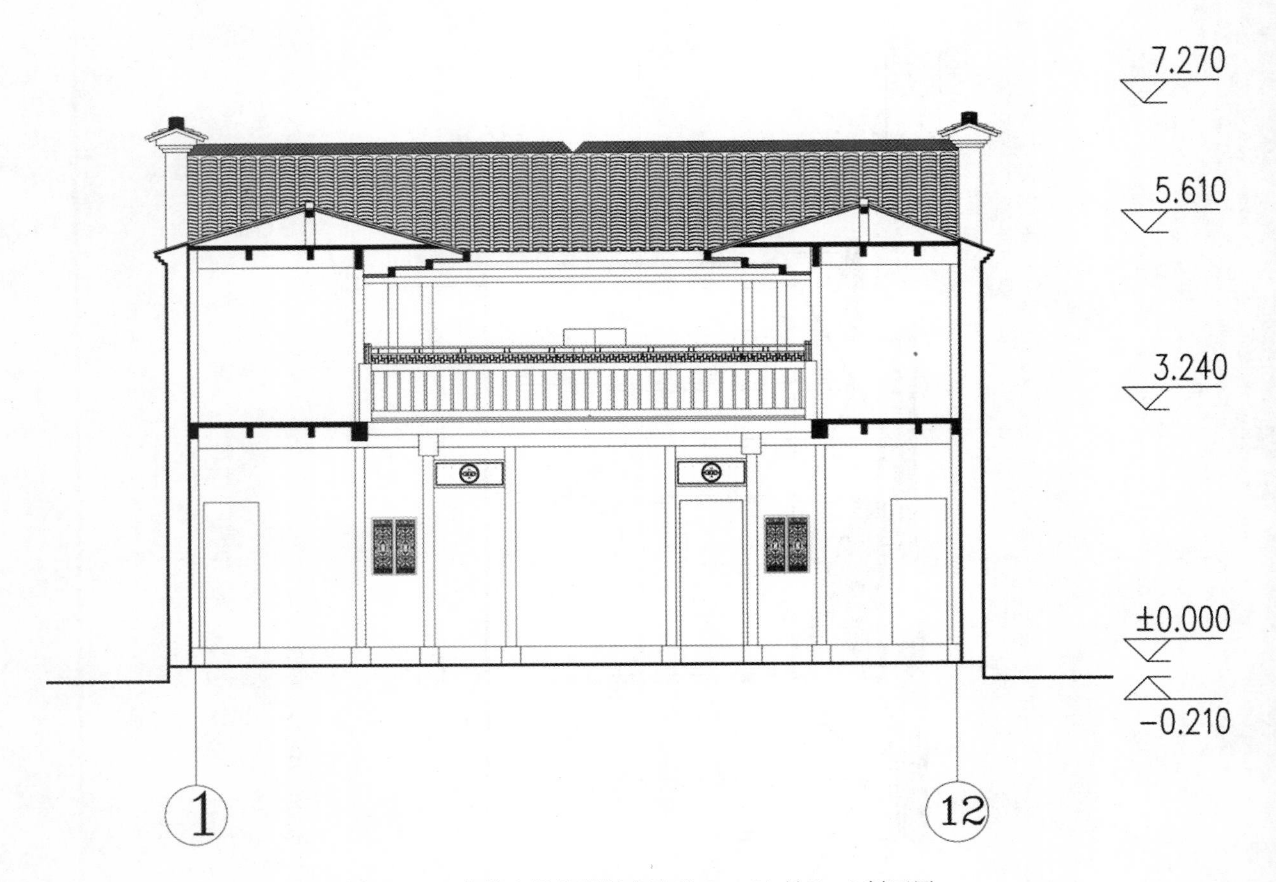

图 5－74　安徽青阳县所村东边组 20、21 号 2－2 剖面图

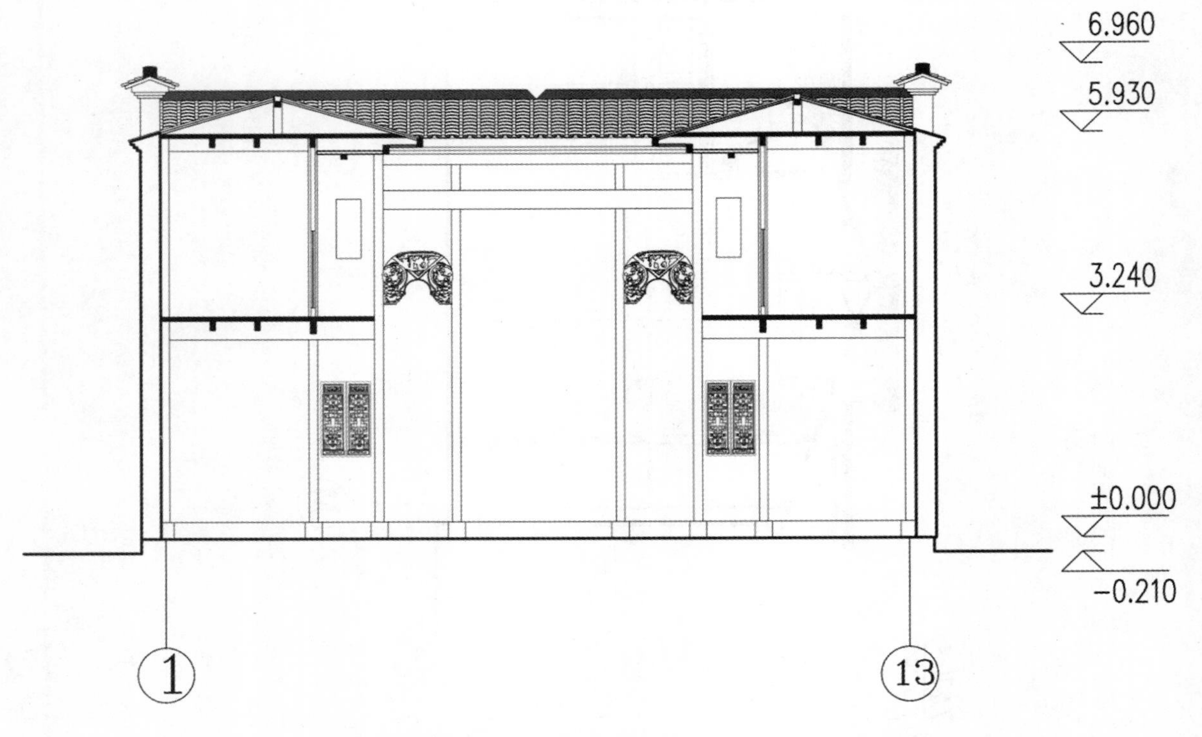

图 5－75　安徽青阳县所村东边组 20、21 号 3－3 剖面图

3．安徽青阳县所村太平山房（图 5－76 至图 5－87）

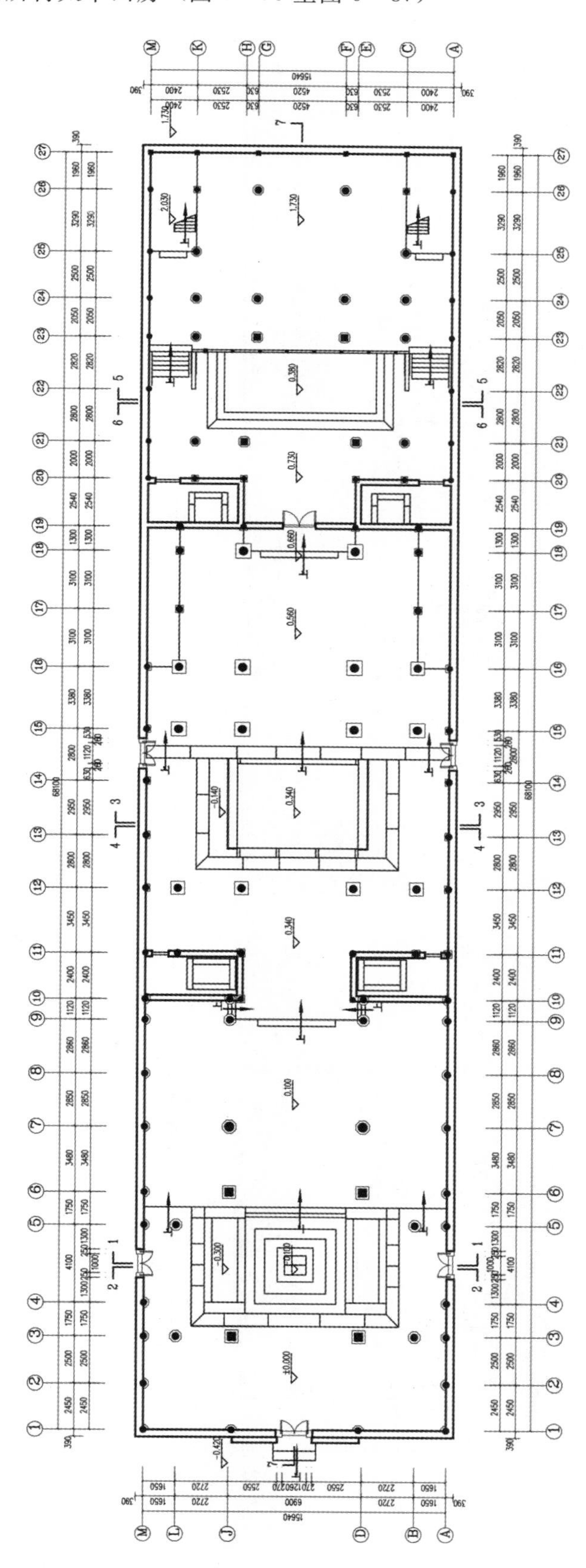

图5-76 安徽青阳县所村太平山房一层平面图

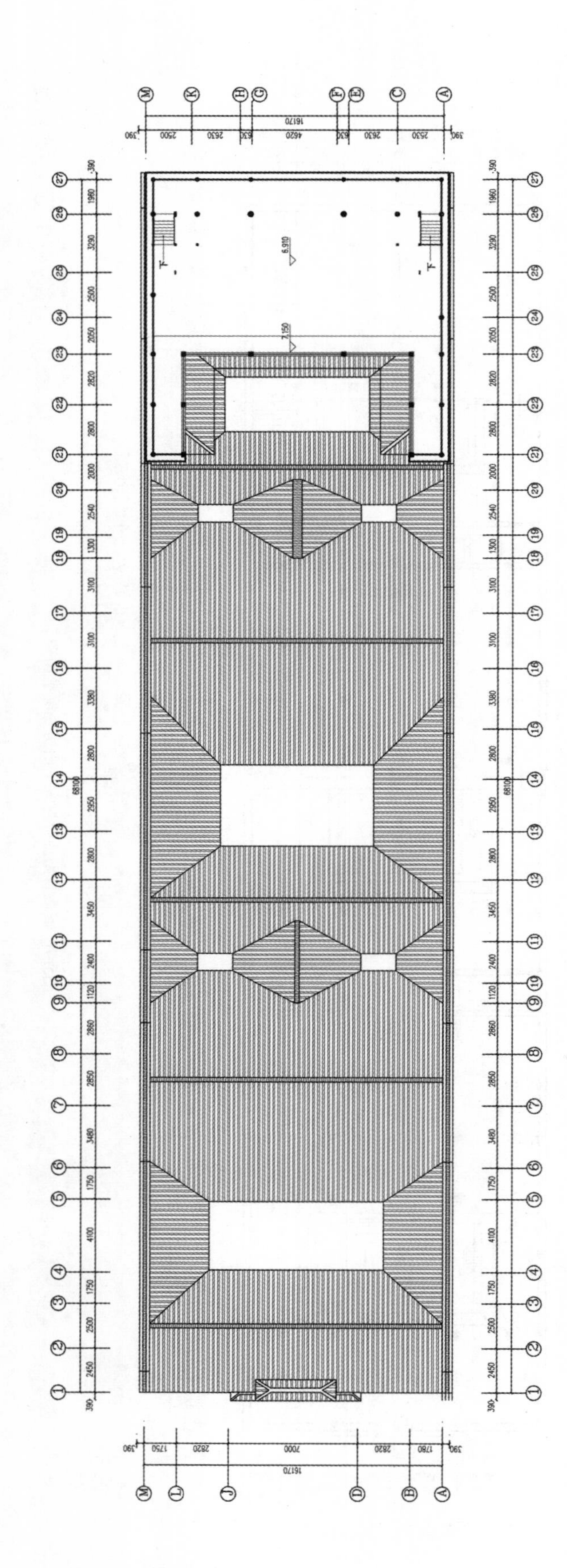

图5-77 安徽青阳县所村太平山房二层平面图

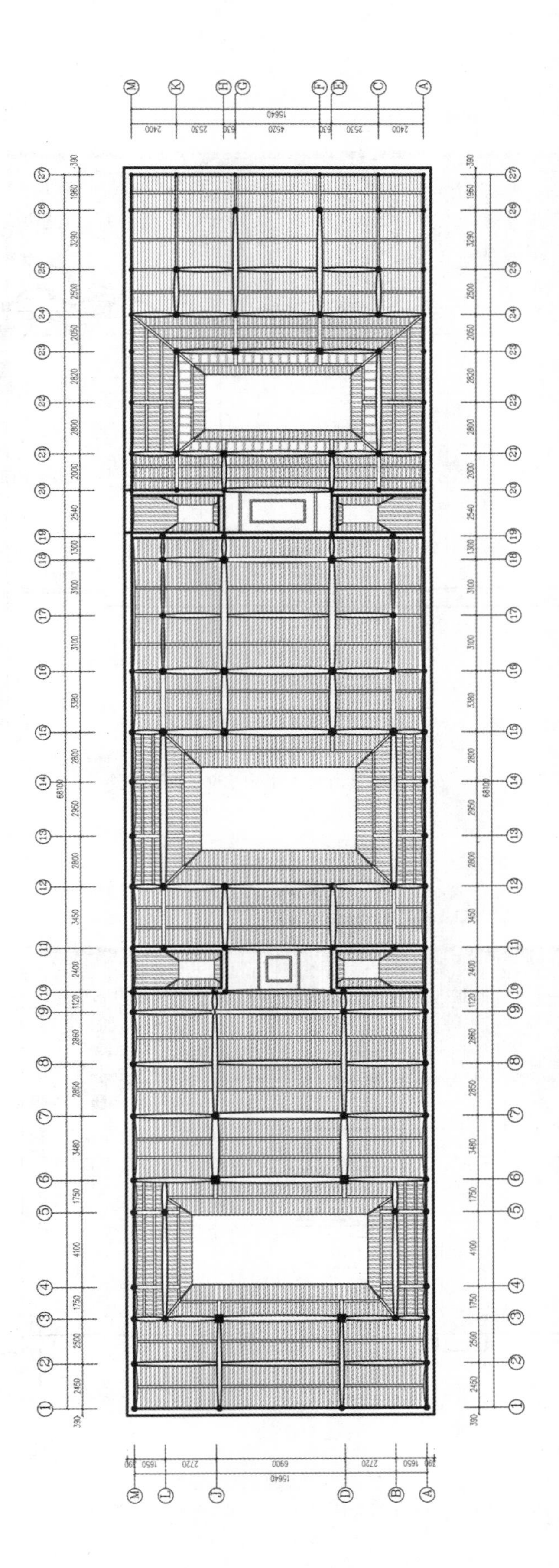

图5-78 安徽青阳县所村太平山房梁架仰视图

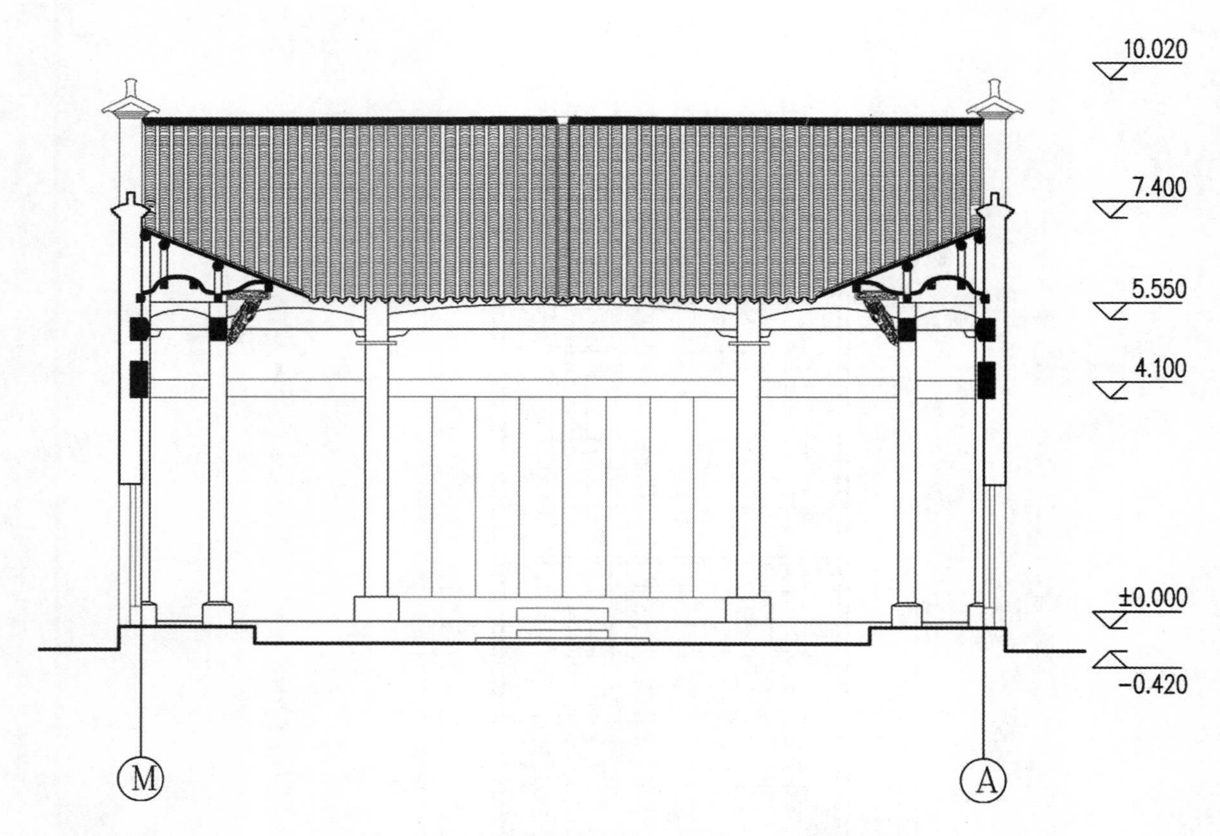

图 5-79　安徽青阳县所村太平山房 1-1 剖面图

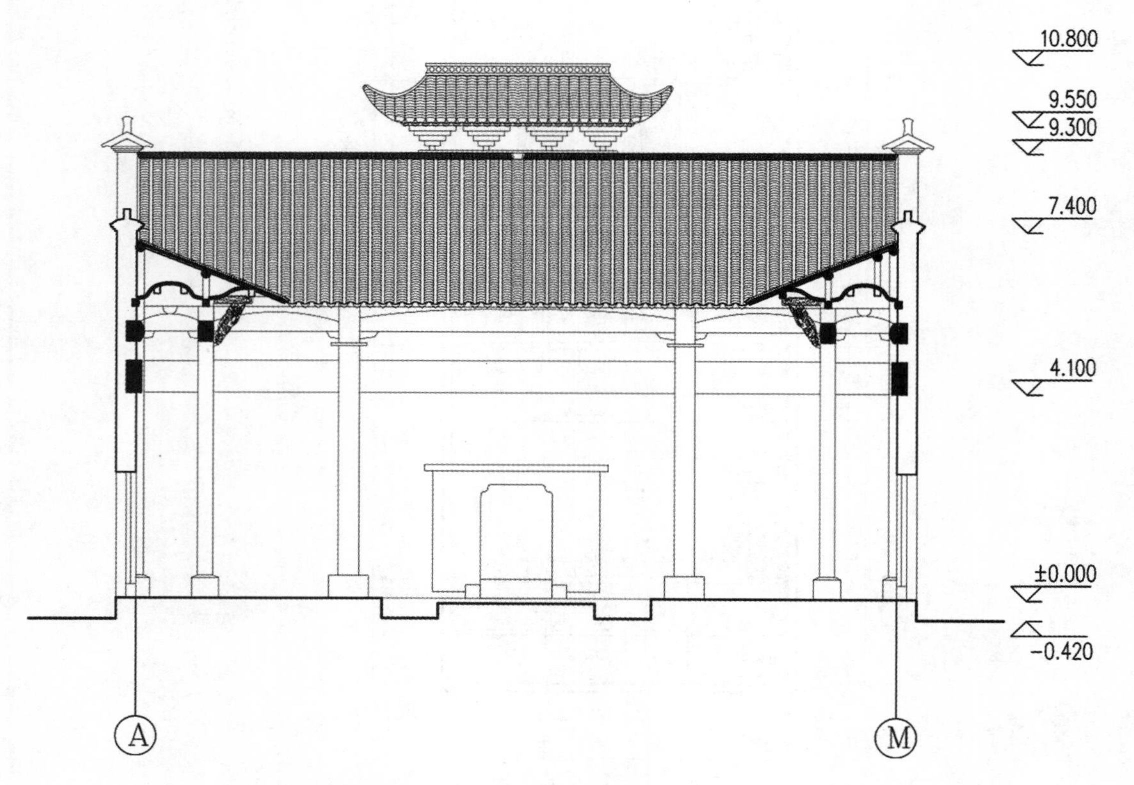

图 5-80　安徽青阳县所村太平山房 2-2 剖面图

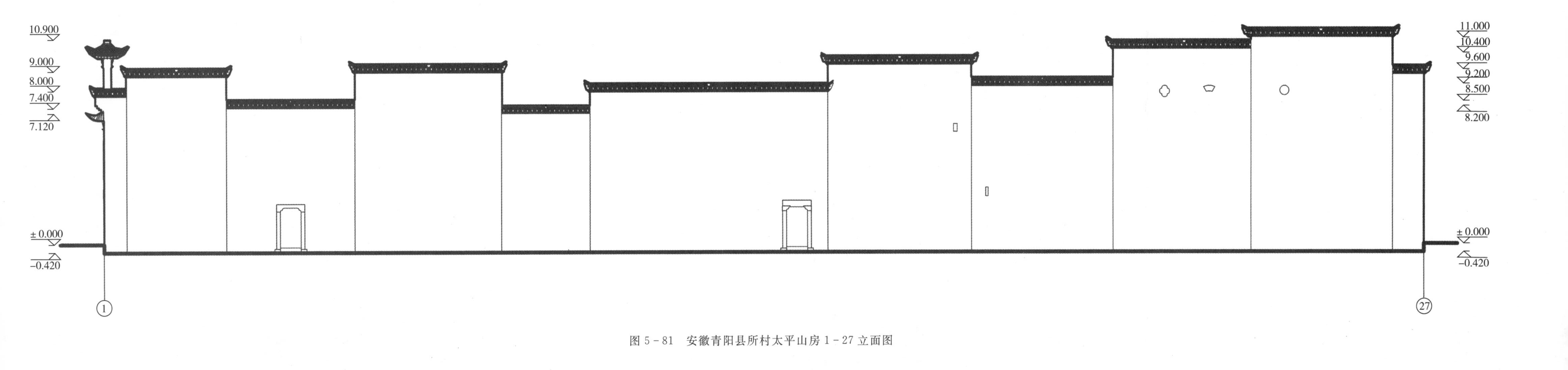

图 5－81　安徽青阳县所村太平山房 1－27 立面图

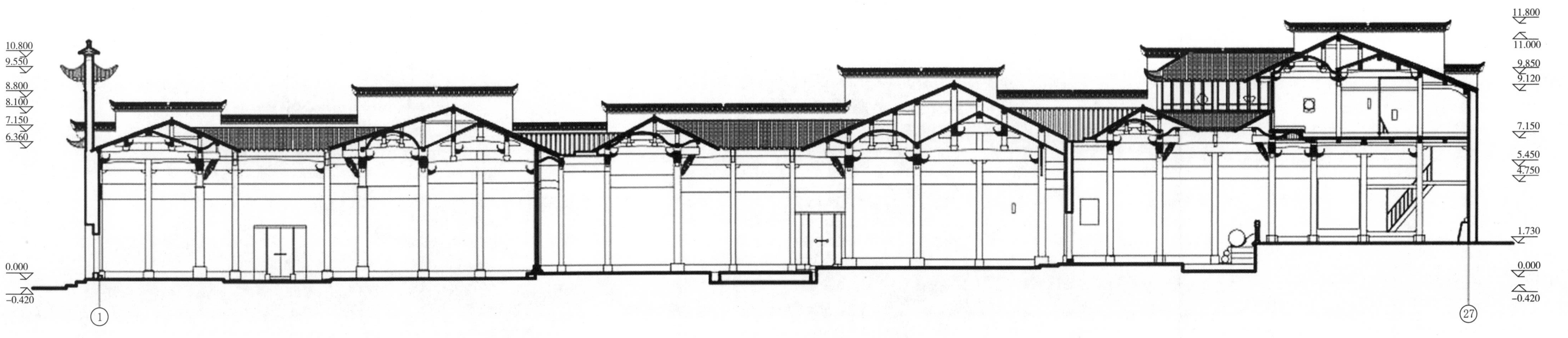

图 5－82　安徽青阳县所村太平山房 7－7 剖面图

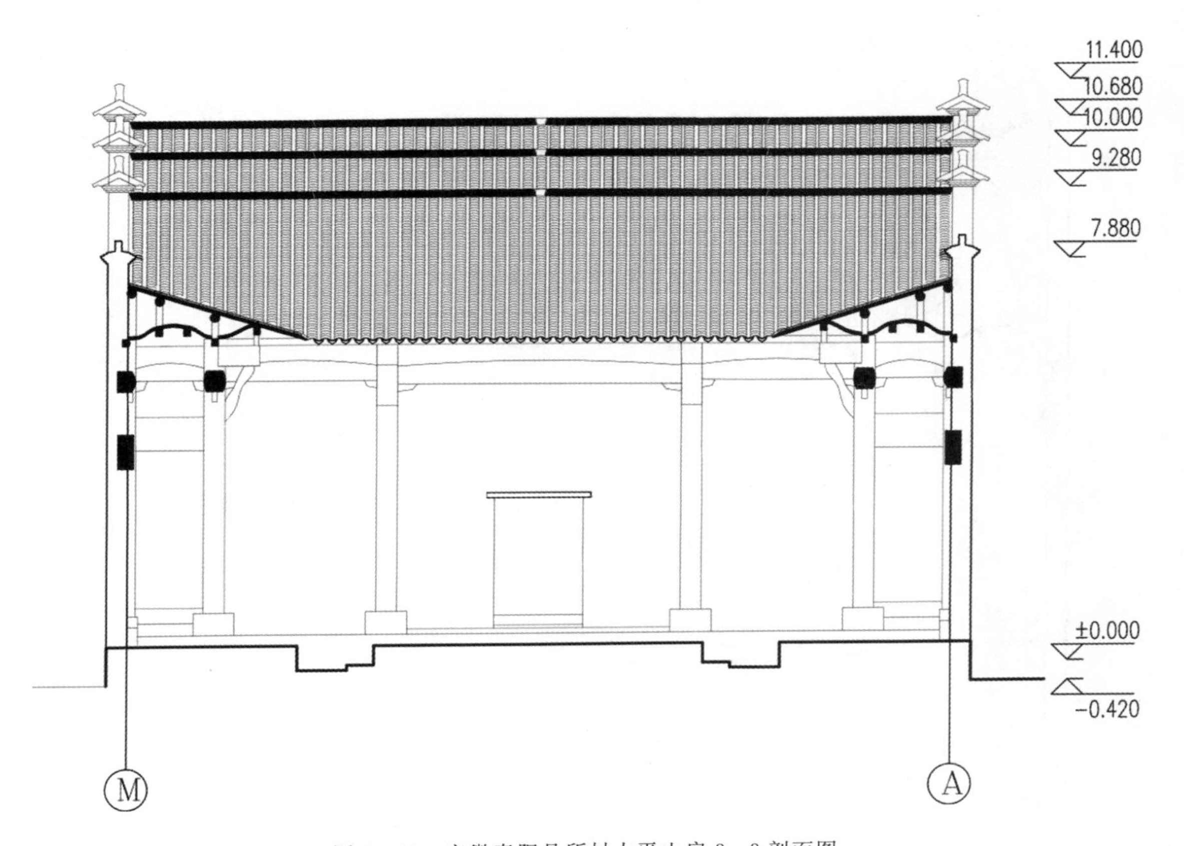

图 5－83　安徽青阳县所村太平山房 3－3 剖面图

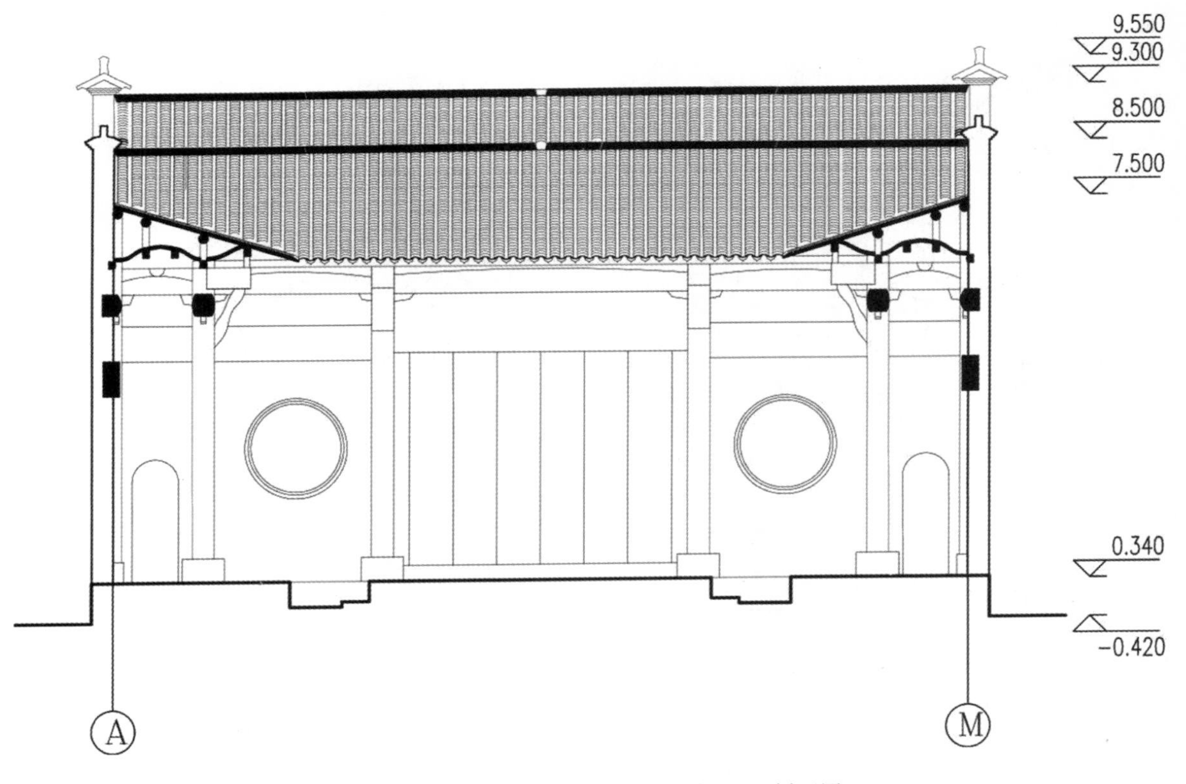

图 5－84　安徽青阳县所村太平山房 4－4 剖面图

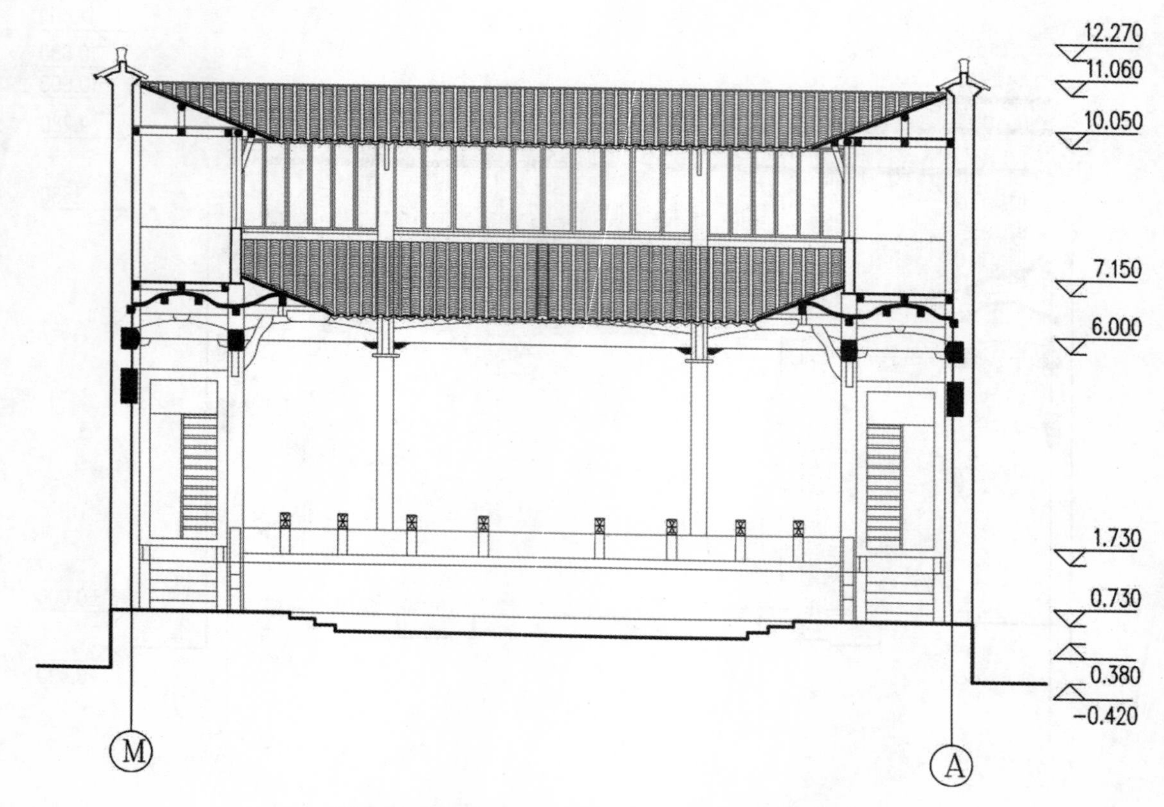

图 5－85　安徽青阳县所村太平山房 5－5 剖面图

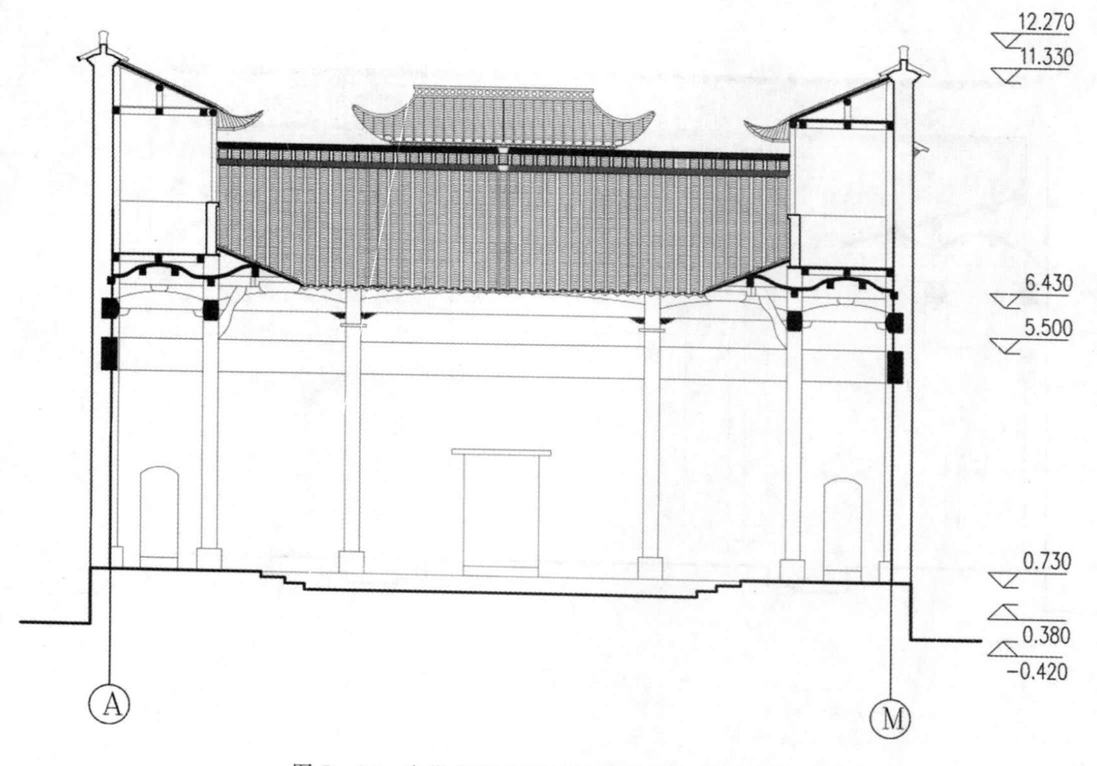

图 5－86　安徽青阳县所村太平山房 6－6 剖面图

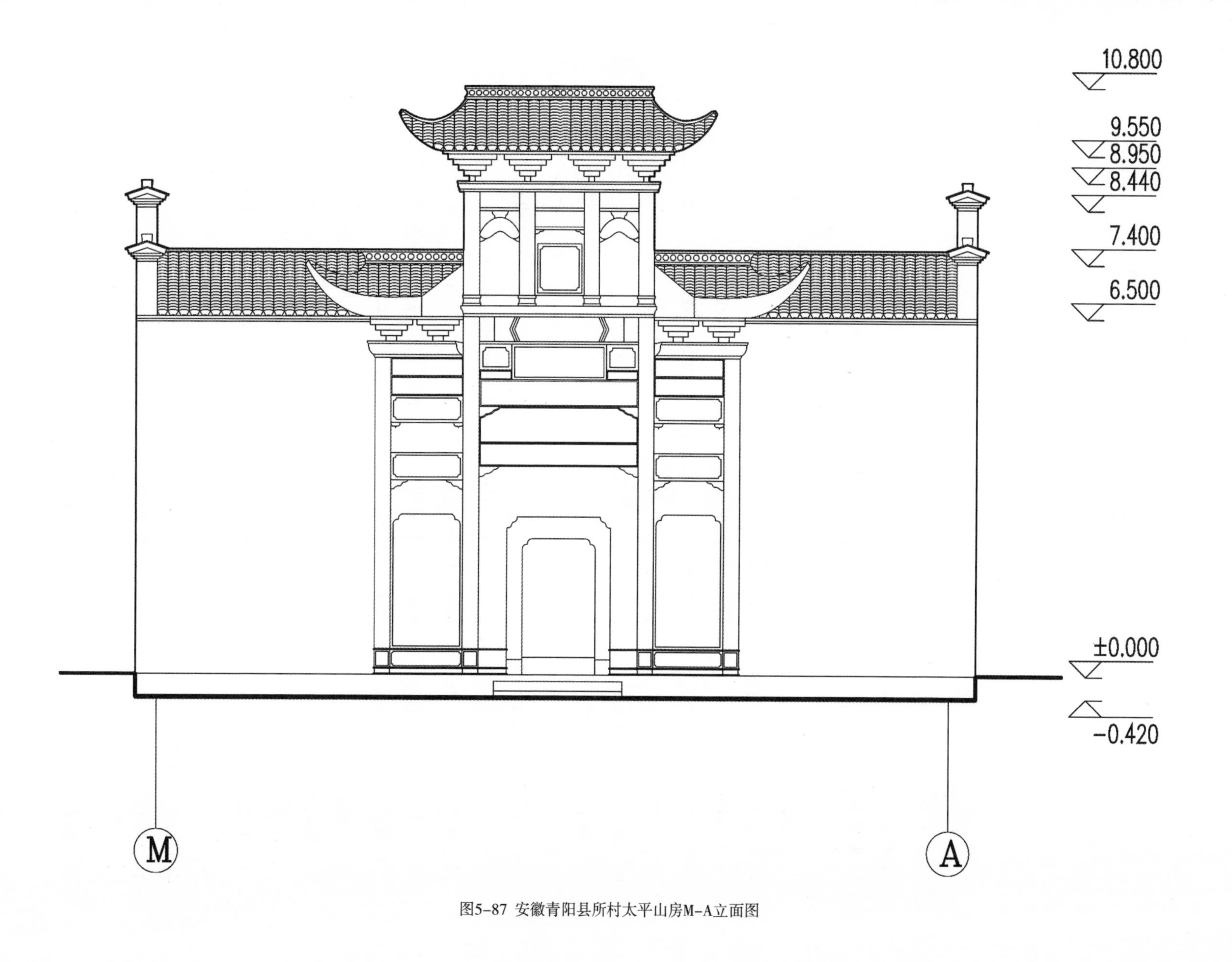

图5-87 安徽青阳县所村太平山房M-A立面图

参考文献

[1] 朱永春．徽州建筑［M］．合肥：安徽人民出版社，2005.

[2] 朱永春．中国建筑文化之旅——安徽［M］．北京：知识产权出版社，2002.

[3] 朱永春．安徽古建筑［M］．北京：中国建筑工业出版社，2015.

[4] 单德启．安徽民居［M］．北京：中国建筑工业出版社，2009.

[5] 单德启．从传统民居到地区建筑［M］．北京：中国建筑工业出版社，2004.

[6] 王其亨．古建筑测绘［M］．北京：中国建筑工业出版社，2006.

[7] 潘谷西．中国建筑史［M］．北京：中国建筑工业出版社，2009.

[8] 侯幼彬．中国古代建筑历史图说［M］．北京：中国建筑工业出版社，2002.

[9] 王晓华．中国古建筑构造技术［M］．北京：化学工业出版社，2013.

[10] 李允禾．华夏意匠［M］．天津：天津大学出版社，2005.

[11] 潘谷西，何建中．《营造法式》解读［M］．南京：东南大学出版社，2005.

[12] 项隆元．《营造法式》与江南建筑［M］．杭州：浙江大学出版社，2009.

[13] 王振复．大地上的宇宙—中国建筑文化理念［M］．上海：复旦大学出版社，2001.

[14] 汪良发．徽州文化十二讲［M］．合肥：合肥工业大学出版社，2008.

[15] 储良才．易经·风水·建筑［M］．上海：学林出版社，2003.

[16] 王其钧．华夏营造——中国古代建筑史［M］．北京：中国建筑工业出版社，2005.

[17] 陆琦．中国古民居之旅［M］．北京：中国建筑工业出版社，2005.

[18] 江世龙．中国徽派建筑之旅［M］．北京：中国建筑工业出版社，2007

[19] 陆元鼎，杨新平．乡土建筑遗产的研究与保护［M］．上海：同济大学出版社，2008.

[20] 杨勇．古建筑数字化保护关键技术研究［D］．开封：河南大学，2010.

[21] 王茹．古建筑数字化及三维建模关键技术研究［D］．西安：西北大学，2010.

[22] 范张伟，邢昱．基于数字化技术的古建筑保护研究［J］．北京测绘，2010（3）．

[23] 寇怀云．工业遗产技术价值保护研究［D］．上海：复旦大学，2007.

[24] 季文媚．徽州古建筑保护模式及应用研究［J］．工业建筑，2014（5）．

[25] 季文媚．皖南民居建筑的生态性［J］．住宅科技，2007（3）．

[26] 季文媚．风水理念对中国传统建筑选址和布局的影响［J］．合肥学院学报（自科版），2008（2）．